关键的规划理念

宜居性、区域性、治理与反思性实践

[美国] 比希瓦普利亚·桑亚尔——等编

祝明建 彭彬彬 周静姝——等译

译林出版社

图书在版编目（CIP）数据

关键的规划理念：宜居性、区域性、治理与反思性实践／（美）比希瓦普利亚·桑亚尔（Bishwapriya Sanyal），（美）劳伦斯·J. 韦尔（Lawrence J. Vale），（美）克里斯蒂娜·D. 罗珊（Christina D. Rosan）编；祝明建，彭彬彬，周静姝译. —南京：译林出版社，2019.6
（城市与生态文明丛书）
书名原文：Planning Ideas That Matter: Livability, Territoriality, Governance and Reflective Practice
ISBN 978-7-5447-7634-9

I.①关… II.①比… ②劳… ③克… ④祝… ⑤彭… ⑥周… III.①城市规划—研究 IV.①TU984

中国版本图书馆CIP数据核字(2018)第292139号

Planning Ideas That Matter: Livability, Territoriality, Governance and Reflective Practice
by Bishwapriya Sanyal, Lawrence J. Vale, and Christina D. Rosan
Copyright © 2012 Massachusetts Institute of Technology
Published by arrangement with The MIT Press through Bardon-Chinese Media Agency
Chinese (simplified characters) copyright © 2019 by Yilin Press, Ltd
All rights reserved.

著作权合同登记号　图字:10-2014-090 号

关键的规划理念：宜居性、区域性、治理与反思性实践　　[美] 比希瓦普利亚·桑亚尔　劳伦斯·J. 韦尔　克里斯蒂娜·D. 罗珊／编　祝明建　彭彬彬　周静姝／译

责任编辑　陈　锐
装帧设计　高　熹
校　　对　蒋　燕
责任印制　单　莉

原文出版　The MIT Press, 2012
出版发行　译林出版社
地　　址　南京市湖南路 1 号 A 楼
邮　　箱　yilin@yilin.com
网　　址　www.yilin.com
市场热线　025–86633278
排　　版　南京展望文化发展有限公司
印　　刷　江苏凤凰通达印刷有限公司
开　　本　960 毫米 ×1304 毫米　1/32
印　　张　14.625
插　　页　4
版　　次　2019 年 6 月第 1 版　 2019 年 6 月第 1 次印刷
书　　号　ISBN 978-7-5447-7634-9
定　　价　79.00 元

主 编 序

　　中国过去三十年的城镇化建设，获得了前所未有的高速发展，但也由于长期以来缺乏正确的指导思想和科学的理论指导，形成了规划落后、盲目冒进、无序开发的混乱局面；造成了土地开发失控、建成区过度膨胀、功能混乱、城市运行低效等严重后果。同时，在生态与环境方面，我们也付出了惨痛的代价：我们失去了蓝天（蔓延的雾霾），失去了河流和干净的水（75%的地表水污染，所有河流的裁弯取直、硬化甚至断流），失去了健康的食物甚至脚下的土壤（全国三分之一的土壤受到污染）；我们也失去了社区，失去了自由步行和骑车的权利（超大尺度的街区和马路），我们甚至于失去了生活和生活空间的记忆（城市和乡村的文化遗产大量毁灭）。我们得到的，是一堆许多人买不起的房子、有害于健康的汽车及并不健康的生活方式（包括肥胖症和心脏病病例的急剧增加）。也正因为如此，习总书记带头表达对"望得见山，看得见水，记得住乡愁"的城市的渴望；也正因为如此，生态文明和美丽中国建设才作为执政党的头号目标，被郑重地提了出来；也正因为如此，新型城镇化才成为本届政府的主要任务，一再作为国务院工作会议的重点被公布于众。

本来，中国的城镇化是中华民族前所未有的重整山河、开创美好生活方式的绝佳机遇，但是，与之相伴的，是不容忽视的危机和隐患：生态与环境的危机、文化身份与社会认同的危机。其根源在于对城镇化和城市规划设计的无知和错误的认识：决策者的无知，规划设计专业人员的无知，大众的无知。我们关于城市规划设计和城市的许多错误认识和错误规范，至今仍然在施展着淫威，继续在危害着我们的城市和城市的规划建设：我们太需要打破知识的禁锢，发起城市文明的启蒙了！

所谓"亡羊而补牢，未为迟也"，如果说，过去三十年中国作为一个有经验的农业老人，对工业化和城镇化尚懵懂幼稚，没能有效地听取国际智者的忠告和警告，也没能很好地吸取国际城镇规划建设的失败教训和成功经验；那么，三十年来自身的城镇化的结果，应该让我们懂得如何吸取全世界城市文明的智慧，来善待未来几十年的城市建设和城市文明发展的机会，毕竟中国尚有一半的人口还居住在乡村。这需要我们立足中国，放眼世界，用全人类的智慧，来寻求关于新型城镇化和生态文明的思路和对策。今天的中国比任何一个时代、任何一个国家都需要关于城市和城市的规划设计的启蒙教育；今天的中国比任何一个时代、任何一个国家都需要关于生态文明知识的普及。为此，我们策划了这套"城市与生态文明"丛书。丛书收集了国外知名学者及从业者对城市建设的审视、反思与建议。正可谓"以铜为鉴，可以正衣冠；以史为鉴，可以知兴替；以人为鉴，可以明得失"，丛书中有外国学者评论中国城市发展的"铜镜"，可借以正己之衣冠；有跨越历史长河的城市文明兴衰的复演过程，可借以知己之兴替；更有处于不同文化、地域背景下各国城市发展的"他城之鉴"，可借以明己之得失。丛书中涉及的古今城市有四十多个，跨越了欧洲、非洲、亚洲、大洋洲、北美洲和南美洲。

作为这套丛书的编者，我们希望为读者呈现跨尺度、跨学科、跨时空、跨理论与实践之界的思想盛宴：其中既有探讨某一特定城市空间类型的著作，展现其在健康社区构建过程中的作用，亦有全方位探究城市空间的著作，阐述从教育、娱乐到交通空间对城市形象塑造的意义；既有旅行笔记和随感，揭示人与其建造环境间的相互作用，亦有以基础设施建设的技术革新为主题的专著，揭示技术对城市环境改善的作用；既有关注历史特定时期城市变革的作品，探讨特定阶段社会文化与城市革新之间的关系，亦有纵观千年文明兴衰的作品，探讨环境与自然资产如何决定文明的生命跨度；既有关于城市规划思想的系统论述和批判性著作，亦有关于城市设计实践及理论研究丰富遗产的集大成者。

正如我们对中国传统的"精英文化"所应采取的批判态度一样，对于这套汇集了全球当代"精英思想"的城市与生态文明丛书，我们也不应该全盘接受，而应该根据当代社会的发展和中国独特的国情，进行鉴别和扬弃。当然，这种扬弃绝不应该是短视的实用主义的，而应该在全面把握世界城市及文明发展规律，深刻而系统地理解中国自己国情的基础上进行，而这本身要求我们对这套丛书的全面阅读和深刻理解，否则，所谓"中国国情"与"中国特色"，就会成为我们排斥普适价值观和城市发展普遍规律的傲慢的借口，在这方面，过去的我们已经有过太多的教训。

城市是我们共同的家园，城市的规划和设计决定着我们的生活方式；城市既是设计师的，也是城市建设决策者的，更是每个现在的或未来的居民的。我们希望借此丛书为设计行业的学者与从业者，同时也是为城市建设的决策者和广大民众，提供一个多视角、跨学科的思考平台，促进我国的城市规划设计与城市文明（特别是城市生态文明）的建设。

俞孔坚
北京大学建筑与景观设计学院教授
美国艺术与科学院院士

目　录

第三篇　治理的理念

第四篇　专业性反思的理念

致　谢

本书源于一个每周例行的研讨会，它是作为纪念麻省理工学院城市规划课程开设七十五周年的系列活动之一。我们非常感谢麻省理工学院建筑与规划学院院长阿黛尔·诺德·桑托斯以及学校的比米斯基金会对我们的支持，它使得我们能够完成作为本书基础的论文。我们也十分感谢以下各位的帮助：凯伦·叶吉安、贾尼丝·奥布莱恩、桑德拉·埃利奥特、尼姆法·德·莱昂、帕蒂·福莱、钱旦·多伊斯卡、亚尼内·马尔凯塞，以及麻省理工学院城市研究与规划系主任埃兹拉·格伦。麻省理工学院出版社的克莱·摩根表现了对该项目持续的热情，并且征求了两位原稿匿名评审的意见，这些都帮助我们显著改善了稿件。我们也得到了玛乔丽·帕内尔和黛博拉·坎托尔—亚当斯对稿件编辑和出版的得力帮助。

然而，本书之所以存在，在本质上是源于文集作者的耐心和智识力量，我们每个人都从作者们对理解规划理念的共同追求中收获颇丰。

第一章
四组规划对话

比希瓦普利亚·桑亚尔　劳伦斯·J.韦尔　克里斯蒂娜·D.罗珊

本书致力于理解加强都市和区域规划领域的核心情感和感觉,并引发对该领域过去一百年间的进化的讨论。我们将这些讨论概念化为"规划对话",以都市历史学家罗伯特·菲什曼在其关于"都市对话"的文章中最早提出的一种学术调查类型为基础(Fishman, 2000)。本书中的对话是一种专业对话形式,由参与塑造都市及区域规划领域进化过程的四个关键问题讨论的学者进行:为什么说有些地方更适合居住?哪种区域管辖结构既有助于经济增长又有助于促进社会平等?哪种治理方式对创造国家、市场及公民社会之间的协同关系是必要的?提高城市及区域居民的生活质量需要哪些专业知识和技能?诚然,这些并不是过去一百年间许多影响了都市和区域规划领域轨迹的人士所关注的全部问题,本书也并非要在世界各地规划事业详尽历史性描述的基础上给出以上问题的确切答案。本书所包含的对话专注于作者(学术观察者，有时候也是实践者）自身关注的这些问题。我们希望这些人士的思想可以引发更深入的探讨，进而丰富都市和区域规划领域知识。

感谢相关人士对这一领域历史演变的记录（Ward，2002；Hall，1998），这些研究深深地影响了我们关于规划对话地理经度的考量。这些跨越千山万水而进行的对话，通常包含对规划理念不同形式的引用，有时是原汁原味的，但更多时候是经过筛选和综合的。正如斯蒂芬·沃德（2002）所观察的，有时规划理念从一种背景转移至另一种背景，并由独裁方式强加（殖民主义和战后重建事业的背景下），有时候以更具商谈性和竞争性的方式展开（尤其是在第二次世界大战后的欧洲），有时候在达成共识的情况下展开（如欧盟或全球环境峰会）。但通常而言，专业对话很少是参与者的平等对话。各种偏见、倾向及先入为主的观念都影响了观点的传达。本书作者们考虑了规划对话中的不平等因素。他们往往非常关注对话受支配性国家、机构和个人的影响程度。

在描述规划理念进化的时候，我们并未按照时间顺序进行，正如彼得·霍尔编著的《明日之城》（1988），我们也不局限于西方国家的物理式规划。我们的探究方式具有解释意义：我们探寻对话的精髓，无论其来自哪里，通向何处。许多对话源自西方，但后来跨越地理界线，从高度都市化国家流向新型都市化国家。我们对于全球范围内这种对话的理解并未涵盖所有。我们让对话参与者讲述自己对于为什么集体谈话的一些元素保持下来，而另一些则渐渐消亡的理解。

由于大部分对话参与者是在美国或加拿大规划项目任教的学者，其理解受到"本国"对话的影响。更重要的是，在他们的规划对话的重建中产生的是，美国机构（如大学）在塑造规划理念方面的主导作用，尤其是过去五十年间。这一点确实不仅限于城市或区域规划领域。《时代》周刊的出版人亨利·卢斯在1941年杜撰了短语"美国世纪",来描述并预测美国机构在科学、技术、商业甚至政治等方面的主导作用,尤其是在第二次世界大战之后(Evans, Buckland & Baker, 1998)。虽然本书的作者们承认(有时是暗示),第二次世界大战后许多主导性规划理念出现在美国并得到广泛传播,但是他们对于规划对话是否影响规划结果以及影响机制的理解有所不同。

然而,这一过程备受争议,同时无法预测。20世纪60年代以来,美国国内和世界各地的规划对话基本不是均质的或支配的。关于实质性规划问题和程序上规划问题的争论有很多,但与自然科学不同的是,争论的清晰解决方案却很少,甚至没有。这是规划对话而并非规划学说更好地掌握了进化过程本质的原因之一。这也肯定了,规划领域中存在诸多争论,一些支配性的关注点已经阻止了对话的简化。我们指出了丰富对话又塑造进化过程的四个主题。这些主题是有影响力的规划理念:它们集中于地点的宜居性,各空间尺度上区域性的治理,国家、市场及公民社会等关键领域之间的职责分配,专业权威的效力及适当运用。

本书的文章探讨了这些对话的本质及作用。这些想法从何而来?由谁提出或引入?如何在规划师中流传?是否有人对这些观点有所质疑,如果有,为什么?外界的质疑是否改变了这些观点,或引起概念感染力的复兴?对这些问题的解答可以阐明观点、制度,以及世界各地城市和区域社会经济背景的变化是怎样塑造了规划对话的。这些分析还将揭示论证的核心观点和主导模式,标示出这一相对于法律和医药领域更为年轻的规划领域。规划师的这些关注、担心、希望和愿望影响着其专业行为的意向性，故而有助于划定其专业使命的界限。规划对话并非简单的谈话。我们试图探索自工业化和城市化早期以来，规划师的意图是如何进化成现今的专业程度的。

这些问题引起了麻省理工学院城市研究与规划系（DUSP）的兴趣，因此我们邀请了十几位著名规划学者帮我们确定关键的规划理念。这些个人观点又揭露了规划领域更多更长的对话，最终形成了本书文章中的模样。我们将此次讨论作为2008年庆祝活动的一部分，以纪念这一世界最早最大规划项目之一的七十五周年（该机构长期以来致力于全球的规划事业，而不仅是美国的）。我们推测，许多DUSP成员，如凯文·林奇、劳埃德·罗德温、约翰·特纳、丽莎·皮蒂、伯纳德·弗里登、劳伦斯·萨斯金德及唐纳德·舍恩，在过去的七十五年里对规划对话产生了深远影响。我们想要更清楚地了解为什么这些个人能成功塑造规划对话，DUSP如何继续在推动这些反映了我们的信念、感情和智力同情的规划对话中发挥作用。我们还想更广泛地去探索城市规划核心长期存在的主题，以阐释这些主题在面临新挑战的情况下是如何继续影响城市区域的。

文章根据在规划领域产生持久对话的四个主题进行组织：宜居性、区域性、治理、反思性实践。这些主题并不能包罗万象，但希望可以引发关于其他规划对话的类似讨论，帮助我们更好地了解其进化过程。宜居性一直都是规划师要考虑的一个核心要素：建造可以提高生活质量的地方。区域性这一概念由约翰·弗里德曼和克莱德·韦弗（1979）在有关区域及欧洲和北美区域性特征的书中提出的。人们对一个地方有怎样的感受、记忆和保护措施，很大程度上取决于居民对城市内及城市之间的区域意识。本书专注于地方区域，承认20世纪20年代城市之间的规划对话出现了重要的转变。本书第三个部分专注于治理。我们所谈的治理含义更广，从美国进步时代出现的城市规划和治理问题，到近来将好的治理视为新型工业国发展前提的观点。本节的文章解答了规划领域的一个关键问题，治理在创建地方、管辖地域，以及支持新工业化城市化国家发展方面应该发挥怎样的作用？第四部分讲的是关于规划实践类型的观点，尤其是专业性反思的必要性（这一观点由我们后来的同事唐纳德·舍恩引入规划对话中）。这四组规划对话（分别关于宜居性、区域性、治理及专业性反思）共同描绘了一个世纪中所经历的城市化、市郊化、工业化及去工业化过程中城市和区域规划师所关心和争论的问题。

宜居性的理念

对于一个致力于将物理空间转化为居住地的专业来说，宜居性长期以来的主要关注点包括城市密度，不同土地使用安排之间的界线划定，以及建筑环境和自然系统之间的复杂关系。这些问题在一定程度上捕捉到了都市区域划分的概念，这一概念自城市化早期以来就推动了规划对话。然而，都市区域划分不仅仅是一个工具，是源于规制实施的反应性实践，作为一种实践，它还反映了空间谱系和社会分隔更深的价值。更重要的是要探索那些既引发了区域划分等工具的出现，又促进了前沿性规划措施的兴起的观点和理念。为了达到这一目的，前几章对规划师如何解决宜居性问题，近来重塑城市和郊区关系的努力，以及可持续性运动的历史给出了历史性描述。

加里·哈克在"塑造城市形态"中再次谈到了关于城市为何要发展的功能理论，以及城市应如何进行规划的规范理论。他考察了控制城市发展工作的悠久历史，并表示规划师关注城市形态是因为这会影响人们关于生活方式、社会资源配置、基础设施供给和维护，以及公民认知和价值的个人选择。通过追溯从7世纪麦地那到19世纪欧洲再到现今人类在控制城市发展方面所做的努力，哈克发现，绿化带这一概念尤其容易传播，成功的适用案例便是遥远的首尔和圣保罗等地。在美国，绿化带被重新定义为城市发展的界线或边界。最著名的美国案例是俄勒冈州的波特兰。1973年，俄勒冈州立法机关要求所有城市制定城市发展边界。但这种边界的设定遭到了严峻的政治抗议，即使在波特兰也是如此。哈克表示，有能力治理这些边界的机构没有进行合理的治理，同时又受到开发商强烈的政治施压，美国在控制城市发展方面取得的成效有限。

5

　　哈克之后探讨了加拿大（美国主要的城市区都有一个市级政府）在控制城市发展方面是否比美国更为成功。他发现许多关于绿化带的相同规划对话。比如，在渥太华，绿化带出现得就比较早，在1950年，但之后却逐渐被忽略。相反，温哥华过去三十五年间在控制农业与城市土地发展平衡方面就很成功。多伦多也力排众议，建立了长85英里的区域绿化带。

　　哈克认为，绿化带的力量在于其适应性。绿化带保护了乡村和农业土地、食物来源及农耕生活方式，也是城市的安全屏障。绿化带的概念也在不断调整，以适应有着不同地方和国家政治制度、地形、资源可用性及当地利益群体构成的城市。对各种区位和政治条件需求的适应力是其成功的关键。

　　关于如何控制城市形态的理念，也根据地点和所面临挑战的变化而变化。哈克预期，气候变化使得城市要减少碳排放，故而将继续影响城市形态相关的规划对话。规划师明白，城市将会变得更加密集，他们将想办法减少交通运输公里数。实际上，许多城市目前正在实行以交通为本的发展政策，将高密度发展集中于交通枢纽区。他表示，纽约的规划和伦敦的规划是重要的正确措施。他赞颂了温哥华在2010年奥林匹克运动会筹备工作中对公共交通的重点投资。哈克预测，这样的措施将会影响城市形态，并增加规划师和市民对规划作用的信心。换句话说，虽然控制城市密度一直以来都是商谈的主题之一，但气候变化可能为对话引入一种新的基本原理。

接着，在第三章，罗伯特·菲什曼探索了新城市主义的理念，这一术语在20世纪后期被提出，源于花园城市和花园郊区的早期观点，并与简·雅各布斯关于混合用途城市活力的观点相连。菲什曼认为，一群局外人（主要指的是城市设计领域的建筑师）复兴了花园城市运动中许多被遗忘的观点，并将这些旧观点重新引入了同时期的规划对话中。雷蒙德·昂温在1991年的"花园郊区"观点，最初构想是为了通过战略性分散来解决城市拥挤问题，现在用来解决相反的问题——城市扩张。为了控制人口扩散地区的扩张，花园郊区以双胞胎的形式再度重现：源于以交通为本发展模式的西海岸形式和以新传统城镇为特点的东海岸形式。新城市主义作为一种规划理念，其力量是复兴了规划传统中被忽略的主题，如电车郊区，并将这些主题作为解决当代问题的办法。在此情况下，西海岸新城市主义杜撰了新术语，以更新过去关于围绕交通便利性组织步行社区的对话。

在第四章，蒂莫西·比特利追溯了可持续性理念的历史及其对城市规划的启示。这一理念的出现是为了衡量如何最优地开发世界资源。比特利指出，吉福·潘绍等早期可持续性倡导者将其定义为合理使用并治理自然资源。从这层意义上来说，它根本不属于城市概念。然而，随着时间的推移，学者、活动家、组织及创新举措改变了这一概念并推动了其传播；做出贡献的人士包括蕾切尔·卡森、卡尔顿和杰瑞·雷、格罗·布伦特兰、达纳·梅多斯、威廉·里斯。结果，人们对环境问题严重性的认识逐渐提高，更清楚在促进可持续性发展中城市需要做出的改变。

可持续性问题不断进化，比特利认为："它是关于城市和建筑环境的，关于社会和经济问题及生态问题；现在以前所未有的方式渗透并贯穿到了文化意识中。"他指出，可持续性的大部分问题是从底部向上运行的，不仅仅限于州政府和联邦政府专家的对话。即使是可持续性的相关词汇和语言也发生了变化，这一概念已渗入规划师思考世界的多个方面。人们越来越意识到城市建造形态对可持续性的巨大影响。同时，人们对建筑种类是如何影响城市主义的也有越来越大的兴趣，思想者和实践者的作品就体现了这一点，包括威廉·麦克唐纳、理查德·雷吉斯特、亚尼内·班娜斯、托马斯·本德及加里·劳伦斯。主要城市中越来越多的草根机构参与到可持续性举措中，这也影响了当代的规划对话。如马霍拉·卡特、洛杉矶市长安东尼奥·维拉莱戈萨及纽约规划的所有证据显示，现在可持续性在关于城市和区域设计治理的对话中普遍存在。

1987年，联合国环境与发展世界委员会报告《我们共同的未来》仅有一个章节是关于城市的。现在，比特利指出，全球可持续性对话已经"转向城市"，"广义的可持续性目标和愿望转换成了有形的物理和社会成果"。关于城市可持续性的对话涉及经济城市的空想观点、生态城市模型、绿色规划及城市花园化。2005年出台的美国市长的"气候保护协议"影响了越来越多的城市,这些城市纷纷制定了由政府支持的可持续性规划,标志着对城市发展新方案的有力举措。可持续性城市运动与公共卫生领域的伙伴形成了重要联盟,融合了绿色和社会正义两方面议程,因而建立了社会可持续性的新联盟。这也影响了城市设计的新方法,很明显,可持续性的理念现在已成了大部分规划对话中的关键概念之一。

区域性的理念

解决人类居住问题应以怎样的适度规模进行?这一问题在近一个世纪的规划对话中一直比较活跃,形成了关于区域主义和都市主义的大量文献,引起了近来关于区域竞争的争论。本部分的各章是关于区域发展规划、都市主义及区域竞争,突出了参与对话的规划师的共识和分歧。一并考虑,这几章内容追溯了区域性理念的进化历史。然而,更重要的是,还描述了在恰当治理机制缺乏和全球投资竞争激烈的背景下,规划师在实施创新举措中遇到的各种困难。

在第五章,迈克尔·泰茨认为,区域发展规划的概念吸收了根深蒂固的思潮。他追溯了18世纪欧洲及北美启蒙运动以来这一理念的历史。泰茨认为,理性的利己主义和社区归属感的需求之间的冲突,是规划职业得到证实认可之前规划对话的一个特点。区域的概念涵盖了这种二元性。泰茨将区域主义理念的历史分为四个时期:(1)乌托邦时期,19世纪中期到1930年;(2)英雄时期,1930年到1945年;(3)发展时期,1945年到1985年;(4)全球时期,1985年至今。泰茨提出,纵观这四个时期,这一理念的历史是一种连续的历史变化,尽管不时会有特殊的思想家和事件出现成为其标志。他总结说,虽然区域规划现在似乎是

8

处于低潮，但它"已经显示出一种反弹趋势，不应该被视为遗弃的部分"。

在第六章，罗伯特·亚罗考察了美国都市主义和区域规划的起源和发展。亚罗将都市主义定义为大城市经济体超越政治辖区进入周边区域，成为更大区域地带的一种意识。亚罗采用了美国最老的独立区域规划机构纽约区域规划协会（RPA）的案例，探索了这一规划理念在反城市主义、联邦主义、地方主义及城郊划分等反对意见中幸存下来的原因。他描述了各种规划举措如何最终克服有力的思想传统和政治倾向的反对，其中一些规划举措现在正流行在美国的多个方面。他认为，都市主义的概念是由RPA及其前身（纽约及其郊区规划委员会）启发并形塑的。亚罗写道："纽约一直都是城市和大都市发展和规划的先锋，因为纽约的城市问题出现得比较早，规模比较大，需要在都市层面进行解决。"在许多情况下，RPA规划和行动中出现的创新举措启发了世界各地相似的思想和行动。

亚罗描述了RPA完成于1929年、1968年及1996年的区域规划，来说明都市主义的理念是如何影响规划师的。这三项规划均涉及广泛的问题，包括交通运输和移动性、城市形态、经济机构、环境及开放空间保护、住房、社会公平，以及劳动力技能发展。亚罗考察了这些规划是如何塑造规划实践和理论的，之后探究了都市规划目前的发展方向。他认为："近一个世纪以来，RPA既影响又反映了纽约、美国和全世界城市规划师和理论家的观点。"这是对地方在城市层面上的规划实践的乐观评估。有些人可能会争论说，也可以从规划师的角度来考虑（Harvey，2006），且这种思考是在快速的经济全球化和缺少恰当规划机制（将削弱全球化对国家和地方带来的利益）的背景下出现的（Soja，2000）。关于规划的有效性和解决当代政治经济问题的能力的争论，为考察规划实践提供了重要的参照角度。从这些争论可以看出,规划理念并不总是共享的,且可能是相互冲突的。然而,通过对话,规划研究和实践在不断进化,以更好地应对城市和区域问题。

在第七章,尼尔·布伦纳及戴维·瓦克斯穆特一致认为,规划是有局限性的;他们表示,到目前为止,规划尚不能将私人投资转化为区域收益。布伦纳和瓦克斯穆特将这一不良后果归因于区域竞争概念的盛行,这一概念从20世纪80年代的新自由主义时期以来一直流行于规划领域中。二人认为,自20世纪80年代开始,区域竞争就逐渐变成了地方经济发展主流措施的主导理念之一。这一理念是基于一种假设:区域,无论国民经济、地区,还是城市,都要通过竞争来吸引流动的资本投资。同时,各种机构改革和政策调整也要建立可以吸引私人资本的、定位清晰的社会经济资产。布伦纳和瓦克斯穆特研究了这种假设的概念血统,评估了其有效性,并探索了其对旨在促进地方经济发展的公共政策的影响。通过对现代资本主义下区域规划的历史性分析,作者探讨了为什么之前的"平衡城市化"和"内生增长"政策最终被遗弃,规划师转而重视区域竞争。

接下来,布伦纳和瓦克斯穆特总结了同时期的规划举措并评估了 10 区域竞争理念激发的政策,尤其在工业化国家。二人认为,新自由主义对竞争力的重视与凯恩斯主义"福利国家"向后凯恩斯主义"竞争国家"的转变,以及世界经济地区间关系新自由化的加深是密切相关的。他们断言,强调区域竞争力的观点基于有严重瑕疵的思想假设,且最初是为了制造意识形态神秘性的。这没有推动地方经济发展,反而使正在进行的资本重组进程变得混乱,并导致了不连贯性、浪费或自相矛盾政策的形成。在区域竞争力影响下,这种政策被广泛采用,这影响了那些想要采用其他政策来促进当地经济发展的城市和区域。由于城市间系统的大部分聚居地采用了区域竞争力倾向的政策，决定不采用类似政策的聚居地则遇到了很大了阻力。本章探索了逃离这种"竞争力陷阱"的可能路线，以作结尾。

治理的理念

国家、市场机构和公民社会在支持城市和区域发展方面应发挥怎样的适当作用？这是工业化国家和发展中国家较为活跃的核心问题之一，在理论上可以视为一种治理。这一问题早在17世纪就已经随着民族国家的形成而出现（Blockmans & Tilly，1994）。19世纪初这一问题进入了欧洲规划对话中，19世纪70年代进入了美国规划对话，到20世纪50年代初进入了新兴独立的发展中国家（Friedmann，1987）。三个范畴内的规划对话分别有各自的变化和进展，但到21世纪初的时候，变得基本相同（Wade，1990；Walzer，1995），像所有规划对话一样，关于治理的探讨受到其他学科概念，以及战争、市场萧条、去殖民化和20世纪60年代的城市抗议等历史性事件的影响（Unger & West，1998）。一点也不奇怪，这些事件在不同的规划环境中对规划实践有着不同的具体影响（Berger & Dore，1996），然而有趣的是，这些当代事件集聚了关于国家、市场和公民社会的城市和区域发展方面应有作用的观点（Stiglitz，2006）。用治理来指代这种三方关系标志着规划对话的集聚作用（Danson，Halkier & Cameron，2000）。连同其他一些概念，如公私合作、分散化发展和城市治理，治理这一词汇的使用频率自1989年共产主义瓦解之后开始增加（Grindle，2007）。本篇用四章分别讲述了城市发展、公私参与、善治和自住住房，旨在了解关于国家、市场及公民社会在城市、区域和国家层面作用的规划对话的变化本质。

在第八章，穆罕默德·卡迪尔表达了自己的观点，他认为城市发展是源于西方的观点，而且20世纪60年代对话从城市规划向城市发展的转变也是由西方规划师引发的，这些规划师认为传统的蓝图不能有效地规划西方城市。这一观点之后经双边和多边援助机构传播到刚刚摆脱殖民统治的新兴国家。在殖民统治早期，西方政治力量被直接用来建造各个殖民城市，与之相比，20世纪60年代源自西方的新思潮乍看之下没那么大的权力性，但极大地改变了发展中国家的规划实践。卡迪尔认为，西方国家关于如何解决发展中国家城市规划问题的建议缺少一致逻辑，因为这一建议随着西方规划师解决自己城市问题观点的转变而定期转变。

依据卡迪尔的分析，规划对话不能随着规划环境的改变而做出调整。而优势理念——最早源自欧洲，第二次世界大战后源自美国——是由资助这些理念实施的机构强加于人。卡迪尔对源自西方的优势理念的这种转变给出了诸多例子：在社会科学驱动下，城市规划从以建筑和工程为基础转为以政策支持为基础；社会政策与实际规划的混乱并置，如美国模板城市项目中的；简·雅各布斯"宜居社区"理念的转移；公私合作的理念；世界银行近来极力推广的理念：城市规划要减少市场管制，使私人机构"能够"提供公共商品和服务。相似地，认为"公民社会"、"自助"及"社会资本"对"大城市"（西方国家杜撰的另一个词汇）治理是必不可少的这一理念变得越来越普遍。关于大城市，卡迪尔说，西方国家关于城市的建议在这些年里发生了很大的转变，从控制城市规模，到改善贫民窟和寮屋，再到现在的通过"好的城市治理"来实现大规模城市群收益。这种政策变化使得卡迪尔对西方国家就新兴

12

工业化国家城市问题所提建议的精确性和相关性很挑剔。他预计，关于如何解决气候变化问题的新一轮思潮将很快从西方扩散到世界其他地方。

本章的主旨是，西方观点控制了发展方向。卡迪尔所暗含的观点是，呼吁新兴工业化国家的本地规划师能有更大的学术独立性。20世纪70年代以来，这一立场得到了宏观经济学家而并非城市规划师的一些关注。以劳尔·普雷维什（1984）为开端，包括同时期的丹尼·罗德里克（1999）等经济学家，一些人明确表示，西方关于经济增长的正统理论的侵入减缓了欠发达国家的工业化速度。然而，有些发展中国家的工业化进程比较平稳，这些国家采用了自己独创的非正统政策（Tendler，1997）。从城市层面来看，也有成功的本土规划举措的迹象；尤其具有启发性的是杰米·勒纳在巴西库里蒂巴的规划和城市设计干预（Rabinovitch，1996）。相似地，有迹象显示，印度的一些城市，如艾哈迈达巴德和海德拉巴，能够独立地制定良好的城市规划方案（Misra & Misra，1998）。这些城市并不是抵制外来观点，而是通过修改使其适应本国具体国情，这往往会出乎意料地形成一些新的方法（Borja et al.，1997）。从这些为数不多的成功案例中，我们可以看出，新型工业化国家的规划师可以保证其各种理念的有效性，包括那些外来的理念。

在第九章，琳内·萨加林探究了其中一个观点——公私合作（PPP），这一观点源于美国，之后传播到诸多国家，既有发达国家也有发展中国家。萨加林专注于美国规划对话和实践理念的影响，但其批判性论证也与发展中国家相关。如她所言，PPP被视为为城市发展（单靠政府力量无法实现）吸引私人资本的有效途径。萨加林将20世纪80年代初以来PPP不断增长的利益视为"在直接政府活动既需要政治乐观的庇护,又需要大量资本资金的时代改革城市治理"的渴望。萨加林认为,强调PPP往往就是在极力号召改革盛行的政策领域。这一点可以从一些口号的盛行中看出:"合作进步"、"基础设施新框架"、"经济现代化工具"、"促进城市环境危机的缓解",以及"应对投资困难"。

在萨加林看来,由于公私合作战略内在的特殊政治适应性,PPP在世界各地得以广泛应用。她写道:"开放、形式灵活、风险责任分担的具体商业价格和条件的定制化,都使得PPP模式非常受欢迎。"此外,公私合作的确切含义仍很模糊,这可用来取得公众支持。PPP可以有多种不同的含义:"非正式合作、正式组织联盟、合同企业,如果不是'合作'通常表示的那种风险利益分担。"PPP代表了应对谁应该做什么这一老问题的新方法。通过寻找共同基础并互助加强国家和市场之间的联系(而并非传统的国家作为市场规制者的对抗角色),PPP提供了规划师解决方法的基础性转变。然而,概念的模糊性也使得其作为解决复杂城市问题工具的不准确性增加。

让萨加林担忧的不仅仅是这一理念的不准确性。她认为,PPP在规划师中的日益普及,模糊了私人和公共领域之间的界限,破坏了公共机构并引发了一系列"令人烦恼的治理问题"。萨加林怀疑PPP是否是一个适当的治理改革工具,因为它降低了可说明性,增加了政治风险。同样,其有效性几乎没有经过严格的检验。换言之,萨加林因这一不准确的规划理念的日益普及而显得迷惘,希望规划对话能更多地关注这些政治倾向的理念。

沿着同样的路线,梅尔里·格林德尔分析了善治这一概念,这一概念也影响了20世纪80年代的规划对话,当时新兴的工业化国家的增长 14
率开始下降,债务增加,并出现了财政和金融问题。像萨加林一样,格林德尔对概念模糊的理念及其作为政策手段的有效性表示怀疑。她承认关于治理机制和措施的"公平、明智、透明、可描述、参与式、响应式、妥善治理且有效的"理念无疑是很有感召力的。在进步时代,美国至少有一个历史先例代表了有效运作的相似观点(Sandel, 1996)。而格林德尔怀疑发展中国家中近来升温的对善治的支持能否切实改善政府绩效。她认为,善治日程太过"诱惑",以至于其流行度超过了实际能实现的程度。格林德尔写道:"在其短暂的生命中,善治的理念混乱了关于发展进程的思潮。"诚然,这一理念促进了政府机构的一些机制改革,但总体而言,它未能解决新兴工业化国家的经济问题。

为什么善治这一理念越来越流行?格林德尔认为,该理念在整个政治领域备受关注的原因是其广泛的目标,巧妙运用修辞手法,使其象征着积极的道德价值,很难让人产生异议。格林德尔将该理念的流行归因于那些运用诸如透明度、问责制、响应性等各种评比标准对各个国家进行评级的调查研究,这些调查研究进而生成善治的综合指标。这些综合指标被描述成考核政府绩效的客观而严谨的标准(World Bank, 1997)。格林德尔认为,对规划者来说这种粗枝大叶式的调查研究不如严谨的案例研究有效。

格林德尔指出,世界银行等多边机构将善治这一理念实现了普及化,因为该理念将一种技术品质引入一个首创活动,而这个活动实际上是要用一种政治努力对治理系统进行重组。善治扮演的是"描述众多'好事情'时的遮阳伞",格林德尔写道:"该理念的广泛普及与其说是一个为更好理解发展过程的推动力,还不如说是一个难题。"该理念似乎是要用一个包罗万象的口号标语通过解释来消除发展过程的错综复杂。支持该理念的大量研究并不能解释真实复杂的发展过程。这些

研究会产出善治的蓝图和"最佳实践"，但这些通常都是不可靠的。最   15
后，善治成为发展的先决条件，而实际上，善治应该是一个结果。格林
德尔通过提出"足够的善治"来对其分析进行总结，"足够的善治"将为
政治经济的发展提供最低条件。

    彼得·M.沃德的"自助建房"这一章，分析了规划者处理治理相
关事宜（特别是在新兴工业化国家中如何安排城市贫民的住房问题）
的另一种方式。自助建房的理念比善治的理念提出得要早。自助建房
的理念是20世纪40年代由雅各布·克兰在美国联邦住房金融局（U.S.
Housing and Home Finance Agency）正式提出的，目的是为解决波多黎
各（西印度群岛东部的岛屿）的住房短缺问题。后来，在近二十年之
后，约翰·特纳重新将该理念引入规划对话中，目的是为应对在拉美及
其他地区城市边缘地带不断增多的未经登记建房定居的问题。特纳认
为，这种定居不应被看作一个难题，相反，应被看作一个解决方案，与一
般意义上的20世纪60年代理念危机和政治危机相符，已有的现代化发
展理论失去了它们早期的冲力（Ingham, 1993）。特纳认为，大规模的
现代住房计划以及对非法居民的驱逐几乎已经失败，致使贫民别无选
择，只能越来越多地在一些未经授权的地区建造自己的房屋。特纳的
批评主要有两个目的。目的之一是要消除那些认为政府可以通过直接
建设房屋来增加住房供应的传统认知。不过，更重要的是，它赞扬了
贫民不顾政府反对，为解决问题而想出了创新性解决方案，并创造出
了一个分散且灵活的增量住房改善过程，从此，贫民便不再需要依赖
政府了。

    特纳对政府的批评以及与此同时对贫民自助建房理念的赞扬，
是20世纪80年代最终影响关于治理规划对话的两大理念的先驱。第

一个理念是特纳的著名论断，政府占用了太多资源，做成的事儿却太少，而贫民占用的资源很少，做成的事儿却很多（Turner，1979），该论断为接下来意识形态领域左右两翼对政府的严厉批评奠定了概念基础（Sanyal，1994）。直到国际机构勉强承认自助建房理念的局限性，以及政府在输送物资和服务，包括为城市贫民提供住房时的不足之后，善治的理念才开始从广泛范围内的批评中逐渐出现（世界银行，1997）。

16

第二个理念（也就是最终被描述为借力社会资本的理念）其实是隐含在特纳对贫民为什么能实现自助的解释中的。尽管后来罗伯特·普特南（Putnam，Leonardi & Nanetti，1993）将"社会资本"这一词语实现了普及，但沃德认为，该理念的片段早在20世纪50年代伦敦社区规划时就开始流传了。沃德将通常与贫穷国家的城市相连的自助建房理念的起源，归为富有国家的早期规划对话。然后，他一直在苦苦思考一个悖论：自助建房的改变诞生于西方世界，但是为什么在一些发达国家，如美国，自助建房理念在考虑住房问题时并没有受到认真对待？

思考这一悖论的过程中，沃德突出强调了诸如世界银行和联合国等国际组织机构在促进特纳的理念时所扮演的角色，并且在这个过程中，仅仅将其与发展中国家的住房问题相关联。沃德认为，该概念最终影响了众多发展理念，从现代化理论到结构主义理论、相互依赖、全球化，甚至是在去中心化和城市治理方面的最新探索。为什么西方规划者不愿承认发达国家城市中那些自助建造和非正式建造的房屋呢？根据其在得克萨斯州的广泛调查，沃德认为，虽然自助建造的住房在很多郊区广泛存在，规划者和公共官员并没有注意到这些努力，而即使他们注意到了，他们也不愿意将这些在欠发达国家中运用的最佳实践和理念转移到美国。沃德总结道，即使自助建房的理念在全世界盛行,但在美国或其他发达国家中,不太可能会认为这一理念有多大用处。

专业性反思的理念

规划专业内第四个持久的对话范围一直是面向内部的,充满着有关规划专业本身的执着的反射性问题。为什么规划师抗拒改变他们通常解决问题的方式?为什么一些规划者能够在工作中学习和修改自己的实践,而另一些人即使面临新的问题和变化的规划背景仍然继续用旧方式工作?规划者目前用哪个规划模型来构建问题并作出决定?哪种理念主导着这种专业行动?这样的理念来自哪里?随着时间的推移,特别是自20世纪60年代,当规划者们的传统价值观、信仰和专业实践模式受到认真的审查,这些理念发生变化了吗?民权运动和其他的社会变革运动带来的影响是什么,要求更广泛地参与规划决策吗?人们应该有权在规划活动中承担更大的作用,无论是作为规划者还是公众参与的一部分?本篇中有关反思性实践、沟通式规划和社会正义的三章试图解决这些问题。从20世纪60年代社会和理念上的混乱中,他们分析变化了的对话和规划实践。

拉斐尔·费什勒在第十二章关于反思性实践的理念的写作,描述了在这一理念正式确立之前实践的本质。他认为,直到20世纪60年代一直有两种规划者:主顾问,是想要构建城市规划基础上的一般原则的人;技术人员,是被安排在地方层面实施这些原则的人。20世纪60年代的动荡让两种规划者都感到不安,因为此前的通用原则在迅速变化的背景下失去了意义。由于缺乏公式化的处方,技术规划者在寻求解决城市问题上茫然不知所措。这不断加深不确定性和不稳定性的时刻

17

加剧了尖锐的价值冲突，使传统规划者们对他们认为理所当然有用的知识产生怀疑。他们怀疑他们作出决定的功效，现代专业主义及其技术理性的中心理念也动摇了他们的信心。规划对话的性质在内容和基调上发生了巨大的变化。

费什勒提出，直接解决这场专业能力危机的关键人物是呼吁反思性实践的唐纳德·舍恩。唐纳德·舍恩的呼吁不是只针对城市规划师。作为一个来自商界的哲学家，他在麻省理工学院城市研究和规划系授课，在不稳定时期，他担心的是一般传统的专业主义。他提出，专业人士需要摒弃传统和总体思想的良好做法，代之以从自己的行动中学习，特别是这些行动的结果很令人惊讶的时候，这真的是很有效的。直到那时，出人意料的结局被视为异常而被忽视，但唐纳德·舍恩提议，它们应被珍视为窗口，为解决规划的复杂性问题提供了新的见解，而这正是规划者试图解决的问题。费什勒说，这需要"在行动中"和"对行动"反思，这是一个不同的解决问题的方法，那里可以发现、确定和修改目标。

18

舍恩建议，如果组织以及个人有所追求的话，反思方法可以创造"学习系统"。在这样的系统中，个人和组织由于好奇会不断评估自己和别人的行动来作为实验。这样的实验不会显示一般原则，而只是微调的、具体的见解，是说如何在不断变化的环境下修改行动。费什勒审视了这个规划者的愿景，将他作为一个反思性实践家，而不是一个伟大的理论家或技术人员，并提出了一个有趣的悖论：为什么反思性实践的理念被规划者广泛尊重，却很少有人真正遵循规划风格呢？也许，相比较说反思性实践的理念是矛盾，不如说是一种讽刺，它排斥"所倡导的理论"（规划者说他们做的）并赞扬"在使用的理论"（实际上他们做的），使其本身成为一个被倡导的理论。反思性实践可能比此前所倡导的理论行动更有趣，但它可能不会有更广泛的实践，至少目前还没有。

帕齐·希利在第十三章进一步阐述了这种对话。她介绍说，一些理念不仅影响了关于规划是什么的规范规划对话，而且应该也改变了基本的实际应用。沟通式规划的观点——回应了20世纪60年代的专业合法性危机——就是这样的一个理念。希利提出的沟通式规划理念处于社会理论和哲学的广泛的运动中，帮助转变了对集体行动微观政治学重要性的政治和现实的关注，特别是在正式的政府组织内部及其周围的活跃机构的潜力。在强调微观层次上，沟通式规划与反思性实践具有相似性。同时，双方的观点都反对那种20世纪60年代的技术规划。但沟通式规划和反思性实践之间存在显著差异。第一，沟通式规划的重点不在个人规划和他们的学习轨迹，而是社区的集体行为，规划者是辅助者和达成一致的建设者。第二，沟通式规划明确承认微观政治学的影响和规划决策上的不平衡权力分配。然而，它不是马克思主义，规划者处于利益冲突之中。事实上，希利将沟通式规划描述为，在发达民主国家越来越多的实践已经被精确普及，正是因为它不在经典阶级对立的硬性条款上抛出所有对话。我们已经知道社区成员间的利益和意见冲突，但希望规划者可以帮助为讨论和对话设置一个流程，最终会引起一些观点和社会学习集中，劳伦斯·萨斯金德和约翰·福里斯特等人发展了这一理念。

沟通式规划的理念现在是"一个很流行的理念"。但是希利介绍说，这个理念被搁置了一段时间，在20世纪70年代末又重登历史舞台。规划对话被很多的理念所影响，从新马克思主义到后现代主义的多元文化都各有其支持者和批评者。然而，从这次的知识混乱中新自由主

19

义的理念得以出现，罗纳德·里根和玛格丽特·撒切尔是最早的代表人。新自由主义反对规划现在是众所周知的了（Sanyal，2005）。相对未知的是，沟通式规划作为一种理念，不仅是幸免于攻击，而且是繁荣昌盛的，反过来，新自由主义却因为冷战后的"必胜信念"、不明智的金融投机，以及死灰复燃的宗教和政治极端主义（Lechner，1992；Killick，1989）而受到攻击。沟通式规划没有提出任何创新理念来替代新自由主义；它只是仍集中于基础层次，希利称之为"微观实践"，用来增强民主，最终遏制新自由主义。

然而，规划者们还不能宣布胜利。在种族和民族偏见的20世纪50年代和60年代，民权运动在美国仍是社会正义道路上的主要障碍。正如托马斯·曼宁在第十四章所谈的，从20世纪60年代到现在，当跟踪规划对话关于种族和民族正义的历史时，对话的本质确实已经改变了。规划者的种族和种族不公正的意识已经出现，这改变了规划风格，从20世纪50年代的所谓理性模式到20世纪60年代的倡导规划模式再到现在的沟通式规划模式，这实际上扩大了公民参与规划决策。然而，托马斯认为，这种过程的变化没有显著降低权力失衡，这应被看成实现社会正义必要的前兆。托马斯担心，规划对话从宣传规划到激进的规划，然后再到其他规划风格的进化过程中，实际规划的结果可能会有点黯然失色。她尤其质疑的是，从政治和种族的角度来看，新规划理念是否已经创建了一个更公平的竞争环境。

托马斯的分析是基于美国社会规划官员举行的年度会议，以及美国规划协会发表文章中的一个系统的研究程序。梳理这些论文，她注意到倡导规划出现两个流派的理念，一个是法律，另一个是关注社会不平等。保罗·戴维多夫合并这些法律体系和历史时刻来推动进步的社会改革。然而,到了20世纪70年代中期,变化的速度开始放缓,为倡导规划提供智力和情感活力的理念已经消散。没错,规划者对社会正义问题的一般认识有所增加,但同时最初由戴维多夫制定的倡导规划的尖锐性已经被消磨了(Peattie, 1978)。最终,从最初的想法出现了争论形式的"平等规划"和"激进规划"等新的形式。然而在托马斯的评估中,这是最初的想法和倡导的理想规划,对规划者有最大的影响,并去思考如何解决社会不公。仍然需要做很多工作,托马斯指出,以一种有意义的方式去重新平衡权力关系和重新定义竞争关系。这不仅需要美国规划者去反思和参与,也需要批评现状。

规划对话的意义

规划对话的概念性范畴一直很大,不仅存在于建筑师和城市规划者之间,也存在于从事其他职业、属于其他学科的有关个体之间:举几个例子,这些个体有经济学家、社会学家、地理学家、工程师、环保人士、地产开发商、银行家、律师和社会活动家。这些关心城市和地区议题的个体之间的对话,这几年来不仅一直受他们各自学科的影响,也受他们所代表的各式各样机构的影响,这些机构包括当地市政机关、学术界,乃至国际组织。不仅如此,这些个体和机构之间的交流,毫不意外,还受历史性时刻和特定的城市设定的影响,因此织成了一张巨大的信念、灵感、思维方式,当然,还有行动计划之网。换言之,规划对话惊人地对形形色色的理念都持敞开态度,更重要的是,这些对话的本质随着规划者欣然接受棘手的挑战,包括城市贫困、种族隔离、城市扩张,以及如今的气候变化问题,而不断进化。

规划者所交谈和争辩的(我们提出的这些理念将从业者们聚集在

21

一起) 一直以来并不像经济学里的理念一样受严格控制。一些规划论据的方法论并不像其他学科和职业中的方法论那样严格。但是，正如对各种领域的比较考察结果所显示的那样，选择社会关联性而非方法论的严格性是有益处的 (Bender & Schorske, 1998)。当然，相关性和严密性不应被视为非此即彼的议题。理解不同学科和职业实现各自目标的差异的原因才是更有用的。要理解城市和地区规划者，就要考虑到他们在解决多种问题上的智力意愿和准备，其中一些问题可在本书读到。相比经济学家来说，规划者在谈论这些挑战时，相对更民主、更开放。费什勒在本书中称，他们比其他人也更有自我批判精神。因此规划对话有时会给人以缺乏连贯性，核心思想缺乏根基或者一致感想的印象。不过这只是肤浅的、历史性的评论。这些评论没有注意到规划对话在逐渐成熟，而且，如托马斯提醒我们的，规划对话的基调越来越民主，尽管并非每个人都以相同的方式被包含其中。

本书记录了一致的信念和愿望，以及未达成一致的地方。在共享的感想中，至少有三条是引人注目的。第一，进步的概念——不必将现状作为既成事实来接受——这在所有规划对话中都是显而易见的。第二，人们在赞同场地营造而反对詹姆斯·孔斯特勒 (1993) 所谴责的"地理上的无处"存在共识。第三，人们在有必要对政府当局的一些形式进行改革方面存在共识。包括这样一种意识，即公平的治理是大家的共同责任，而不只是公职人员的职责。一系列追求进步的渴望将这样的感想交织在一起，不过，在一些问题上，还没有确定的答案。比如如何制造公平的生活机会，如何让决策制定民主化，以及在无法预料的经济变动中，应建立何种必要形式的社区来对抗孤立与排斥。

22　　　 规划者之间也有争执，不过这些不同意见从未阻断对话。相反，关于如何控制和解决问题的争议令该行业进步，拥抱新的挑战，有时对于这些挑战实际需要什么并无清晰的理解。首先是小弗雷德里克·劳·奥姆斯特德和本杰明·马什之间的争论，于1909年在美国开启了该行业（Peterson，2009）。一些争论开始周期性地激起规划对话，这些争论包括罗伯特·摩西和简·雅各布斯之间对于规划风格的不同观点的碰撞（Flint，2009），艾伦·阿特舒勒和约翰·弗里德曼之间关于总体规划目的的争论（1965），哈利·理查森和彼得·马尔库塞之间关于私有财产价值向心性在场地营造上的争论（Dear & Scott，1981），以及雷克斯福德·特格韦尔和弗里德里希·哈耶克之间关于进一步发展公共利益的政府适当角色的争论（Klosterman，1985）。

正如本书作者所示，这些批评性的而非柔和的争论一直是规划对话的关键属性。哈克对传统的增长控制机制的有效性持矛盾看法。菲什曼怀疑旧理念在"新城市主义"的标签下被重新包装。比特利则希望对可持续性的关注不是短暂的激情。相比之下，格林德尔担心对有效治理的新的强调可能阻碍对发展过程复杂性的更深层次的理解。同样地，萨加林对诸如公私合作这样一些术语表示怀疑，并建议规划者要更好地理解风险和利益分摊安排的错综复杂之处。卡迪尔也是不安的。他对有始无终的国际组织形成的规划理念的持久力表示质疑。

与此相反，亚罗则相信以大都市主义作为理念，尽管有反对之声，但正在得到越来越多其理应拥有的支持，泰茨却对当前地区规划的前景持不太乐观的态度，尽管他依然对这一已经持续了一百多年的理念抱有希望。地区规划尽管未得到彻底实施，但仍旧激励着规划者们。布伦纳和瓦克斯穆特对规划理念的发展轨迹有所不满，这些关于区域性的理念从早些时候对"区域平衡发展"转变到最近的认可区域竞争的发展变化。他们谴责新自由主义使规划想象力后退的消极影响，哀悼丢失了那些在形成规划对话上的进步思想，比如平等和均衡发展。

23

　　为什么在区域规划作为增强城市和地区生活品质的工具的力量上会产生这样的分歧？第一，即该卷作者的思想并不统一。每一位作者对规划对话和结果的解读都受他或她的观念、实践经验、从建筑学到政治社会学的不同学科角度的影响。这些可能被看作缺点来源的差异，对一个年轻充满活力的领域来说也是力量的来源。第二，不同作者探究问题的程度大有不同。即使个人社区和全球经济深深地连在一起，关于城市收缩记录的文学描述如此生动（Pallagst et al., 2009），社会调查的空间尺度差别也通常导致不同的解释。换种方式来说，尽管微观和宏观经济学经常被经济学家描述为是互补的，但并不代表经济过程中的所有观察者都有此经历。所以分析方法上就会出现差异。在哪里对概念进行界定，如何分析因果关系，什么推断（如有）能够在存在这些变化、复杂性和不确定性的前提下提供可归纳的洞察社会空间过程可能是有很大差异的。

　　考虑到城市和地区规划在概念上的挑战，对20世纪以来广泛传播的专业论述完全可被分组的认识则是鼓舞人心的，更不必说分成四组规划对话了。或许这体现编者们的乐观主义，但这不仅是痴心妄想。毕竟，规划实践在沿着一些明显可辨的方向发展进步，即使进步步伐尚未在世界范围内取得统一：从完全属于技术专家治国论到相对包含更多政治意识（希利），从由现代主义政府控制住房分配到由人民分配（沃德），从认为需要克服自然需求到拥抱自然系统的价值（比特利），从郊区化不受控制到控制增长（哈克），从极度推崇私人汽车到重新认识公共交通的重要性（菲什曼），从物质决定论到对城市和地区有多学科角度的认识（卡迪尔）。这还不是规划理念进化过程的详尽清单。其他人也提出了过去一百年里其他方面规划理念相似的变化（Birch & Silver，2009）。

规划对话还有一个与21世纪初期紧密相关的、得到广泛认同的特点：富有成效的话语全球化。自20世纪初，该行业产生初期，规划理念就日益跨越国界，并且影响全世界国家之间、城市之间、地区之间的规划对话。这并非说对空间、文化、机构的特异性不再是规划对话的要素。焦点仍针对特定地方、城市、地区，但这些所讨论的特异性的研究范围大大拓宽，从各个方面承认了全球的相互联系日渐加强，包括规划理念的流动（Sanyal，2005b）。正如哈克所指出的，绿化带的理念先从英国传到美国，现在正用于中东城市的设计之中。相似地，卡迪尔指出，总体规划及其修正版城市开发计划的理念，从发达国家流向了发展中国家。希利也观察到欧洲哲学家，比如于尔根·哈贝马斯，是如何影响了沟通式规划理念的，这一理念在美国兴盛起来，但现在被英国和其他欧洲国家实践，得益于大西洋两岸的规划对话。公私合作的理念从美国迅速传播到欧洲乃至更多地方。正如布伦纳和瓦克斯穆特所述，区域竞争的理念现在正在影响已实现工业化和正在工业化过程中的国家的政策。比特利关于可持续发展理念的描述，在全球风行并在全球激发可持续发展实践的共识，相比布伦纳和瓦克斯穆特对新自由主义的竞争在全球蔓延的描述，更加令人振奋。两种对全球对话影响的解释可能都是对的。就像在地方、州，乃至国家范围内的规划对话，全球范围内的规划对话允许各种观点百花齐放、百家争鸣。一些观点是进步的，一些观点可能是相对保守并被现有权力阶层接受的。

24

　　全球传播中的规划对话有一个方面需要得到明确承认，因为这是作者和本书编者所关注的：如果说对话性的流动是有相同说服力的理念在所有进行对话的个体和机构之间来来回回，那么规划理念的流动从来都不是对话性的。正如卡迪尔、沃德和格林德尔生动描述的那样，思想和意识形态大多是从地球北边传到地球南边，而不是反过来。我们承认规划对话不平衡、不平等的性质，但也对规划对话逐渐转向一个更加平等的对话的迹象，以及比特利的章节所证明的集体性熟虑感到好奇和受启发。毕竟，如果规划对话能在单一民族国家范围内向参与式的方向进化，正如希利在讨论沟通式规划理念中表述的那样，那么在全球范围内以相似的方式推进包容性难道是不可想象的吗？诚然，我们必须明白琼·托马斯的担忧：加大公民在规划对话中的参与度是必要的，但在为所有公民提供均等生活机会方面，这样做还不够。如果在国家范围情况如斯，那么在全球范围内就更难做到。但这不会阻止我们探索积极的变化，无论是多小的变化，只要是关于规划城市和地区的合适方式的全球性对话就是可取的。鉴于我们正在见证这样一个历史转变的结果，即全球大部分人口都居住在城市地区（联合国，2010），规划者们之间关于城市和地区的对话正引来越来越多的关注。随着我们的生活历史和生存机会所受的全球性影响越来越大（包括气候变化、食品安全问题、跨国移民，以及金融全球化），规划对话的性质也很有可能发生变化。其变化轨迹难以利用传统社会和政治理论来预测，我们将共同面对的不确定性同样难以预测。

　　因此，本书强调的四组规划对话还将继续，不只在规划学术界这个尤其擅长审视和创造理念的领域中进行，还会在从业者和政策制定者中进行。我们希望这个对话能扩展到大量有关城市、国家的公民中间去，他们的忠诚将超越传统国界，他们将成为"根深蒂固的世界主义者"（Appiah, 2006）。我们乐观地认为，规划者们关心的核心问题（城市生活品质、均衡的地区发展、共同的治理责任、对构成专业的批判精神的需要）在更广泛的社会中变得更为急切。各个阶层的公众，从当地社区到全球社会运动，都来关注这些问题的重要性，都来寻找好的理念、有反馈性的专家和有创新性的机构。所有这一切，对于社区、地区、国家乃至世界的命运都是至关重要的，并且都肯定了规划的需要。这是一个乐观且热切的目标，要达到这个目标，只有通过坚持规划对话，而不可将其取消。

26

参考文献

Appiah, Anthony. 2006. *Cosmopolitanism: Ethics in a World of Strangers*. New York: Norton.

Bender, Thomas, and Carl Schorske, eds. 1998. *American Academic Culture in Transformation: Fifty Years, Four Disciplines*. Princeton, NJ: Princeton University Press.

Berger, Suzanne, and Ronald Philip Dore, eds. 1996. *National Diversity and Global Capitalism*. Ithaca, NY: Cornell University Press.

Birch, Eugenie L., and Christopher Silver. 2009. One Hundred Years of City Planning's Enduring and Evolving Connections. *Journal of the American Planning Association* 75 (2): 113–122.

Blockmans, Wim P., and Charles Tilly. 1994. *Cities and the Rise of States in Europe, A.D. 1000 to 1800*. Oxford: Westview Press.

Borja, Jordi, Manuel Castells, Mireia Belil, and Chris Benner. 1997. *Local and Global: The Management of Cities in the Information Age*. London: Earthscan.

Danson, Mike, Henrik Halkier, and Greta Cameron, eds. 2000. *Governance, Institutional Change and Regional Development*. Aldershot, UK: Ashgate.

Dear, Michael J., and Allen J. Scott. 1981. *Urbanization and Urban Planning in Capitalist Society*. London: Methuen.

Evans, Harold, Gail Buckland, and Kevin Baker. 1998. *The American Century*. New York: Knopf.

Fishman, Robert. 2000. *The American Planning Tradition: Culture and Policy.* Washington, DC: Woodrow Wilson Center Press.

Flint, Anthony. 2009. *Wrestling with Moses: How Jane Jacobs Took On New York's Master Builder and Transformed the American City.* New York: Random House.

Friedmann, John. 1965. A Response to Altshuler: Comprehensive Planning as a Process. *Journal of the American Planning Association* 31 (3): 195–197.

Friedmann, John. 1987. *Planning in the Public Domain: From Knowledge to Action.* Princeton, NJ: Princeton University Press.

Friedmann, John, and Clyde Weaver. 1979. *Territory and Function: Evolution of Regional Planning.* London: Hodder & Stoughton Educational.

Grindle, Merilee S. 2007. Good Enough Governance Revisited. *Development Policy Review* 25 (5): 553–574.

Hall, Peter. 1988. *Cities of Tomorrow: An Intellectual History of Urban Planning and Design in the Twentieth Century.* Oxford: Blackwell.

Harvey, David. 2006. *Spaces of Global Capitalism: Towards a Theory of Uneven Geographical Development.* London: Verso.

Ingham, Barbara. 1993. The Meanings of Development: Interactions between "New" and "Old" Ideas. *World Development* 21 (11): 1803–1821.

Killick, Tony. 1989. *A Reaction Too Far: Economic Theory and the Role of the State in Developing Countries.* London: Overseas Development Institute.

Klosterman, Richard E. 1985. Arguments for and against Planning. *Town Planning Review* 56 (1): 5–20.

Kunstler, James H. 1993. *Geography of Nowhere: The Rise and Decline of Americas Man-Made Landscape.* New York: Touchstone.

Lechner, Frank J. 1992. Global Fundamentalism. In *Future for Religion: New Paradigms for Social Analysis,* ed. William H. Swatos. Thousand Oaks, CA: Sage.

Misra, Kamlesh, and R. P. Misra, eds. 1998. *Million Cities of India: Growth Dynamics, Internal Structure, Quality of Life and Planning Perspectives.* New Delhi: Sustainable Development Foundation.

Pallagst, Karina, Terry Schwarz, Frank J. Popper, and Justin B. Hollander. 2009. Planning Shrinking Cities. *Progress in Planning* 72 (4): 223–232.

Peattie, Lisa R. 1978. Politics, Planning and Categories Bridging the Gap. In *Planning Theory in the 1980s: A Search for Future Directions,* ed. George Sternlieb and Robert W. Burchell, 83–94. New Brunswick, NJ: Rutgers University Center.

Peterson, Jon A. 2009. The Birth of Organized City Planning in the United States, 1909–1910. *Journal of the American Planning Association* 75 (2): 123–133.

27

Prebisch, Raúl. 1984. Five Stages in My Thinking on Development. In *Pioneers in Development*, ed. Gerald M. Meier and Dudley Seers, 173–204. Oxford: Oxford University Press.

Putnam, Robert D., Robert Leonardi, and Raffaella Y. Nanetti. 1993. *Making Democracy Work: Civic Traditions in Modern Italy*. Princeton, NJ: Princeton University Press.

Rabinovitch, J. 1996. Innovative Land Use and Public Transport Policy: The Case of Curitiba, Brazil. *Land Use Policy* 13 (1): 51–67.

Rodrik, Dani. 1999. *The New Global Economy and Developing Countries: Making Openness Work*. Washington, DC: Overseas Development Council.

Sandel, Michael J. 1996. *Democracy's Discontent: America in Search of a Public Philosophy*. Cambridge, MA: Harvard University Press.

Sanyal, Bishwapriya. 1994. *Cooperative Autonomy: The Dialectic of State-NGOs Relationship in Developing Countries*. Geneva: International Institute for Labor Studies.

Sanyal, Bishwapriya. 2005a. Planning as Anticipation of Resistance. *Planning Theory* 4 (3): 225–245.

Sanyal, Bishwapriya. 2005b. *Comparative Planning Cultures*. New York: Routledge.

Soja, Edward W. 2000. *Postmetropolis: Critical Studies of Cities and Regions*. Malden, MA: Blackwell.

Stiglitz, Joseph E. 2006. *Making Globalization Work*. London: Allen Lane.

Tendler, Judith. 1997. *Good Government in the Tropics*. Baltimore, MD: Johns Hopkins University Press.

Turner, John. F.C. 1979. Housing in Three Dimensions: Terms of Reference for the Housing Question Redefined. In *The Urban Informal Sector: Critical Perspectives on Employment and Housing Policies*, ed. Ray Bromley, 1135–1146. Oxford: Pergamon Press.

Unger, Roberto M., and Cornel West. 1998. *The Future of American Progressivism: An Initiative for Political and Economic Reform*. Boston: Beacon Press.

United Nations. 1987. *Our Common Future*. Oxford: Oxford University Press.

United Nations. 2010. *World Urbanization Prospects: The 2009 Revision*. New York: United Nations, Department of Economic and Social Affairs, Population Division.

Unwin, Raymond. 1911. *Town Planning in Practice: An Introduction to the Art of Designing Cities and Suburbs*. London: Fisher Unwin.

Wade, Robert. 1990. *Governing the Market: Economic Theory and the Role of Government in East Asian Industrialization*. Princeton, NJ: Princeton University Press.

28

Walzer, Michael, ed. 1995. *Toward a Global Civil Society*. Providence, RI: Berghahn Books.

Ward, Stephen. 2002. *Planning the Twentieth Century City: The Advanced Capitalist World*. Chichester: Wiley.

World Bank. 1997. *World Development Report 1997: The State in a Changing World*. New York: Oxford University Press.

29

第一篇

宜居性的理念

第二章
塑造城市形态

加里·哈克

随着文明时代的来临，塑造城市形态已经成了城市建造的核心关键。过去几个世纪，住房的目的及价值发生了很大变化，良好城市形态的理念也发生了诸多变化，而住房设计的重要性从未减退。即使在今天，地方和位置似乎已不再那么重要，城市形态的选择仍非常重要，并且有着激烈的竞争。

"城市形态"这个词包含了位置、形状、几何结构、街道空间关系、建筑物、所占空间及空旷土地、使城市化地区发挥作用的基础设施模式、决定集体资源享有权的社会习俗及法律体制。城市形态的理念涉及不同层面，从城市化区域的总体形状到社区布局，再到街道及公共空间的三维特征。作为限制争论的一种方式，本章主要集中在大城市地区的形态。不可否认，城市地区的内部结构也影响着其居民的生活质量。然而，区域层面上城市形态的理念得到了很好的延续，即使面对变化很大的社会经济模式。

城市形态有哪些影响呢？住房的模式对人类有直接影响，决定了人们组织其日常生活的形式。我们都知道，无计划的扩张式城市区域，相对结构紧凑的城市区域，要求我们走更多的路才能保持同样的面对面联系。那这又怎样呢？如果通信技术的发展可以使许多事情不必亲力亲为，从而减少了人们出行的需求，会怎样？正如最近已经发生的情况。讽刺的是，美国大都市区中的车行量却在稳步增长[1]，虽然替代性通信形式（互联网、移动电话、网络及多通道电视）已让我们的远行更便利、更经济（Newman & Kenworthy, 1999）。随着收入的增加，人们可能会用更多的时间和资源去旅行，而不花时间去旅行的人可能是生活在大都市区中密度最高地区的人。而很多人对此无法选择，他们的工作和生活不在同一个城市，为了上班只能忍受舟车劳顿。这是城市形态重要性的第二个表现：不同程度地影响着社会成员的生活，尤其是那些地域选择权薄弱的人们。

重视城市形态的第三个原因是它影响着社会资源分配。在绵延许多英里的大城市建造并维护基础设施显然要比在更紧凑的城市花销大。在结构松散的城市中，有些服务是不可行的，比如高速交通，或是每家每户孩子步行就能到的小学。无计划地扩张大都市区，更易受到燃油价格上涨的影响，燃油价格不仅影响居民生活，也影响着当地政府服务的成本。城市形态对市区碳排放有很大影响。城市形态的影响可以延续到下一代人。市区一旦建成，其形式就很难改变，因为基础设施、建筑物、土地所有权及生活习惯都是有持久性的。这些变得很慢，

1　最近，由于汽油价格暴涨和经济疲软的因素，美国的车辆里程已经呈平稳状态，甚至有微微下降的趋势，首次打破了车辆行程长期增长的模式。

而且往往成本很高。

此外,除了经济资源,城市形态还影响着社会。它影响着居民的感知和价值观,最终塑造了其位置的选择。当稀缺资源,如河流边缘,开发成公共区域,而并非私人领域,那么它就具有了具体价值,在这里可以举办各种赛事、庆典或共享活动。在有公园和步行街的密集市中心,居民和游客都可以在此进行各种活动。有宏伟公共建筑——市政厅、图书馆、法院、社会空间、教育机构、艺术博物馆、体育馆等——的城市都强调地区内的集体价值。运动队可以象征某地方的精神,而在有着独特环境的城市中,人物和地方成了一回事。

价值观及城市形态

在大部分有案可查的历史中,居民区空间形态的关注主要集中在单一的价值上——防御性。城市都建在可防御的位置,有高高的城墙和城门,内部定居模式的设计便于在出现敌情时快速调动军队。19世纪时,外界威胁逐渐减弱,贸易及工业化改变了城市本质,城市形态开始反映价值观而并非防御性:为扩张准备地方,防御疾病和瘟疫,促进商品及人力向工作场所流动,为资源引入及商品出口建造海港及设施,建造社会交流、娱乐及举办庆典的地方。为了开发自然资源或体现国家愿望而建的新城,比如国家的首都,需要含有其他价值,并且对城市形态的选择度更大。

凯文·林奇(1984)在其原创作品《良好城市形态》中总结了影响市区形态选择的三十多种常见价值观,并将其粗略地分为五类:强势价值观(包括提高流动性,为所需功能提供空间并减少污染),有希望的价值观(包括提高公正性,保留材料及能源资源并增加康乐设施),弱势价值观（包括提高社会融合性并提高选择权及多样性），隐藏价值观（包括维持政治治理及声望，创造价值并去除多余人员及活动），忽略价值观（比如增加城市的象征性和感官体验及用户治理）。林奇阐明了价值观对城市形态理念的深刻影响，与那时普遍接受的观念（城市的成长是通过生态演替这一必然的"自然过程"完成的）相反。尽管认识到了城市进化及变迁的复杂性，林奇供选择的理论是创造一种进化的"学习生态学"。"除了多样性、独立性、环境、历史、反馈、动态稳定性及循环进程等熟知的生态系统特征，我们还必须加入以下特征：价值观、文化、意识、进化/退化、发明、学习能力，以及内在体验与外在行动之间的联系。"

　　《良好城市形态》有着精辟的分析，融合了社会、物质及设计理论，并将其置于价值观及标准的框架内，从而规划市区形态。本书的重要性要以20世纪60年代的背景来看，当时林奇开始收集想法并记录下来。在过去的十年里，对市区的大量干预措施——市区重建、公路建筑及郊区化——经过生物生态类推法得到了证明，城市的核心已经腐烂，需要挖除，动脉已经堵塞，需要扩展，市中心需要扩张空间，否则将会窒息，城市需要成长空间，否则将会死掉，诸如此类。林奇认为城市变迁中没有什么是必然的，需要了解体验价值。他主张摆脱社会地理中芝加哥学派的生态学理论，20世纪20年代以来该学派理论主导着城市发展领域。

　　林奇提出了一套性能维度，连接价值观与实施的政策，用以取代包罗万象的城市形态理论。通过这些维度可以衡量旨在塑造城市形态的提案的质量：

1. **活力**　民居对社会的生物及生存需求的支持程度。

2. **感官**　民居可被清晰理解并做心理区分的程度，以及其与价值观及社会观念的匹配程度。

3. **适合**　某种模式对空间地点及社会互动需求的满足程度。

4. **便捷**　接近其他人和地点以及运输市区生活所需物品的能力。

5. **控制**　受地点影响最大的民居对地点的特性及使用方式的控制能力。

针对这些,林奇增加了两个长存标准:

6. **效率**　为满足其他标准而对资源进行合理利用。

7. **公正**　利益及成本的公平分配(Lynch,1984:121—235)。

这些标准对市区形态重塑相关观点的评价依然有效。

城市形态反对者

尽管大部分规划师对上述性能维度表示赞同,但不是所有人都相信塑造市区形态是可行的或是值得的。林奇在书中列出了八个常见反对意见,包括"外在形态对重要人类价值没有太大影响","外在形态在城市或地域层面并不重要","城市形态很复杂,因此是宏大的自然现象,我们无法改变,也不知道该怎样改变"。这些观点延续到今天的设计规划文化中。作为关于政府对个人决定的影响,以及设计师对城市生活影响的评论的一部分,这些观点的流通性相当大。

通常会有以下论断:

市场比政治决策更能反映人类的价值观及综合选择。彼得·戈登及哈利·理查森等人都这样认为(Gordon & Richardson,1998,2004)。如他们所说,城市的扩展并不是意外事件。这是因为人们更倾向选择密度低、适合营业、远离市中心等地点。此外,他们表示,结果并不自动导致无效的土地使用模式。如证据显示,洛杉矶的居住区毛密度在美国属较高水平,远远高于许多规划紧凑的城市。

塑造城市形态所做的努力可能会适得其反。城市发展进程很复杂,人们无法预测干预地方土地市场的所有后果。兰德尔·奥图尔(2001)以俄勒冈州波特兰为例,城市发展边界旨在减少行程,保护有价值的农业用地,促进公共交通,并实现更具成本效益的公共服务供给。奥图尔认为,实际的结果是:迅速提高的房产价格,高补贴低利用的公共交通,以及促使城市郊区化的发展环境(O'Toole,2007)。他表示,规划师和政府官员没有完全了解城市发展,无法预测其行为措施的后果。

有序的城市形态可能会使生活脱离市区。雷姆·库哈斯等设计师从完全不同的角度出发,认为规划松弛的发展模式可能产生最丰富的城市结构,充满偶然和惊喜(Koolhaas,1995:959—971)。赫伯特·马斯卡姆等评论家都认为,对发展的治理扼杀了创造性,不论是在个体建筑物层面,还是在城市或区域规划层面(Muschamp,2009)。这些论述反映了发展经济学者的观念,长期来看,不平衡的发展可能引起最多的创新行为或创业活动。

很难对这些论断进行证实或反驳,因为情况很大程度上取决于人们对什么是好城市的判断依据,以及对城市生活成本及利益在居民内部分配的公平程度的判断依据。鉴于城市例子都是受到过分严格的土地使用规制,可能要找一个没有有效控制而又发展迅速的城市为例。在世界上发展迅速的城市中,是否对城市发展进行指导,使其符合某些城市形态意识概念,有着直接快速的影响。

曼谷集中体现了缺乏城市形态公认观念引起的问题。它在许多方面符合库哈斯富有而不可预测的城市结构的观念——曼谷建筑众多，却无形态可言。没有可识别的土地使用模式，城市向各个方向随意扩张，基础设施远达不到城市化水平。大量商业发展出现在市中心，交通通达度很低，在外围，城市化进程正迅速地破坏着城市主要的粮食生产区。曼谷交通出奇地拥挤，各个方向的通勤时间平均在两个小时，由于交通拥堵也造成了空气质量严重下降。工业及饮用水的抽取造成地层下陷，加之缺少排水系统规划，使得城市各区域排水效果差，进而引起了洪水及公共健康问题。这些问题对穷人群体有不同程度的影响。这座城市结构分散，其发展体现了大规模财产所有权及创业精神，在这样一座城市中提供基础设施和服务是尤为困难和昂贵的。近年来，随着高架快车道以及集体运输路线的引入（花费大量人力和财力），最为严重的交通拥挤状况已得到缓解，但城市在很大程度上仍是不可控的。

　　曼谷的问题不是不可避免的，其他面临相似的人口及工业增长轨迹的城市，已试着通过认真规划主要基础设施，以及引导向便于公共投资地区发展来避免严重问题。新加坡、韩国首尔、中国台北及其他一些中国城市都是如此，其城市规划规定了公共运输、基础设施以及设施项目的框架。对发展模式的治理也反过来极大地保证了当地投资能充分发挥其价值。

　　这似乎与市场导向观点不同，市场导向指的是，当公众需要决定在何时何地建造道路、公共运输系统以及其他公共服务系统时，由市场决定城市模式。最终，城市形态是重要的，因为我们需要作决定，因为公众（或公职官员或立法者）需要一种逻辑指导集体行为。在许多情况下，公众（或特殊利益群体）通过倡导某些项目对城市形态进行影响，比

38

如保留农业用地、保留园林路，或是在城市外围留出大量林带。作为普通投票问题时，或是在大的环境目标相关的债券发行中，这些措施往往得到广泛支持。随着现今全球气候变化以及能源价格上涨，我们需要共同努力去塑造城市形态。

周边控制

许多公共政策可以塑造城市形态，包括基础设施布局、土地控制、规定密度、发展所需直接收购土地，以及通过保存限制土地发展等相关政策。为了经受住时间的考验并得到公众的认可，政策需要有关于良好城市形态的容易解释的观点来推动。广泛接受的观点通常能持久，即使是在不同时期以不同形式出现。

对市区周边进行控制是一直以来需要关注的重点。这一点在各种策略中都有体现，但尤其是在城市边际及绿化带的建造上，这些标志着城市化的边缘。建造绿化带的原因有很多，其中主要的有：限制城市扩张（有时是限制人口扩张），促进高密度发展，保留乡村，保留高价值农业用地，提供娱乐资源，净化空气，以及界定服务区域提高基础设施效率。按林奇所言，绿化带主要满足了活力（保留了自然系统，辅助城市生活）、感官（辅助建造规定明确的城市项目）及适合（辅助密集市区的娱乐及社会需求）三方面，绿化带提高了城市模式的效能及公正性，因为人们都可以进入这些公共领域。这一观点的力量就在于绿化带这诸多作用。

在7世纪，穆罕默德为了禁止人们伐木，围绕麦地那建造了12英里宽的绿化带，这是史上最早的绿化带之一（Iqbal, 2005）。当代的绿化带则源于19世纪的欧洲。这一观点在世界各地传开，在各种不同的环境

39

下应用。

在需要防御城墙的时候,民居仍是紧凑的,城市的各种主要设施相距都不太远。居民区与乡村的界线非常明确,城市和乡村的商业界面通常在城市主门附近发展,那里聚集着食品市场和其他商业活动。有时这些商业活动会扩展到城墙之外。柏林的波茨坦广场、莫斯科的红场、北京的天安门广场(在改建成今天的公共广场以前)及纽约的华尔街,都是源于城墙末端的商业活动集聚地。在一些城市中,城门外围被作为娱乐场所保留下来,比如建于1830年的柏林蒂尔加滕公园,就是勃兰登堡选民们娱乐和狩猎的场地。

到19世纪的时候,大部分欧洲国家都处于相对和平状态,防御性的围墙变得有点格格不入。贸易爆炸式发展,欧洲和美国的城市都成了制造中心。为了有地方建造工业厂房,尤其是为了找平坦的地方建造大型工厂,城市开始不断向外扩张。为了调动人员和原料及分销商品,需要建造铁路和公共运输道路。尽管城市的面积已经扩大了两倍甚至三倍,城市内部仍变得越来越拥挤。铁路公司推动了在开放乡村的新生活方式,不仅得到了新郊区居民的赞助,它们通行权沿路所持有的土地更是迅速涨价。但到19世纪80年代的时候,反对的声音渐渐出现,有人表示,城市向乡村的扩张已不可控制,毁坏了农田,污染了河流,工业造成的矿渣堆、垃圾堆和挖掘坑随处可见。

控制城市扩张的观念首先在英国生根。约翰·拉斯金及工艺美术运动引起的乌托邦实验,寻求新的办法促进城乡融合,并主张回归手工艺及艺术价值观。工业遗产是另一种形式,比如伯恩维尔(始建于1879年,建造者为吉百利兄弟)和阳光港(始建于1889年,建造者为威廉·利弗)。在这些城镇中,开放空间、花园、商业区、机构以及健康住

40

宅都设计得离工作场所不远。首次明确阐述了城区中这样有规划的民居可能会以怎样规模增加的著作，是埃比尼泽·霍华德于1898年自行出版的《致明天：真正改革的和平之路》(Howard，[1902]1946)。

霍华德的乌托邦构想提出了一种新的城乡融合方式，主张用固定的外围边界限制城市外扩，在规划的城镇中建造新的民居，每个小区居民限制在3.2万人，与中心城市用农业用地及开放用地隔开。在他的构想中，民居中间的土地是很有作用的地方，包括私用园地、小农场、果园、新森林、牧草及农学院，也有砖厂、癫痫病者农场、疗养院、聋哑人收容所及儿童小别墅。他建议城市周边的土地集体所有，然后租赁给各种私人农户及经营者，他指出："各种农业经营之间自然竞争，通过租地者向市政府支付最高租金的意愿程度来检验，这将有助于形成最佳耕种系统，或者更可能的是，形成适合各种目的的最佳系统。"霍华德在辩驳要限制市区扩张的时候提到了澳大利亚的阿德莱德，1837年这座城市在外围留出2 300英亩的土地以限制其外扩，这可能是世界上最早的有规划的城市绿化带。

扎根于英国的建造独立式新城镇的想法要早于在已有城市周边建造绿化带的提案。埃比尼泽·霍华德的第一座花园城市莱奇沃思的场地于1903年购买。该城市由雷蒙德·昂温及巴里·帕克设计，内部有住房、商店、公园及各种城镇活动设施。霍华德规定，工业（生产女士内衣的斯比聂拉工厂）要布局在城镇边缘，在城镇整个外围要建造充足的绿化带。

要在英国城市建造广泛的绿化带，需要全国性的行动来抵制那些想从城市扩张中获益的房产主、开发商及工商业者的阻碍。帕特里克·阿伯克龙比的《乡村英格兰的保护》(1926)是一部很有影响力的

41

著作,有着强大的号召力,受其影响,英国乡村保护委员会(CPRE)成立,并延续至今。该委员会在限制城市扩张方面的第一个目标是,引导城市沿着市区外的主要高速公路带状发展,1935年出台了《带状发展限定法案》,标志着这一目标的成功。1933年雷蒙德·昂温提出了"伦敦绿化带"的进一步行动方案,这一提议很快得到了CPRE的采纳和支持。要使在伦敦及其他城市周围建造绿化带成为一项国家政策,需要强有力的政府干预及大量重建工程。 42

20世纪50年代以来,英国已建成14个绿化带,英格兰有16 716平方公里,占其土地的13%,苏格兰有164平方公里。除了伦敦,利物浦及曼彻斯特、利兹及约克郡、伯明翰及其他城市周边都建成了大规模的绿化带。通过制定条例或政府购买的方法,限制绿化区域的开发。除此之外,自1946年赫特福德郡的斯蒂夫尼奇镇开发以来,绿化带之外已有28座新城镇建成。并不是所有的新城镇都取得成功,20世纪90年代政府正式结束了新城镇开发进程,但这些绿化带仍保留在原地,尽管不断受到公共和商业开发的威胁。

英国保留绿化带的政策仍是源于其最初的目标:"抑制大建成区的自由扩张;防止相邻城镇的合并;辅助保护乡村不受侵犯;保护历史性城镇的环境及特色;鼓励遗弃土地及其他城市土地的再利用,进而促进城市再生。"(英格兰社区和地方政府部,2007)同时,扩建社区也常常有压力,尤其是绿化带附近的新城镇,以及绿化带内的希思罗机场和奥林匹克场馆等公共设施。尽管最初批准在绿化带进行的活动只有儿童 43 夏令营,现在关于大规模娱乐开发的提议不断增加。集约农业的发展也迫使人们重新思考未来可允许的土地使用方式。常常有这样一种争论,绿化带可能推高住房成本,延长绿化带之外居住人群的通勤时间。

尽管如此，英国绿化带政策得到公众及有影响力的环境和遗产保护组织的广泛支持。绿化带成了市里人喜欢的休闲场所，得到公众的广泛支持。或许是绿化带这种吸引人的固有价值，或是其流行程度显示了人们将市区限制在可接受规模这一根深蒂固的愿望。绿化带可算作半个多世纪以来英国最重要的成功规划案例之一，得到了世界各国的争相效仿。

快速发展中城市的绿化带

建造绿化带和新社区的想法直接传播到了其他迅速城市化的国家。比如，韩国推出了国家综合开发规划，于1971年建成了首尔及其他13个城市的绿化带，此规划强制规定建造一些新城镇，以吸纳不断增长的城市人口（Bengston & Youn, 2004：27—35）。首尔的绿化带被称为受限开发区，面积在1567平方公里，约占城市面积的13%。绿化带80%土地仍为个人所有，森林和山区覆盖三分之二，为市区内2000万居民提供了宝贵的休闲娱乐场所。除了减缓扩张，清除周边寮屋，保护食品供应及环境敏感区，首尔的绿化带还有一个最重要的作用，即形成一个10公里的城市保护带，防止朝鲜入侵。绿化带得到公众的高度支持，哪怕是面对土地所有者有力的游说，这些土地所有者认为自己实现土地真正价值的权利被剥夺，这是不公平的。

除了首尔的绿化带，还有很多新开发得以进行，尤其是在1975年城市规划中的5个新卫星城，其新措施已基本完成，以及过去十年间还在一些新周边城市得以实施。关于首尔绿化带经济影响的研究主要集中在对土地价格的影响上，至少一项研究显示，绿化带或对城市内土地价格有一定的影响。然而，其他条规同样严重束缚着土地开发，很难区

44

分开绿化带本身的影响（Choi, 1994）。很少有争论说绿化带的出现增加了历史城市首尔的密集程度（Bae & Jun, 2003：380）。同时，研究显示，由于通勤路程变长，城市居民的出行成本有所增加，尽管这些研究是在郊区服务业快速发展之前完成的（Kim, 1993）。

随着首尔绿化带价值的增加，其功能发生了变化，使用也越来越集中。绿化带成了城市车辆及建筑原料等物资的储藏库。已有数百平方公里的温室建成，用于生产水果蔬菜。一些居民表示，绿化带已变成"塑料下的城市"或是"温室带"。

巴西圣保罗的情况与首尔恰恰相反：对土地开发及城市形态的治理能力薄弱。但让人吃惊的是，圣保罗成功建造了一条环城绿化带。圣保罗有很多穷人住在市区外围，随着人口的不断增加，城市外扩成了一个热议的问题。1986年至1999年的十三年间，该区域30%的绿化消失了，受影响最大的地区包括汇水区及山腰地带，在这些地方有至少140个非法用地单位（Moraes Victor et al., 2004）。

随着一条外围高速公路（环城公路）的建成，以及各种其他可能取代民居破坏环境的工程的实施，导致一场公民环境运动的兴起，圣保罗的发展模式发生了改变。政府采取的应对措施是在1995年建造了圣保罗城市绿化带生物圈保护区（Reserva da Biosfera do Cinturão Verde da Cidade de São Paulo）。最后，建造了四个市自然公园以弥补修订后的环城公路项目，并在公路两边建造了较宽的森林缓冲带。

圣保罗绿化带保护区目前占地16 117平方公里，是大规模生态保护区——大西洋森林生物圈保护区的一部分，得到联合国教科文组织的认可。绿化带部分区域预留出来用作生态旅游和娱乐区域，绿化带的建造已经减缓了城市化进程。非常成功的幼苗引入计划，以及其他已发展壮大的利益集团，在跨国非政府组织的帮助下，有了一定影响。绿化带内的开发并未严格禁止，但所有项目都必须促进可持续性的利用和社会实践。治理集中在气候变化控制（防止热岛效应）、土壤保护及径流调节和水质净化。

世界其他一些城市，包括东京，为了保障国家食品供应安全，通过限制农业用地发展建成了局部绿化带。而在东京，许多水稻地找到了更赚钱的使用方法，包括建高尔夫球场。目前市中心25公里至40公里处围绕了数百个高尔夫球场——特殊形式的绿化带或"绿化带"。

北美绿化带

北美关于绿化带以及发展限制的讨论要追溯到一百多年前，尽管那时认识到建造绿化带价值的城市并不多。丹尼尔·伯纳姆及爱德华·本内特在1909年的《芝加哥规划》（Burnham & Bennett，[1909]1991）中提出了建造城市绿化带的建议，还提到了扩展到市区的开放空地。库克县已试图在一系列保护区的农场建造更小规模的绿化带，大体沿着福克斯河和其他河道。这些年，绿化带的发展已经不局限在开放空地，但仍是重要的休闲资源。

其他的美国城市也已尝试保留大量城市外围土地作为开放空地，但成果不一。这些城市遇到了许多障碍，包括控制土地的房地产商利益，受管制威胁的农业利益，跨司法管辖区造成的协调决策实施困难，以及促进增长、规划住房土地和保护重要生态资源形成的利益冲突。然而，纽约（很可能是世界上司法权最分散的地区）已试图在城市边缘保留出重要的开放空地资源，主要是受到区域规划协会的不断倡导。分水岭处的土地被保留或治理，以保护该地区水源供应，新泽西松林地

48

等特殊环境区域也限制了开发，独特的休闲资源，包括海岸线、河流廊道及山区，被指定为州或国家公园。总体而言，这些区域仅宽松地塑造出城市发展模式，却保障了重要环境资源的延续。

近年来，美国关于控制外围发展的首选方案是限制城市扩张。通过完全禁止城市发展边界外的开发，或大大提高开发所需基础设施的价格来限制城市的外扩。已有十几个城市或县制定了城市发展边界，包括明尼苏达州的双子城，佛罗里达州的迈戴县，加利福尼亚州的圣迭戈，以及肯塔基州的列克星敦。有时，除了这些管制，城市还推出一些其他鼓励措施，比如不动产使用权转让、开发地役权购买规划，或是农业用地的税收激励。各城市都开始执行某种特殊命令——保护明尼苏达州湖泊及开放空地或是圣迭戈众多山坡，保护佛罗里达州大沼泽地的生态系统，还有保护列克星敦特有的马场。美国实施城市发展战略最著名的案例是俄勒冈州的波特兰。1973年俄勒冈州出台法律，要求所有城市制定发展边界，六年后波特兰建成了发展边界，这是其大战略的一部分（战略鼓励提高城市密度，并建成公共运输系统）。之所以要限制城市外扩，其中一个重要原因就是要保护城市周边宝贵的农业用地，包括威拉美特谷的紫色土壤。最初制定法律条文时，立法人员以为将来可以定期修改发展边界以保证城市发展所需的土地，但这并未实现，1995年出台新的法律条文，规定城市要有充足的土地保证未来二十年内的住房区域。但这并未结束这场论战。那些想要开发远郊土地的业主，拥有可开发土地的开发商，以及那些采伐和其他行为受到严格限制的木材商，都仍在为自己争取利益。一些评论员及利益集团也是如此，他们反对城市规划，表示限制城市发展对居民来说是有很高代价的，也不符合波特兰大部分居民所持的社区价值观（O'Toole，2007）。

48

他们断言，限制城市发展只是将压力转移到波特兰远处的一些社区，增加了人们到市中心所需的时间。

在改变波特兰居民关于城市发展边界的观点方面没什么效果，这些反对者开始呼吁限制州内城市治理土地使用方式的权利。两次尝试都失败之后（其中一项提案已通过，但后来被法院驳回），2004年的"措施37"以61%的投票获得通过。该措施规定，任何土地所有者购买土地之后，因环境保护或土地使用治理造成的财产损失，将得到补偿。这项措施使俄勒冈州的整体规划治理系统成了当时热议的焦点，因为没有哪个市政当局能支付得起所需的补偿费，也没有哪个政府准备采用带有财政影响的规划治理措施。2007年，带有妥协性质的"措施49"获得通过，规定土地所有者有权在受限制区域内建造一所私人住宅，以细分权利并将权利转移至继承者，允许市政当局在特殊情况下停止对商业开发的限制。同时，继续限制高价值农田以及地下水受限土地的细分，维持了发展边界的意图。

保持波特兰城市发展边界所遇到的困难——其公众支持程度或许最高——揭示了使美国城市边界控制极为困难的问题：缺少发展城市开发治理传统的区域实体，反对限制发展的有力利益群体，以及采用投票选举制推翻地方利益。尽管在加拿大来自开发商和土地所有者的压力也不小，但其主张对城市发展进行政府控制的积极分子已成功地让限制城市化进展的规划得到更广泛的认可。加拿大每个主要市区设有一个大都市政府，其中一些（包括多伦多及温尼伯）已扩大了区域，且每十年职责都有调整，反映出新的城市空间格局。

加拿大的第一条绿化带是为首都渥太华所建，是雅克·亨利·奥古斯特在1950年提出的首都规划（Gordon, 2006）的主要组成部分。国家政府实施土地使用管控（这是省级职责）受到很大阻力，因而自1958年起，政府共购买了2万公顷土地作为开放空地保护区及城市发展边界。其中许多土地由最初的所有者买回，进行农耕，另一部分土地用于公园及低密度政府设施的建造（如领地实验农场）。最初构想这是一条"浮动绿化带"，当边界内部土地重新用于城市发展时，绿化带将向外扩展。然而，到了20世纪60年代，发展超越了绿化带，新城镇卡纳达以及两个小型城镇的建成，引起了进一步的发展。多年以来，其他环境脆弱的土地已被归纳到绿化带中。

与大多数国家的首都一样，渥太华可能是一个特殊的例子，但是其他的加拿大城市已跟着限制它们的周边。从1973年执行英国哥伦比亚土地委员会法案开始，加拿大政府依照农业用地的能力和实用性，在温哥华弗雷泽河周围的三角洲地带开辟了一片农业保留地（该省其他城市的外围也开辟了类似的土地储备）。一般来说，禁止在A类或B类农田地区内进行城市开发，这样就导致新开发项目转移到山坡和没有农业潜力的土地上。这个系统的引人之处是，它可能采用了土壤数据、地下水等客观的标准，而这些标准与其目的紧密相关，并限制了扩展边界的自由裁量权（Quayle，1998）。

发展农业土地储备（ALR）一直得到了大众的广泛支持，而这一话题却一直充满着争议。在20世纪80年代，政府批准了许多在农业储备用地上的工业发展项目。研究表明，高尔夫球场就是非常特别的一个例子，因为这些高尔夫球场使用大面积的土地和大量的水，而且通常伴随其来的还有娱乐设施和度假村。到1991年，这种类型的提案共达181件，重演了东京的经历。到1996年，很明显ALR需要与促进交通和增加人口密度的城市发展规划相结合，从而缓解这些土地储

51

52

备的一些压力。与此同时，《农场实践保护法案》（又称《农场权利法案》）得到了通过，以推进农业储备用地的有效利用。温哥华是一个案例，其成功地平衡城市用地与农业用地之间利益关系的时间超过了三十五年。

1985年，顶着许多开发商和土地所有者的反对，多伦多政府执行了一个省级方案，建立了一条前景宏伟的城市绿化带（见安大略省市政房屋局2005年的有关资料）。这条绿化带跨越将近200英里，从多伦多东部边缘起到尼亚加拉锡福尔克，之后再向北延伸至锡姆科湖，占地180万英亩（2813平方英里），绿化带的面积大约等于大多伦多城区的面积。起初，绿化带的很多部分作为自然特色受到了保护，包括尼亚加拉断层、橡树岭冰碛和锡姆科湖岸。这个治理区域规模之大和现有用途之广，使得该任务变得非常艰难。

治理城市绿化带的方法分为三个"政策系统"，即农业系统、自然遗产系统和安置区域系统，每个系统都有着不同的规则，而这些规则建立于市政法规和要求之上。在安置区域内，制定了扩展边界并对当地的规划进行了相应修改。《绿化带法案》的特点之一是绿化带基金的建立，借此可以促进保留地的使用，并对向增值农业转变提供资金。十年后，研究人员将对绿化带的作用进行审查，并适当对发展区域进行扩张，其前提是这种扩展不可过度强调环境和基础设施能力，或侵蚀自然遗产区域。

反对安大略省绿化带的人不占少数，反对者主要来自开发商和与其相关的智囊团（Cox, 2004），这个情况和波特兰的情况大相径庭。然而，省级机构控制地方政府的传统，以及省政府批准当地政府规划和修正案的长期要求，使得反对者不太可能在短时间内对这些规则进行抨

击。绿化带基金从城市开发中拯救土地的做法很有效地得到了老百姓
的支持,这使得废除这个法案难上加难。

在所有居住的陆地上,城市绿化带一百多年的历史证明了,规划领
域中理念的传播和能够将实际行动与生活质量问题相联系的重要性。
理念力量的一部分是其对各种问题的适应性。人们把城市绿化带看作
维护农业、食物供应系统和城市发展下乡村生活的解决办法。城市绿
化带保护了生态系统,确保水供应和城市生活的其他需求,提供了休闲
资源,甚至成为城市的保护屏障。绿化带经常结合各种策略,以便增加
可建区域内的人口密度,或创建多个公共交通运输的中心,正如华盛顿
特区一样。限制发展必须要考虑当地和国家的政治体系、城市地区的
地形、资源以及当地的利益集团,且这些所列的因素在每个城市并非完
全一致。尽管如此,通过控制城市化边界来塑造城市形态的理念仍是
一个经常讨论的话题,它与城市区域息息相关。

塑造未来的城市形态

全世界的城市区域被迫重新审视其城市形态的问题,以应对能源
成本急速上升(石油极度短缺)和急需解决气候变化的双重(和相关)
问题。许多区域正重整旗鼓,控制城市边界,增加城市区域的人口密
度,同时也确保对当地农业和边界林区的保护。这是一种新转变,也就
是全世界势在必行的改变,必须由各个地区来承担。

到目前为止,涉及的问题显而易见:随着廉价碳燃料供应枯竭,石
油价格有可能继续攀升,且所有碳燃料都会向大气中排放二氧化碳。
大气中的二氧化碳增加反过来促进长期大气变暖,使海岸线很容易受
海平面上升的影响。这些碳燃料还改变了气候模式,使旱灾、极端风暴

更加频繁,而且每一年的气温变化也越来越大。

　　一个看待这些问题的好方法是,考虑消除温室气体(稳定性)排放年增长需要什么,或排放达到碳中和(零净碳排放)需要什么,或遏制温室气体排放量低于1992年《京都议定书》规定水平的5%—10%需要什么,抑或达到更高的目标和更低的排放需要什么。奥巴马政府提出在2050年前减少83%的碳排放量,这符合大多数欧洲国家的提议。

　　斯蒂芬·帕卡拉和罗伯特·索科洛(2004)提出,达成所需的减排目标不是一个步骤就可以完成的。他们还提出了一系列名为"碳楔"(减少碳排放策略,在分析图形中呈楔形,故称碳楔)的理念,设计每个碳楔都是任务的一部分。为了达到稳定性,他们考察了七个碳楔,其中有两个对城市形态有着明显的影响,那就是提高车辆效率和减少私家车的行驶路程。其他的碳楔与城市形态有着一定的联系,比如提高能源和建筑物的能源效率,这都会影响到人们在城市生活及工作的地点和成本。但是,很难对影响城市形态的因素进行精准的分析。

　　考虑两个关键碳楔对城市形态的影响是很有帮助的。首先,尽管生产可达到碳排标准的新型汽车需要能源,但是双动能技术可使路上每辆汽车每单位能源的平均里程增加一倍。汽车应更轻、更小,而且传统技术向电力和燃料电池技术的转变趋势毋庸置疑。车辆与车辆共享或其他服务间的差异可决定使用车辆的大小。在地方尺度上,应腾出当前停车的地方,更紧缩地使用腾出来的地方,从而提高人口密度,且目前停车使用的大部分区域应该用作其他用途。

　　处理第二个碳楔,我减少了所有运载车辆(主要是汽车和卡车)二分之一的行驶英里数,这也直接影响了人口密度。然而,很难预料这是如何完成的。在2006年,美国国内的所有车辆的总行程大约有3万亿英里,平均每人约为1万英里。尽管这个数字在2008年前所未有地有了微小的下降,但自1971年以来其已增长了近两倍之多(FHWA,2008)。1996年美国人年均汽车行驶距离为5 701英里,是日本的2.4倍,是大多数欧洲国家的1.5倍,是加拿大的1.2倍。看起来,为了减少一半的车辆行程,美国人必须将其驾驶模式改变成更类似于日本和欧洲的驾驶模式,在这种方式中,公务外出主要依赖公共交通,日常出行依靠行走和自行车,并尽可能减少通勤距离。

美国很多在三十年前安装轻轨或重轨系统的城市都面临着这种挑战。然而,对转变公共交通方式的研究并不让人乐观。从1960年到1995年,美国公共交通的市场占有率从12%左右跌至不到4%。随着新公交系统足够满足人们出行的需求,增加新公交系统的城市在某种程度上起到了更好的作用。然而,在1990年至1995年间,只有几座城市的公交系统获得了新增行程中百分之一点多的份额,并且这些城市仍然非常依赖汽车。在水牛城,每辆新运输车辆的客位英里中有828英里是汽车行驶的。华盛顿特区是最成功的新型公交系统城市,但甚至在这里,每运输客位英里中都增加了226英里汽车行驶里程(Wendell Cox Consultancy,2003)。

很明显,光靠建设新型运输系统不能促进所需的行为转变。所以,将运输与发展同步会拥有更大的潜力。对华盛顿特区的研究表明,如果住宅与工作单位的距离都在一站地(地铁站)内,那么使用交通工具的概率就会大幅增加(Cervero,2004:157)。在旧金山地区,刺激这种交通改变有三个主要因素:中转站附近区域的密度、使用密度和附近居民的密度,以及改善运输、住房、购物和工作场所区域的交通的设计(出处同上,2004:148)。

57

城市如何回应这些新的当务之急

世界各地的城市都在开发可持续性规划、气候变化应对策略和城市战略规划。这些规划的共同之处就是都提出增加人口密度并限制市区的扩张。与依靠说服居民居住在更高人口密度区域的城市相比，围绕城市绿化带、城市限制线、城市边界重要预留地发展的区域具有地区优势。

纽约规划是纽约市的长期战略性规划，该规划于2006年颁布（纽约市，2006），它源于人们对这个城市必须解决气候变化问题的认知。正如其所述，纽约人均二氧化碳排放量比美国人均二氧化碳排放量少了71%。虽然纽约规划制定了减少30%碳排放量的目标，但到2030年，预计其碳排放量将增加27%。该规划聚焦四个碳楔：避免城市扩张、发展清洁能源、指定使用更高效的建筑和扩大可持续发展型交通系统。上述的每个策略都能影响城市形态。

58　　因为纽约市代表了将近一半纽约大都市区，所以它不能控制市郊的发展，从而避免城区扩建。相反，纽约规划提议改变现有的土地使用政策和规则，从而再吸引90万居民到此居住，而这些人中有一些居住在受污染的开垦地上；规划还提议鼓励提高公交系统良好区域的人口密度。投资公交系统、改变道路用途的以交通为首位的政策，将刺激城市交通模式的改变，而且，新法规和政策也将鼓励可再生能源的使用和采用清洁分布式发电。一个积极推进指定节能建筑的计划以网络庞大的公共建筑开始，降低对能源的需求，减少产生的碳排放。简而言之，增加人口密度、改变交通运行方式、提高发电效率和使用性，可使纽约完成其碳减排目标。

大伦敦政府于2004年发布了伦敦规划（伦敦市，2004a），其采取了相似的方法,利用绿化带的优势来协助结构发展。该规划的第一目标是,"在不侵占空地的情况下,调整伦敦边界内的发展",这意味着需要多调整70万人,而这些人大多数居住在城市绿化带之中(伦敦市,2004b:9)。该规划强调了集中在泰晤士河及其支流的"蓝丝带网络",将其作为加强城市绿化带内外发展的一个主要走廊地带(伦敦市,2004a)。蓝丝带网络为新形式运输(渡轮、货运驳船等)提供了一个机遇,并将大量码头和工业用地转变为混合使用型住房、工作场所、购物区和休闲区。

　　温哥华同样也采取了限制边界发展的严格控制方法,执行了名为"生态人口密度"的计划,并配合实施了大量投资新型地上和地下公交系统的计划(温哥华市,2008)。这种改变城市形态的主要工作将对温哥华建成区的人口密度和城市形态进行重新调整。2010年冬季奥林匹克运动会刺激了政府对交通系统的投资,且温哥华政府鼓励对公交车走廊附近的区域进行重建,增加一倍的人口密度,并采取措施对区域内已淘汰的工业区和铁路站场进行重新建设。尽管发展速度没有达到预期,但这一措施还是取得了不错的成果:"温哥华政府在工作区域附近建造居民房屋和彻底维护服务站点的做法降低了碳排放量,尽管1990 59年至2000年间城市内人口增长了18%,且人们转向使用燃油效率更低的汽车,但轿车和轻型卡车增加的碳排放量低于6%。"(Cool Vancouver Task Force,2005:19)不列颠哥伦比亚省加大力度,于最近出台了碳排放税,这在北美洲是首例。这种税收政策推动了运输能源效率,其后续的总量管制与交易制度也正在讨论之中。

规划理念的连续性

　　很可能引人注意的是,限制城市边界和增加人口密度的这些理念仍然是一个多世纪以来的主导理念。在这段时间里，为了适应观点、规则和技术的变化，人们对这些理念进行了重新的定义。城市绿化带最初用来维护农村的生活方式并为城市之间提供空地，现在人们将重新定义其为一种环境资源、生态保护区、防御地带、城市农业保护区、休闲区、城市发展的环形带，城市绿化带促进提高城市人口密度，减少运输距离，而且是最近提高碳回收的区域。像这种积极有效的理念有能力进行演变，从而为子孙后代沿用，它们也可适应不同文化和发展状况。

凯文·林奇认为，对城市化规则进行重新制定是可行的，甚至适用于那些复杂的城市区域。最近出现的气候变化问题得到了全世界的关注，也为城市形态政策讨论提供了新动力。空气没有管辖疆界，仅此一个事实就引起了全世界城市和城郊之间以及城市之间的讨论。随着国家政府或省级政府担当起制定减少碳排放目标的责任，政策的地理焦点将转化为区域城市化的模式。安大略省有可能因应对气候变化问题而决心建造宏伟的多伦多绿化带。在未来，塑造城市形态将变得更为

61　重要。

参考文献

Abercrombie, Patrick. 1926. *The Preservation of Rural England*. London: Hodder and Stoughton.

Bae, Chang-Hee Christine, and Myung-Jin Jun. 2003. Counterfactual Planning. *Journal of Planning Education and Research* 22 (4): 374–383.

Bengston, David N., and Yeo-Chang Youn. 2004. Seoul's Greenbelt: An Experiment in Urban Containment. In *Policies for Managing Urban Growth and Landscape Change,* ed. David N. Bengston. Technical Report NC–265. St. Paul, MN: U.S. Department of Agriculture, Forest Service, North Central Research Station.

Burnham, Daniel H., and Edward H. Bennett. (1909) 1991. *Plan of Chicago*. New York: Princeton Architectural Press.

Cervero, Robert. 2004. *Transit-oriented Development in the United States.* Transit Cooperative Research Program Report No. 102. Washington, DC: Federal Transit Administration.

Choi, M. J. 1994. An Empirical Analysis of the Impacts of Greenbelt on Land Prices in the Seoul Metropolitan Area. *Korean Journal of Urban Planning* 29 (2): 97–111.

City of New York. 2006. *PlaNYC: A Greener, Greater New York.* New York: Mayor's Office of Planning and Sustainability.

City of Vancouver. 2008. *EcoDensity Charter: How Density, Design, and Land Use Will Contribute to Environmental Sustainability, Affordability and Livability.* Adopted by City Council, June 10. http://vancouver.ca/commsvcs/ecocity.

Cool Vancouver Task Force. 2005. *Community Climate Change Action Plan: Creating Opportunities.* http://vancouver.ca/sustainability/documents/CommunityPlan.pdf.

Cox, Wendell. 2004. Myths about Urban Growth and the Toronto Greenbelt, *Frazer Institute Digital Publication*, December. http://www.demographia.com/db-torgreenbelt.pdf.

Department for Communities and Local Government (England). 2007. Local Planning Authority Green Belt Statistics: England 2006. http://www.communities.gov.uk/publications/corporate/statistics/lagreenbelt2006.

Federal Highway Administration. 2008. Traffic Volume Trends: 2008. http://www.fhwa.dot.gov/policyinformation/travel_monitoring/tvt.cfm.

Gordon, David L.A. 2006. *Planning Twentieth-Century Capital Cities.* New York: Routledge.

Gordon, Peter, and Harry W. Richardson. 1998. Prove It: The Costs of Sprawl. *Brookings Review* 16 (3): 23–26.

Gordon, Peter, and Harry W. Richardson. 2004. Exit and Voice in Settlement Change. *Review of Austrian Economics* 17 (2/3): 187–202.

Howard, Ebenezer. (1902) 1946. *Garden Cities of To-Morrow.* London: Sonnenschein & Co. Reprinted, edited and with a preface by F. J. Osborn and introduction by Lewis Mumford. London: Faber and Faber.   62

Iqbal, Munawar. 2005. *Islamic Perspectives on Sustainable Development.* Palgrave Macmillan, University of Bahrain, and Islamic Research and Training Institute.

Kim, K. H. 1993. Housing Prices, Affordability, and Government Policy in Korea. *Journal of Real Estate Finance and Economics* 6:55–71.

Koolhaas, Rem. 1995. Whatever Happened to Urbanism? In *S, M, L, XL*, ed. Rem Koolhaas with Bruce Mau/OMA. New York: Monacelli Press.

Lynch, Kevin. 1984. *Good City Form.* Cambridge, MA: MIT Press.

Mayor of London. 2004a. *The London Plan: Summary*, February. London: Greater London Authority.

Mayor of London. 2004b. *The London Plan: Spatial Development Strategy for Greater London*. February. London: Greater London Authority.

Ministry of Municipal Affairs and Housing (Ontario). 2005. *Greenbelt Plan*. Toronto, ON: Ministry of Municipal Affairs and Housing.

Moraes Victor, Rodrigo Antonio Braga, Joaquim de Britto Costa Netto, Aziz Nacib Ab'Sáber, et al. 2004. Application of the Biosphere Reserve Concept to Urban Areas: The Case of São Paulo City Green Belt Biosphere Reserve, Brazil—São Paulo Forest Institute. A Case Study for UNESCO. *Annals of the New York Academy of Sciences* 1023:237–281.

Muschamp, Herbert. 2009. *Hearts of the City*. New York: Random House.

Newman, Peter, and Jeffrey Kenworthy. 1999. *Sustainability and Cities: Overcoming Automobile Dependence*. Washington, DC: Island Press.

O'Toole, Randal. 2001. *The Vanishing Automobile and Other Urban Myths: How Smart Growth Will Harm American Cities*. Camp Sherman, OR: Thoreau Institute. www.ti.org.

O'Toole, Randal. 2007. *Debunking Portland: The City That Doesn't Work*. Policy Analysis No. 596. Washington, DC: Cato Institute.

Pacala, Stephen, and Robert Socolow. 2004. Stabilization Wedges: Solving the Climate Problem for the Next 50 Years with Existing Technologies. *Science* 13 (August): 968–972.

Quayle, Moura. 1998. Provincial Interest in the Agricultural Land Conservation Act: A Report to the Minister of Agriculture and Food, British Columbia. www.agf.gov.bc.ca/polleg/quayle/stakes.htm.

Wendell Cox Consultancy. 2003. Urban Transit Fact Book. www.publicpurpose.com/ut-index.htm.

63

第三章
新城市主义

罗伯特·菲什曼

在规划理念的谱系中，新城市主义最好的定义也许是简·雅各布斯和埃比尼泽·霍华德理念的意外结合。新城市主义汲取了雅各布斯"密实多样性"（close-grained diversity）的基本理论。能量密度整合公共场所中大量的人和设施。源于霍华德和花园城市/新城镇运动的继承者，新城市主义认为，城市在大都市地区不能局限于单一的城市中心地区。规划的最大挑战是创造多样性、流通性和可持续性，这些贯穿于整个大都市区域中精心设计的小型社区网络，补充和支撑中心城市。如果20世纪50年代的城市危机引起了刘易斯·芒福德所提到的"总体城市蜕变"（Mumford，1968b：133）的恐慌，那么新城市主义应该以区域性的行动计划给予了回应，它是对雅各布斯和霍华德的理论谁将更强大和持久的争辩的利用。

雅各布斯和霍华德的理论并不能预期或真正欢迎这种综合的努

力。《美国大城市的死与生》是雅各布斯高度个人化的规划理念发展史。雅各布斯在这本书的导言中将霍华德在1898年建立的花园城市/新城镇运动定义为她命名的"毁灭城市"的规划理念。霍华德希望的是大城市的分散，她指出这种理念体现了对城市密集和多样性的病态的厌恶。霍华德"只是一笔勾销了大城市的复杂、多层次和文化生活"。他所钟爱的是在城市周围绿色地带的3万人的"花园城市"，雅各布斯如此评价该城市："如果你很温顺，不知道自己的规划，并且不介意与跟你一样的人生活，这将是一个很好的城市。"（Jacobs，[1961] 1993：[26] 24）

刘易斯·芒福德作为霍华德的大弟子，在《纽约客》上以"雅各布斯大妈治疗城市癌症的家庭药方"为题，发表了一篇颇为恼火的评论进行回击。芒福德批判雅各布斯"无知地认为复杂和多样性可能使大城市空旷而避免严重的拥堵"。不予理会雅各布斯对花园城市理念的批评，芒福德坚称："雅各布斯不是探求更新现有无序城市的最好的城市模式，而只是探求贫民窟如何存在，如何保护志趣相投的人性化特点，而忽略人们的生活模式或物理结构。"（Mumford，1968a：202，197）并且，"慎重改进"对芒福德来说，意味着使大城市必要地分散成适合人类尺度的新城镇。最后，芒福德发布的评论只是强调了雅各布斯对城市死与生的思考，与霍华德和花园城市传统没有任何共性。

20世纪七八十年代的城市危机充满了力量——这是一场深刻影响雅各布斯和芒福德的理论的危机——它推动了一群年轻的城市规划师重新展开辩论，并发现在20世纪60年代已经避开雅各布斯和芒福德的理论综合的可能性。城市危机深刻地改变了大城市形态的公理，再次明确了雅各布斯和芒福德的对立地位。对于很多核心街区，中心城市的减少产生很多浪费，这也正好符合雅各布斯的理论；同时，城市外围的疯狂扩张意味着芒福德和其他新城镇的爱好者规划美好城镇的梦想在逐渐被瓦解。由市中心产生的废弃建筑物和投资减少如滚滚浪潮涌动已经恐吓到一群老年人，他们生活在郊外仅有主干道的小城镇。甚至，公共事物或城市似乎也处于危机中，美国大城市本身似乎要毁灭的现象印证了芒福德的"总体城市蜕变"。

城市危机的爆发期也许不是去发现基于紧凑和适合通行城市理论的设计、规划和社会运动的最佳时期（Talen，2005）。然而，新城市主义的建立者不仅要关注改变可能无法避免的大城市趋势的迫切需求，而且需要注意到在雅各布斯和霍华德的理论元素中可以调动去反对从街道到区域的"总体城市蜕变"。适度工作者、奋斗的城市规划公司、新城市主义的未来领导者通过各种小会议、竞标方案、兼职教学和基金资助发展了他们的理念。从而，他们变得与大学规划学院、建筑学校、公共部门授权人和地产开发个体等没有交集。然而讽刺的是，他们非常边缘化，这不仅让他们逃避过去的思想意识形态，而且构思一种联合学术研究者、实践者、商人、积极分子，甚至直接说要逃避"公众"的人来策划一场运动形式（Brain，2005）。

1982 年有一个重要突破，当一个未经试验的开发人员罗伯特·戴维斯委任迈阿密的两位城市设计师安德烈斯·杜安尼和伊丽莎白·普拉特（杜安尼普拉特公司合伙人，后来也是夫妻）来总体规划墨西哥港湾北部的度假社区，这里主要是作为"乡下人的度假地"（redneck Riviera）而为人们所知的一个过时的佛罗里达走廊的延伸（Mohney & Easterling，1991）。戴维斯想替换掉扭曲的佛罗里达海岸线的无计划的扩张；杜安尼和普拉特从 82 亩规模的"海滨"项目中看到了机会，这

66

个项目主要是建立模范社区，以展现他们对彻底改变美国模式的希望（Duany & Plater-Zyberk，1991）。海边丰富的城市风景，传统建筑和狭窄小道前的走廊，形成了具有吸引力的公共空间，这似乎意味着紧密交互设计的新纪元。快速的发展重新整合了意趣相投、追求同样理念、在建筑上有相同构想和喜欢同样规划期刊的设计师。

在1991年，萨克拉门托的非营利性地方政府委员会成员朱蒂·科比特和彼得·卡茨，为该委员会引进了杜安尼和普拉特，还有他们西岸的合作者，包括彼得·卡尔索普、斯特凡诺斯·帕萨迪纳和伊丽莎白·穆勒。阿瓦尼原则（以文献发布地优胜美地命名）的结论体现了首次尝试规范新兴运动的基本信条（Local Government Commission，2008）。这次会议激起了国民设计宣传组织的思想，他们主张联合"新城市主义"（矛盾的"新传统主义"被抨击在退化）公共平台上的国内专家、学者、环保主义者和社会积极者。1993年，新城市主义协会（CNU）在弗吉尼亚亚历山大港举办了第一次新城市主义会议，有两百多人受邀参与（Lewis，1993）。据共同发起人丹·所罗门回忆，会议最初的目标是做出一本详细的书，与1933年的现代建筑宣言相对应，被称为大会国际建筑现代艺术的"雅典宪章"（Solomon，2003：211）。尽管在1996年新城市主义确实推出了值得欣赏的、简洁的三页纸"新城市主义宪章"，但这个组织最终转变为更加持久、开放和更加广泛的推广组织，至今已经有3100个成员。

作为一个规划原则，新城市主义直接从雅各布斯的"密实多样性"理论出发，并将该理论作为好的都市生活的本质。这不仅仅意味着沿着街区的使用和收入的复杂混合，并且体现了在一个充满生机的公共领域里，在长廊、人行道和封闭的公共空间周围认真设计都市风格的剧院的布局。此外,新城市主义接纳了雅各布斯的断言:密实多样性需要密度,因为只有密度才可以产生复杂和不可预计的人类和功能的结合,这就是雅各布斯著名的"好的城市街道的芭蕾"。

雅各布斯在1961年总结道,良好的都市生活需要有保持密度的真正的都市生活。她迅速将其他的大都市地区分为"郊区化和半郊区化的杂乱"(Jacobs,[1961]1993:581)。但是到20世纪80年代,"郊区化的杂乱"容纳了美国大城市地区的大部分人口、零售商店、工业生产场地和高端写字楼(Fishman,1990)。取消这些产业,似乎最好的情况是规避现代城市设计的主要问题,最坏的情况也就是原则的失败,即使是在中心城市。对于城市危机的实质来说,是容量的不断扩张导致中心城市的资源和人口的消耗,还有对土地需求的不断增加。

值得赞扬的是,新城市主义者认为对城市主义保护的不持久,甚至包括在中心城市,将有可能直接面对权力的无计划扩张和挑战传统郊区发展模式的问题。但是,怎么控制城市无计划扩张的趋势呢?新城市主义利用——大力复兴和重新解释——针对郊区规划的伟大的"可替换传统",即花园城市/新城镇运动。1962年,芒福德提醒雅各布斯,埃比尼泽·霍华德的真正目的不是简单地分散中心城市人口;他主要是想引导这种分离转变为交通顺畅的社区,每一个区域都有其中心和边界。就像我们今天所说,这些花园城市将综合发展,并有固定收入;行人导向的街区将包括步行工作地段、开放空间和城镇中心。在一个小城镇的规模内,规划可以使城镇多样化和适宜步行,使其达到中等密度,这些是传统城市主义的本质。总之,霍华德的目的是在某一区域创造很多都市,而不仅仅是中心城市(Fishman,1977)。

68

霍华德的直接追随者，尤其是雷蒙德·昂温，他在1903年重新设计了英国莱奇沃斯的第一个花园城市巴里公园，1906年设计的伦敦北部的汉普斯特德花园郊区，都将霍华德的全局目标和几何图形成功应用到真实场合。昂温大量借鉴传统城镇风景，将传统街道和开放庭院复杂整合，创造中等密度和具有审美趣味的城市，而不是19世纪的单调城市。他认真将各个阶级和功能整合，重新塑造缺失社群主义的深度分裂的工业城市；并且，他的设计通常都会有一个很明确的城市中心和绿色边界（Unwin，[1909]1994）。

昂温的设计在美国引起了强烈的反响，他们的中等密度城市和独特的规划加速了美国有轨电车的发展趋势。有一些专业设计师，如格罗夫纳·坎特伯雷（森林山花园，1912）、小弗雷德里克·劳·奥姆斯特德（派洛斯福德牧场，1923）和约翰·诺伦（玛丽蒙特，1918），在他们的掌控下，花园郊区在20世纪20年代达到高度复杂（Stern & Massengale，1981）。但是，这些设计词汇在新泽西雷伯恩（Clarence Stein & Henry Wright，1928）后遭受抨击，"一个汽车时代的小镇"——重新规划花园郊区，最基础的目标就是能够容纳汽车（Schaffer，1982）。芒福德甚至在20世纪60年代痛苦地抱怨，自我吹嘘的英国和斯堪的纳维亚的战后新城镇都太分散，真正导致不便于通行（Hughes，1971：134—137）。20世纪60年代的美国新城镇——哥伦比亚、马里兰、雷斯顿、弗吉尼亚和加利福尼亚的尔湾——尝试挑战无计划扩张和群集发展，但是它们的设计体现了雷伯恩最开始的妥协（Forsyth，2005）。

但是，在20世纪七八十年代，一群城市设计师开始回顾早期的花园城市和昂温年代的城市，将它们作为控制扩张和设计真正畅通社区的模型。在1981年，罗伯特·斯特恩和约翰·玛森格尔一起在纽约的

69

库珀—休伊特国立设计博物馆全面展示了"英美式郊区"，被斯特恩称为"规划的郊区和规划的郊区飞地传统"的规划及形象展示，它对汉普斯特德花园郊区及其直接的前辈和继承者给予了特殊关注，包括小丘花园、玛丽蒙特，以及受昂温鼓舞的第一次世界大战时期的工人住房，在弗雷德里克·劳·奥姆斯特德领导下进行。如《建筑文摘》所述，此次展示不仅使这一传统重新出现在人们视野，更使其成为一种完备的设计语言，可以作为之后依赖汽车的郊区发展的一种激进的替代方案（Stern & Massengale，1981）。

早期的花园城市传统提出了关于新城市主义另一个重要的概念：土地使用和运输的结合，彼得·卡尔索普将其称为公共交通导向发展。早期的花园城市和郊区都是适于步行的，因为它们不得不这样；没有汽车的时候，社区需要提供全面的服务，包括步行可到达的公共交通站点。早在1898年，霍华德就从迅速包围各大城市的"电车郊区"网（他称其为"社会城市"）中归纳出各花园城市之间及与中心城市的运输网（Howard，[1898] 1965：23）。

20世纪20年代，雷蒙德·昂温将这一抽象的建议转化成更具雄心的愿景——由中心城市内部向外延伸的铁路线划分形成的"区域城市"（Creese，1967）。每个站点都是一个单独的具有混合用途和混合收入的花园城市，围绕铁路站/城镇中心紧凑组织，使居民均可步行至车站，并确保花园城市之间有空地。随着人口搬离过度拥挤的中心城市，被昂温称为"区域城市"的"城市化"进程将不再集中于中心地区，而是在花园城市形成的网络中。昂温的区域城市为英国伦敦周边的新城镇、瑞典斯德哥尔摩周边的新城镇、丹麦哥本哈根附近的"手指规划"等社会民主区域城市奠定了基础（Swenarton，2008）。

彼得·卡尔索普选择了花园城市设计的这个方面——最初主要是为了转移中心城市人口，并抓住了其在城市扩张时代中的新的关联性（Calthorpe，1993）。即使当几乎所有社会成员都有汽车的时候，区域性的轻轨网也可使发展中心向车站转移，进而控制扩张情形。轻轨车站成了新城市主义社区的城镇中心，如果社区规模有限，半径在四分之一英里，步行就能到车站，那么基础框架将适合相对密集的街区、综合用途发展以及中心和边缘清晰的社区。

这种轻轨网还有一个用处，就是让都市区域重新定位在中心——运输路线交会的"区域"中心。这将为区域性市中心的恢复以及满目疮痍的市中心社区的重建创造适当的条件。20世纪后期昂温提出的区域城市将提供一系列都市现象，从密度较高的也是雅各布斯赞赏的24小时核心市区，到密度适度的芒福德认为大部分美国人会赞成的花园城市社区。随着土地被限制在车站步行范围内的新发展趋势，城市扩张可以被抑制，开放空地被保留，区域就可被重建为一个交通友好型城市或城镇，从市中心到城市边缘步行即可达到。

因此，新城市主义意外成了雅各布斯和霍华德的合成体。与传统的市郊发展相比，新城市主义设定了不少异常艰巨的任务。在诸如住宅小区、单排商业区及区域商业区等分散的片区中建造典型的汽车化郊区，这在20世纪80年代之前很好理解，新城市主义需要有大师级别的设计方案，即使是小区的设计。要实现可步行性，意味着要精心设计一个和谐的建筑环境，包括恰当的街区规模和密度、混合用途类型学、小批量街道导向住房、利于行人的街道和人行道，以及便捷明确的休憩用地。此外，在社区内建立步行可到的城镇中心，意味着更高的复杂程度，不仅要设计热闹而以行人为本的商业街，而且要考虑到小型零售业务的经济困难（Leinberger, 2008）。最后，以公共领域和公共交通为导向的发展，意味着要联合并依赖某个公共部门，这一思想曾经在里根时期极度萎缩。

　　所有这些都要面临着完全不理解混合用途发展的出借方、适应了汽车时代的开发商，尤其还有那些负责治理城市扩张的地方规划师。如亚历克斯·克里格所观察的，"规划或建造城镇局部比建造真正的城镇容易"（Krieger, 1991：13）。尽管有成百上千种发展模式被称为新城市主义，但目前只有少数真正实现了体现这一运动原则的规模和设计。这些发展模式包括：马里兰州盖瑟斯堡的肯特兰镇（杜安尼和普拉特的总体规划，1988），佛罗里达州的庆祝项目（迪士尼公司承办，由包括罗伯特·斯特恩、库珀、罗伯逊在内的一组城市规划专家设计，1996），以及建在丹佛原机场地址的斯特普尔顿（卡尔索普协会的总体规划，1999）。

　　实际上，即使有更多的新城市主义社区能够按设计建造，雅各布斯在《美国大城市的死与生》冗长的脚注中针对芒福德而强调的基本问题仍然存在。她表示："一些规划理论家号召城市多样化及城市活力，同时又规定'中间的'密度。"她恭敬地引用了芒福德的评论，"城市最重要的功能"是提供"一个舞台让社会生活的剧本得以上演"，但不认为在芒福德选择的每英亩25到50单元的密度下可以真正承载这样的剧本。她直截了当地说："城市风格和这样的中间密度是无法比较的，因为制定城市多样性需要考虑经济条件。"（Jacobs,［1961］1993：275）从昂温到杜安尼、普拉特及卡尔索普，倡导花园城市传统的城市规划专家试图找到正确的社区设计方法，切实将城市风格与适度密度相结合。这还是很难懂。

西海岸和东海岸的新城市主义

正如我在其他章节中将要阐述的,没有单一的新城市主义;它是许多不同城市规划者合作的结果,这些规划以不同方式适应理论转为实践的巨大困难。此外,新城市理论及实践均随着城市危机的常规发展而变化。为了方便,关于新城市主义多样性的探讨将分为两部分进行,即西海岸新城市主义及东海岸新城市主义。人们对西海岸新城市主义了解相对较少,它主要兴起于20世纪70年代的生态学运动,尤其是被动式太阳能运动(本书第四章有详细描述,与可持续性理念演变相关)。东海岸新城市主义的讨论主要集中在极端现代主义消退后的建筑领域内部。

如果说从诸多方面来看,西海岸新城市主义较为先进,东海岸新城市主义较为传统,两者都是20世纪建筑学对过去建筑学传承的特殊时期的产物。20世纪70年代早期,许多未来的领导仍在研究建筑学或刚刚开始他们的实践,那种认为历史是一种必然进程,是通向未来的单行线,将"历史的"与"过时的"视为同义的现代主义观点在那时瓦解。突然间,新一代人发现,如建筑学历史学家文森特·斯卡利观察的,历史不仅"可以作为现代主义的兴趣点和先驱,更可作为同时期应用的直接模型"(Scully,1991:18)。

在西海岸新城市主义中,主导内容是发现走出能源危机的方法是回头利用过去的技术,比如有轨电车,正如走出都市危机的方法是回归传统的都市形态。这主要是彼得·卡尔索普的成果,其他西海岸新城市主义规划专家,如伊丽莎白·穆勒及斯特凡诺斯·波利佐伊迪斯、道格拉斯·科尔巴及丹·所罗门,也分别有各自的贡献(Farr,2008)。20世纪70年代,卡尔索普摒弃了之前的建筑学研究,专注于社会尤其是环境问题。他从建筑学中被动式太阳能运动(20世纪70年代形成)得到直接启发,投入都市设计中,反对在科技驱使下减少能源消耗的尝试。建筑师唐·普劳勒对此解释说,被动式太阳能可以"取代他们所学的现代建筑学的中立性以及现代郊区的无地方性。被动式太阳能建筑需要向阳……(且)必须进行合理现场安装。他们在某个地方"(Prowler,1989:101)。

在大规模郊区或乡村地区,被动式太阳能建筑也倾向于独立式结构。卡尔索普加入加州能源委员会(时任州长杰里·布朗成立的著名机构)后,不仅协助伯克利教授西姆·凡·德尔·赖恩设计诸多能源节约型建筑,而且开始认真思考小区和城市规模及其对能源的影响。通过观察加利福尼亚州政府附近的老社区,他发现旧萨克拉门托的形式可节约能源,提升社区。在老社区,不仅排房公用墙节约各个单元的能源,而且工作和生活的可步行性、社区功能的融合都优于被动式太阳能的"节能装置"(Calthorpe,1986)。

将目前的建筑措施与过去及将来(希望如此)的"可持续性措施"相比,卡尔索普和西姆·凡·德尔·赖恩坚持认为,新城市主义是一种建筑性/环境运动:

> [目前]建筑忽视气候和地点,功能分化到不同的区域,居民缺少公共空间进行交流。可持续发展模式瓦解了这种分离;建筑设计考虑环境因素,混合功能将居民聚集起来,可举办多种活动,社区又有了公共空间。(Van der Rijn & Calthorpe,1986:x)

因此,卡尔索普开始为新城市主义建立"可持续日程表"。更为重

73

要的或许是，20世纪80年代加利福尼亚州城市增长爆发时，他开始考虑如何将自己在旧萨克拉门托中提到的密度模式引入旧金山湾区周边迅速扩张的郊区中。1972年，景观建筑师哈尔普林提出了一项宏大的规划，以通过建造新轻轨线将市区发展引导在站点周围，来防止俄勒冈州威拉米特山谷的扩张（Halprin，1972）。但规划并未得到很好实行，这一观念很快消失在人们视野之外。

十五年后，卡尔索普开始探索自己这一观念的设想，并发表"行人口袋"。1988年，他与马克·麦克一同在《北加利福尼亚房地产日报》中发表了短文，提出贯穿旧金山北部马林郡的西北加利福尼亚铁路可以建造轻轨。他预想在这条线上建20个左右行人口袋，每个混合用途发展覆盖60英亩左右，密切围绕在铁路站/镇中心周围，包括零售和办公地。紧密围绕在承载5000人左右的中心居民区周边，步行去车站都很方便。行人口袋可以防止周边乡村的扩张，减少对汽车的依赖性，使轻轨成为连接区域的主要交通工具（Calthorpe & Mack，1988）。

这篇在不著名的出版物上发表的短文描述了卡尔索普一直以来追求的愿景，这一愿景已经成为新城市主义不可分割的一部分，并且成了国家交通及土地使用政策不可分割的一部分。他的目标不仅仅是节约能源或保留空地。如他所写："这种紧凑式住房和空地的最终目标不仅仅是为不同用户提供适合的住房，或是方便人们出行，它有望将现今分散的多元文化时代及社会类型重新融合。公共区和当地小店将使人们重拾经常被遗忘的社区感和地方感。"（Calthorpe & Mack，1988：8）从某些方面来讲，卡尔索普不过是在重新探索20世纪早期有轨电车郊区的设计逻辑。他的贡献在于发现这种逻辑可以解决20世纪后期城市扩张的问题。当然，轻轨是前卫的现代主义已经宣布过时的科技。行人口袋的居民不是一定要放弃汽车,但区域性运输系统可以为他们提供一个重要的替代性选择,促进社区和谐和公平。透彻地理解了过去和现在之间的联系,卡尔索普将轻轨作为其可持续"未来城市"的核心。

1989年,卡尔索普和道格拉斯·科尔巴(被动式太阳能运动的领导,当时是西雅图华盛顿大学建筑学教授)组成了行人口袋专家研讨会小组。专家研讨会已经成了新城市主义备受欢迎的创作和交流形式(Kelbaugh,1997)。研讨会上,几天的设计演练汇集了建筑师团队、规划师团队、其他带学生的设计专业人员,有时还有社区利益相关者,不同的企业和专业人士可以快速有效沟通,有利于总体设计的进行。此外,社区领导的参加将可以解决并关注各种影响设计的社会问题。卡尔索普及科尔巴的行人口袋专家研讨会由一组杰出的设计师作为小组领导,包括丹·所罗门、哈里森·弗雷克(后成为明尼苏达州及伯克利的建筑系主任),以及唐·布兰德。他们出版了名为《步行口袋书》(Kelbaugh,1989)的作品,这种"新郊区设计策略"复兴了花园城市/新城镇中区域运输方式,并前瞻性地指出了21世纪的需求。

卡尔索普虽然不能称为一个杰出的正规设计师,但他有一个任何领域都少见的特质:清晰,尤其是在大型复杂问题中清楚辨别战略要素的能力。这一战略愿景的全面发展没有发生在北加利福尼亚(卡尔索普成立了其城市设计公司)或普吉特海湾(成立了行人口袋专家研讨会),而是发生在俄勒冈州的波特兰。20世纪70年代以来,俄勒冈州在波特兰周边建了"城市发展边界",波特兰驳回了城市高速公路,而是支持短距离轻轨线,波特兰成了国家"规划优秀州府",正如卡尔·阿伯特所称的(Abbott,2000)。20世纪90年代早期又一项高速公路提案出现,通向城市西部,城市再一次面临突破增长边界和加速扩张的

75

威胁。公民组成名为"俄勒冈州1 000友人"的激进小组向卡尔索普求助，希望找出替代性措施。他提出了土地使用、交通运输、空气质量（LUTRAQ）规划方案，将行人口袋理念（现称为交通为本发展）付诸实践（Calthorpe，1993：122—125）。这一方案不是简单地用一条轻轨线替代传统的高速公路，而是建六条从波特兰市中心向外辐射的新轻轨线，形成区域网。每个站点都是一个交通为本的、用途和收入混合的、适于步行的社区。这一方案由国家唯一选举产生的区域政府机构根据全面的"波特兰2030规划"执行，已经成为国家可持续地域主义的典范（Calthorpe & Fulton，2001：141—151）。

　　西海岸新城市主义的典型特征主要源于诸多人士的共同努力，首要人物有伊丽莎白·穆勒及斯特凡诺斯·波利佐伊迪斯、丹·所罗门、道格拉斯·科尔巴及卡尔索普。而东海岸新城市主义则相反，主要是一个企业及其创立者——杜安尼和普拉特的成果。此夫妻二人均毕业于普林斯顿大学和耶鲁大学建筑学院，作品更直接地反映出贯穿后现代主义过渡时期的建筑学争论。高度现代主义及其都市设计词汇（基于勒·柯布西耶大空隙的观念，后被"公园中的城镇"取代）的突然瓦解留下了空白，要填补这种空白，必然需要对现代主义曾蔑视的老城市有新的鉴赏。这些意大利新唯理主义建筑师，以阿尔多·罗西（1982）为首，认为好的城市不是个人才能的作品，而是要经历时间，重复某些标准化却又高度灵活的传统建筑类型，如排房，这些传统建筑融合了多种不同功能和阶级，提供了城市必不可少的经济社会多样性。在这一城市类型学中，对基本类型的不断重复形成了每个城市结构的总体统一，而每个建筑设计上的细微变化提供了视觉多样性。罗西得到了莱昂和罗布·克里尔的支持和补充，这两位建筑师（也是兄弟）来自

76

卢森堡,致力于防止"欧洲城市"的现代化和工业化,主要集中在推崇传统建筑方式,尤其是传统街区、街道及社区构建形式(Krier,1991；Economakis,1992)。

20世纪70年代早期的耶鲁,如耶鲁教授文森特·斯卡利所言:"学术氛围很好,至少历史上是这样,建筑学的国内古典传统得到深入广泛研究。"(Scully,1991：17)然而,他还记得当听说他两名最好的学生杜安尼和普拉特开始探索典型的纽黑文市社区(斯卡利成长的社区),他是多么吃惊。在这个"普通的"环境中(现面临收回投资或城市重建的危险),他们发现一个"美国城市"有着一套像罗西和克里尔倡导的欧洲城市一样丰富而紧密的类型学和社区设计。诚然,1968年罗伯特·文丘里和丹尼斯·斯科特·布朗在其基于著名的拉斯维加斯大道耶鲁工作室的书中宣称:"向现存的景观学习是建筑师转向激进的一个方法。"(Venturi,Scott Brown & Izenour,［1972］1977：8)文丘里在《建筑学的复杂性和矛盾》中提出了他著名的使用修辞方法的问题:"主要街道不是差不多可以的吗?"(Venturi,1966：89)然而,文丘里和布朗在各自的作品中对主要街道及其他历史主义类型学的阐述都是讽刺而抽象的。杜安尼和普拉特望着纽黑文市这些紧密的住房、舒适的走廊及行人悠闲的街景,看到了他们的"未来城市"。

尽管有着如此的洞察力,杜安尼和普拉特还是希望成为建筑学中的先锋派。毕业后,两人与其他人合伙在迈阿密创建了公司,其高科技、高光泽的设计为时尚迈阿密奠定了标准。如杜安尼近来回忆,莱昂·克里尔到迈阿密做的演讲使他和普拉特想起了他们最初的任务和理想(Redmon,2010)。1980年,他们从原来的公司辞职,创建了现在的公司。到1982年,两人转向海滨。

杜安尼和普拉特被公正地视为新城市主义的核心人物，这一地位主要是由于他们从城市设计的美观到建筑规范和分区的复杂性上表现出的卓越的创造力和多产性。杜安尼更为出名一些，他有非凡的演讲魅力，专注于形式建筑及分区规范等技术问题。普拉特不仅是设计师和作家，还是 1996 年以来迈阿密大学建筑学院的主任。在我印象里，再没有任何两人组合能像他们一样在创造性领域有如此的影响力。

与西海岸新城市主义相比，杜安尼和普拉特更专注于设计本身。他们同意卡尔索普的生态学和社会学观点，但对城市体验更有兴趣，通过城市体验，优秀社区或城市的各要素集合形成"城市艺术"。根本上而言，他们对用自己口中的传统邻里中心设计（等同于卡尔索普提出的交通为本发展）来建造社区有信心，即使没有运输或混合用途的目的。他们努力让自己设计的作品体现最佳的地方传统，因此成了最具影响力的规划和城市设计历史学家之一，虽然公认度可能没那么高。两人的专业性体现在萨凡纳和查尔斯敦南部建筑，大西洋中部殖民城镇肯特兰镇，并逐渐扩展到美国小城镇。1994 年，杜安尼为雷蒙德·昂温 1909 年代表作《城镇规划实践》的再版撰写序言，他对诸多美国"花园市郊"的再发现都有很大帮助，包括新泽西卡姆登的约克船村庄（政府为造船厂工人建造的工程）（1918），以及位于佛罗里达州科勒尔盖布尔斯的疗养城镇（1921）。他们拥护约翰·诺伦和本顿·麦凯等各类被忽视的人，且基本上重拾了被遗失的 20 世纪初至 20 年代兴盛的融合城市设计、规划及景观的建筑传统（Duany，Plater & Alminana，2003）。

讽刺的是，对设计的极度专注使杜安尼和普拉特脱离了大多数建筑学派，因为大多数学派都向着前卫的阿奎泰克托尼嘉事务所的方向发展，而这正是杜安尼和普拉特反对的。彼得·卡尔索普一直坚持认为，新城市主义"基本被视为一种风格……我认为风格并不是其核心"
（Calthorpe，2005：17）。尽管杜安尼和普拉特宣称他们将接受能达到传
统风格建筑效果的现代主义，但他们很明显更忠诚于莱昂·克里尔一
直拥护的新传统主义建筑风格。因此，与建筑学派相比，他们对不考虑
风格的规划派的影响更大一些。

78

如果新城市主义是西海岸和东海岸各要素相融合的产物，我们现
在可能要具体探究这种混合运动的理念对规划产生了怎样的重要影
响。新都市规划专家提出的愿景，根植于取代公然管制发展传统的花
园城市/新城镇，向一些专业人士发出了直接挑战，这些人的初衷是更
好地为公众服务，可实际措施却成了城市扩张的技术管制，尤其在市郊
边缘。新城市主义，在郊区规划师基本将郊区增长和结构的直接治理
权交予高速公路工程师和分区开发商的时候，提出了批判、愿景和设计
框架。

新城市主义不仅重申了公民行动和领导的一个替代性传统，而且
把建筑师的培养恢复到这样一种观点：规划之后就缺少的想象天赋已
经向更具技术性和政策导向的论述转变。新城市主义不仅强烈倡导对
城市形态进行激进改革，而且该运动更能以生动的形象展示这些变革，
进而将新城市主义观念扩展到专业政策圈之外，影响与规划相关的广
大人群。不属于学术界的新城市规划专家强烈而直接地说出了，对于
典型郊区中的拥挤和陈腐将贬低"美国梦"的广泛担忧（Duany，Plater
& Speck，2000）。以"局外人"的立场，新城市主义以另一种方式在四
个不同领域对改变规划理论和实践做出贡献，且超出了学者和官员的
作用。

第一，新城市主义帮助将物理规划重新纳入规划理论和实践要素

中。向定量政策研究转型的几十年后，规划似乎忽略了物理层面。新城市主义强调创建适于步行的城市，意味着要将邻里、主要街道和市中心作为物理环境。不认真关注街区规模、街道及人行道宽度、向着街道交通模式的建筑方向、公共交通停车站的位置、地下零售公司，以及不受地上停车场间隔的坚实街墙，就无法实现可步行性。像大部分新城市主义观点一样，向物理规划的转换需要回归并重新发现昂温、奥姆斯特德、诺伦及哈兰·巴塞洛缪等主要人物的主张，他们倡导结合城市设计、景观建筑和规划的教育及实践（Swenarton，2008）。

第二，回归物理规划间接却必然地从根本上挑战了土地使用和交通规则等规划核心问题（Ben-Joseph，2005）。新都市规划专家很快发现，他们珍视的可步行街区和多样化社区，受到法律限制和要求单一功能、单一阶级邻里的"最佳措施"，以及雅各布斯在《美国大城市的死与生》中抨击的"稀薄分散体"的阻碍。杜安尼将规范问题视为自己专门的研究和兴趣方向，他经常在演讲中严厉地指出，佐治亚州萨凡纳、华盛顿州乔治城、波士顿后湾区，事实上包括所有我们今天崇拜的历史性市区都无法建成，因为它们不符合多样化土地使用、街道宽度以及停车要求（Duany，Plater & Alminana，2003）。

但杜安尼不接受雅各布斯单纯取消这些规范的随意办法。他认为，扩张模式深受开发商"最佳措施"的影响（即使是他们在城市建造），取消规范将必然导致扩张和社会隔离的恶化。诚然，城镇景观建造的规范最少，但这些源于一种已经消失了的建筑环境的共同的不言而喻的理解；杜安尼坚称，现在美国需要"正式的"规范（Duany & Plater，1991：96—103）。传统的分区方式隔离了功能，限制了密度，并在很大程度上忽略了建筑形态，对此杜安尼和普拉特提出了具体的规范,要求实现混合用途,控制密度,确保朝向街道方向,并制定维护建筑群和谐的具体建筑指导。著名的是,海滨规范要求有门廊,并有建筑材料和模块的规定。这些规范是为了保障长期可步行环境,使建筑物、人行道以及街道和谐共处。

　　该法案出于社会目的,至少较为符合20世纪70年代由保罗·戴维多夫和其他地产规划者发起的反"势力分区制"的运动。该运动提出要将整个郊区管辖范围内的大块土地的功能和大型房屋分开(Davidoff, Davidoff & Gold, 1970)。然而,对于杜安尼和普拉特来说,城市规划的审美性不应和资产规划的社会性分而论之。杜安尼近期还带头强调了一种未来趋势的存在,即许多大都市的城市景观规划会越来越具有"趋同性",而这一趋势将通过"趋同"的分区规划进一步加剧。为了阻止这种势头,他提出了一种他称之为"横断面"的概念,即从市区到郊区取大都市地区的横截面。从高楼林立的市中心走到接近农村的地区应该实施不同的法规,每一种法规都要尽量维持其实施地区应有的形态和密度(Duany & Talen, 2002)。

　　第三,新城市主义进一步推动了交通规划的发展,尤其是卡尔索普提出的"公共交通导向发展模式"。其实,交通规划者们早在新城市主义之前就赞成这种公交导向的模式,但是通常只视其为一种维持整个地区市中心交通的策略(Cervero, 1984)。但是,因为他们侧重于把上班族和购物者吸引到市中心地区,他们因此对新城市主义的主旨,即利用公交导向在都市范围内每个公交停车站附近开辟步行区并未表现出应有的兴趣。1958年的一篇关于1956年的《州际高速公路条例》的文章反响巨大。在该文章中,芒福德提出告诫,反对任何政府出台政策,过分依赖汽车。他还尖锐地提出一个问题:"交通究竟为什么而存在?"

80

（Mumford，1963）新城市主义全面地回答了他的问题，同时还呈现了和谐交通系统给整个区域带来的美好愿景。

最后，新城市主义，尽管它有个知名度更高的名字叫"新城郊主义"，但是它在大城市市中心的"城市化"回潮中充当了重要的角色，指引了美国HOPE Ⅵ联邦住房建设复兴计划，废除失败的高层（底层）低收入者公共住房计划，以建设混合收入居住社区的计划取而代之。简·雅各布斯把这些失败的住房计划作为自己的研究主题，但是很少提到取代它们的方法。1996年，住房和城市发展部部长亨利·西斯内罗斯不但打算拨款拆除130个失败的计划所涉及的6万个住房单位，还请求新城市主义协会为他们的替代方案起草设计指南（Weiss，2000）。

这次的设计内容和方案主要是彼得·卡尔索普提出的，他计划取代"亨利·霍纳之屋"，在全国推广他的理念。他提议恢复以前贯穿各城市街区的棋盘式街道布局，而不是已拆除的高层建筑区域的空着的车辆禁行区。这些对城市景观布局设计的新思考，从时间上讲要早于新城市主义，源于20世纪70年代奥斯卡·纽曼的思想，并且在20世纪80年代早期就被一些波士顿的设计事务所，比如古蒂、克兰西、赖因·弗伦奇曼所采用（Vale，2002）。在20世纪90年代早期，匹兹堡市城市规划协会的会长雷·金德罗兹就在其弗吉尼亚州诺福克市的狄格思镇低层房屋复兴计划中表示，通过设计传统前院和私家房门入口，使公共住房适应新的街道布局，也意味着人们又可以拥有属于自己的前院，在里面欣赏周围的景色，新的住房计划中这些年久失修的公共领土将得到改观（Bothwell，Gindroz & Lang，1998）。对于取代亨利·霍纳的维斯特哈芬社区，卡尔索普把它们和那些以小门廊、私家入口、小前院为特色的联排式住宅街头景观放到一起，这些景观构成了周边社区的基本特征(Calthorpe & Fulton, 2001: 243—270)。

但是,隐藏在这些传统外观之后的社会融合现象可和传统没一点关系, HOPE VI住房计划旨在实现三分之一房屋按市场运作区分所有权,三分之一房屋按市场运作进行房屋出租,还有三分之一房屋以补贴租金形式安置旧计划中涉及的家庭。HOPE VI住房计划中其他部分内容包括引进中档的公寓房,以低收入住房的房屋税进行补贴,暂时忽略房屋的所有权问题。在非营利的福利社或经营性的开发商的开发下,这些住宅将变成自由市场的非常有力的竞争对手,因为它们具有日托中心、保健诊所和社区活动室,这些也成为它们的显著特色。让不同收入的人居住在同一社区,保障了足够的房客能带来足够的租金对这一社区进行治理,以谋求新的发展。

然而, HOPE VI住房计划在公众中和学术界都引起了争议(Popkin et al., 2004)。因为这种按计划地混合不同收入人群的方案,很少能为已拆除的低租金的住房单位提供对应的替代品。出于对HOPE VI实施和发展的考虑,就需要在之前计划中所涉及的低租金住户中进行仔细筛选,那些落选的可以拿着住房和城市发展部第八区提供的凭证在市场找房子。而就是这一点引起了一些学者的不同意见。他们认为, HOPE VI之所以成功更多在于它强制搬迁了最贫穷的问题家庭,而没有给设计和收入混合带来任何积极影响。在其为不同收入的租户提供较好的居住环境方面没有什么争议,这一优势也鼓励了周围社区的重建。虽然两个优秀的案例——托尔蒂·加拉斯设计的位于南费城被称 82 为马丁·路德·金广场的砖制联排住宅计划(托尔蒂·加拉斯事务所, 1998)和丹·所罗门设计的位于西雅图的木制框架的西北向弯曲的奥赛罗车站/纽霍利(Solomon E.T.C., 2005)——反映了非常不同的区域类型学，但是，这两座建筑的杰出之处都在于它们是真正意义的社区设计，让经济适用房为这个区域做出了积极的贡献。

这么多的平民区的重建提醒人们，新城市主义成功经受了城市危机的考验，也是这场危机促使新城市主义的先锋采取行动，而这场运动如今的背景与对"城市整体分解"产生威胁的时期的背景完全不同了（Fishman，2008）。当新城市主义的章程在1996年呼吁"重建已有的市中心和城镇"时，这个城市复兴的最简单的愿望当时看起来却好像理想得不切合实际。相比而言，章程中的其他的主要目标，如"将无规则、无计划扩张的郊区重建成真正的社区和多样化的街区"，在当时那种貌似要持续很久的城市危机背景下，看起来似乎更切合实际。

今天，新城市主义意外地发现他们必须面对和"旧都市主义"的激烈竞争，即与重建过程中的现存中心城市社区的竞争，现存的社区拥有运输路线的支持，靠近能提供高薪工作的生机勃勃的闹市区，有着条件很好的学校，人们能享受各种公共安全设施和其他服务。毫不奇怪，这些社区吸引了众多的年轻人，产生了对更多未开发区域的新城市主义规划项目的需求。同时，美国的郊区一般都强烈抵制新城市规划项目沿线的重组。虽然在一些城市步行街区规划也获得了成功，但周边区域的开发商们看起来还是深受雅各布斯的分散观点的影响。在近几年经济泡沫期，大批资金错误地分配给那些盲目追求暴利的项目上，不可避免地造成在依赖汽车的区域的便宜土地上的盲目扩张性发展，例如拉斯维加斯、菲尼克斯、加州中部，在这些地区管制的力度缺乏，人口过度分散。

随着长期的住房需求从城市边缘向中心转移（美国环境保护局，2010），已建成的杂乱无序扩展的小块土地必将阻碍新城市主义者的项目所需的缓慢而困难的发展过程。维托尔德—雷布金斯基在《最后的收获》(2007)中介绍了其引人注目的调查,一个开发者试图在宾夕法尼亚州切斯特县一个周边绿地场所建一个新城市主义社区,这在繁荣时期的现在,也许比雷布金斯基(当然还有开发商)当初所预期的看起来更多的是警示。这本书详细介绍了阿卡迪亚土地公司在开发"新戴尔维尔"作为一个新城市主义社区时所面临的无尽失望和延期。这本书的结尾就像繁荣崩溃,新戴尔维尔仍然是一个孤零零的碎片,很像它当初想取代的那种独自依靠的杂乱的无计划扩张 (Inskeep, 2008)。

　　因此,如果我们能够期望在绿地场所相对不充分发展的新城市主义社区,那么这一运动将很可能在郊区以两种非常不同的规模最有效地运作:区域规划和艾伦·邓纳姆—琼斯及琼·威廉姆森(2011)所称的"改造郊区"。区域规划不仅体现大愿景和新城市主义的野心,也有令人印象深刻的经济和生态技能,最大的新城市主义设计公司已经掌握从数据采集到地质和生态制图,再到计算机辅助的整个地区未来的可视化形象。这些区域规划模型保持了卡尔索普对波特兰的LUTRAQ规划,以及对盐湖城的后续工作,"犹他愿景"(1999),还有他的"南加利福尼亚指南针蓝图",其涉及6个县、184个城市,超过1700万人(南加利福尼亚政府协会,2005)。杜安尼和普拉特的"迈阿密21"对于一个大城市根据基于形状的代码模式重新解释其区划代码是重要的(迈阿密市,2010)。在所有这些方面,新城市主义者可能比一百个孤立的新戴尔维尔对区域发展产生更深远的影响。

　　相反,郊区的改造,指的是小规模、高度集中的尝试,以给一个现有的、以非常不同的原则建立的郊区构造场所带来可步行性和混合使用。理论上,这种改造抓住和完成区域的主动性,比如穆勒和波利佐伊迪斯的德尔玛中转村,它在洛杉矶新黄金轻轨线建立一个帕萨迪纳中转站,

83

创建了一个步行中心（Moule & Polyzoides，2003）。在马里兰州贝塞斯达，规划者们努力工作，以改变华盛顿特区地铁的怀特—弗林特车站周围未被充分利用的地区，使之变成一个紧凑的中转村，同时把阻碍附近交通动脉的罗克韦尔派克转变成一个多用途的适合步行的林荫大道（Spivack，2009）。每个复活的旧有电车郊区"一环"的轻轨线，都代表着沿线多个郊区改造的可能性。

其他的改造是更纯粹的机会，比如用一个可能成长为一个切实可行的城镇中心的混合用途发展，更换一个废弃的或垂死的商场（其供应在未来几年应是充足的），这些模型是杜安尼和普拉特—泽波克公司的马什皮康芒斯项目，被设计出来用一个新城市主义社区代替科德角的一个垂死商场（Duany & Plater，1991：74—76；Dunham-Jones & Williamson，2011：95—107）。住房要素已经缓慢地实现，但他们的步行镇中心是足以令人信服的最好的新英格兰乡村中心的再体现，蓬勃发展并激励成百上千以行人为导向的"生活方式中心"。甚至在最杂乱无计划扩张的到处是死胡同的小块土地，也有可能把四分五裂的死胡同连接成为一个城郊机动车禁行住宅区，从而创造一个适合步行的环境，尤其是孩子们能够步行到达小学，到公园或当地零售商店而无须穿过繁忙的街道或主干道（Duany，Plater & Alminana，2003：78）。相比于1996年新城市主义协会的纲领所表达的基本城郊重构的更大希望，这些改造必然是温和的，总的来说，他们的影响会很大。

新城市主义，像所有美国改革运动一样，具有在成功和失望边缘的功能。新城市主义有可能在组织领域是最成功和持久的。它的创始人已经建立了一个跨学科技能和思想的城市设计企业网络，对奥姆斯特德、诺伦和巴塞洛缪公司的真正接班人是如此负责，以至于是20世纪早期美国城市主义最好的人。像那些公司，当从附近地区汇集了规划、城市设计、景观建筑时，新城市主义运营在今天最成功。此外，现在由密尔沃基的前任市长约翰·诺奎斯特领导的新城市主义协会仍然是一个独特的"公共广场"，全方位负责我们的建成环境的实施者都可以平起平坐。相比之下，新城市主义虽然由建筑师建立，多数已被作为一种风格抵制，尤其是学校的建筑。新传统设计在普通大众中仍有声望，但克里尔、杜安尼和普拉特希望它将取代现代主义，因为我们当代的确定风格已经令人失望。

　　最后，新城市主义作为规划思想运动面临来自它面对的建筑的相反挑战。新城市主义已经与主流规划理论纠缠在一起，运动预示着在规划者中失去身份的威胁。新城市主义的核心思想已被吸收在标题为"精明增长"、"基于形状的代码"和"可持续的城市化"之中，被最近的住房和城市发展部和财政部的报告指出不过是"宜居社区"（美国运输部，2009）。特别是在郊区边缘的规划"实践"，仍需从根本上改变；排外的分区、强制的扩张、补贴的汽车用途仍然是规则。总体上还很少有房地产开发接受新城市主义几乎三十年前就开始推进的新范式。新城市主义从而陷入一种奇怪的二重性。在规划理论中，新城市主义几乎实现或许是任何思想运动的最高荣誉：成为过剩的。不过，作为一个大都市规模行动的指引，新城市主义的工作才刚刚开始。

85

参考文献

Abbott, C. 2000. The Capital of Good Planning: Metropolitan Portland since 1970. In *The American Planning Tradition: Culture and Policy*, ed. R. Fishman, 241–262. Baltimore, MD: Johns Hopkins University Press.

Ben-Joseph, E. 2005. *The Code of the City: Standards and the Hidden Language of Place Making*. Cambridge, MA: MIT Press.

Bothwell, S., R. Gindroz, and R. Lang. 1998. Restoring Community through Traditional Neighborhood Design: A Case Study of Diggs Town Public Housing. *Housing Policy Debate* 9 (1): 89–114.

Brain, D. 2005. From Good Neighborhoods to Sustainable Cities: Social Science and the Social Agenda of New Urbanism. *International Regional Science Review* 28 (2): 217–227.

Calthorpe, P. 1986. The Urban Context. In Van der Ryn and Calthorpe, *Sustainable Communities,* 1–33.

Calthorpe, P. 1993. *The Next American Metropolis: Ecology, Communities, and the American Dream.* New York: Princeton Architectural Press.

Calthorpe, P. 2005. New Urbanism: Principles or Style? In *New Urbanism: Peter Calthorpe vs. Lars Lerup,* ed. Robert Fishman, 16–39. Michigan Debates on Urbanism. Vol. 2. Ann Arbor: Taubman College of Architecture and Urban Planning, University of Michigan.

Calthorpe Associates. 1999. Stapleton. http://www.calthorpe.com/stapleton.

Calthorpe, P., and Mack, M. 1988. Pedestrian Pockets: New Strategies for Suburban Growth. *Northern California Real Estate Journal,* February 1, 1.

Calthorpe, P., and W. Fulton. 2001. *The Regional City.* Washington, DC: Island Press.

Cervero, R. 1984. Journal Report: Light Rail Transit and Urban Development. *Journal of the American Planning Association* 50 (2): 133–147.

City of Miami. 2010. Miami 21. http://www.miami21.org.

Congress for the New Urbanism. 1996. Charter of the New Urbanism. http://www.cnu.org/charter.

Creese, W., ed. 1967. *The Legacy of Raymond Unwin: A Human Pattern for Planning.* Cambridge, MA: MIT Press.

Davidoff, P., L. Davidoff, and N. Gold. 1970. Suburban Action: Advocate Planning for an Open Society. *Journal of the American Planning Association* 36 (1): 12–21.

Duany, A., and E. Plater-Zyberk, eds. 1991. *Towns and Town-making Principles.* New York: Rizzoli.

Duany, A., E. Plater-Zyberk, and R. Alminana. 2003. *The New Civic Art: Elements of Town Planning.* New York: Rizzoli.

Duany, A., E. Plater-Zyberk, and J. Speck. 2000. *Suburban Nation: The Rise of Sprawl and the Decline of the American Dream.* New York: North Point Press.

Duany, A., and E. Talen. 2002. Transect Planning. *Journal of the American Planning Association* 68:245–255.

Dunham-Jones, E., and J. Williamson. 2011. *Retrofitting Suburbia: Urban Design Solutions for Redesigning Suburbs.* Hoboken, NJ: Wiley.

86

Economakis, R., ed. 1992. *Leon Krier: Architecture and Urban Design, 1967–1992*. New York: St. Martin's Press.

Farr, D. 2008. *Sustainable Urbanism: Urban Design with Nature*. Hoboken, NJ: Wiley.

Fishman, R. 1977. *Urban Utopias in the Twentieth Century: Ebenezer Howard, Frank Lloyd Wright, and Le Corbusier*. New York: Basic Books.

Fishman, R. 1990. America's New City. *Wilson Quarterly* 14 (1): 24–55.

Fishman, R. 2008. New Urbanism in the Age of Re-Urbanism. In *New Urbanism and Beyond: Designing Cities for the Future*, ed. Tigran Haas. New York: Rizzoli.

Forsyth, A. 2005. *Reforming Suburbia: The Planned Communities Irvine, Columbia, and the Woodlands*. Berkeley: University of California Press.

Halprin, L. 1972. *The Willamette Valley: Choices for the Future*. Salem, OR: Willamette Valley Environmental Protection and Development Council.

Howard, E. (1898) 1965. *Garden Cities of To-morrow*. Cambridge, MA: MIT Press. First published as *To-morrow: A Peaceful Path to Real Reform*.

Hughes, M. 1971. *The Letters of Lewis Mumford and Frederic J. Osborn*. New York: Praeger.

Inskeep, S. 2008.The Exurbs: Houses, Cornfields, and Empty Lots. National Public Radio (transcript), August 22. http://www.npr.org/templates/story/story.php?storyId=93842128.

Jacobs, J. (1961) 1993. *The Death and Life of Great American Cities*. New York: Modern Library.

Kelbaugh, D. 1997. *Common Place: Toward Neighborhood and Regional Design*. Seattle: University of Washington Press.

Kelbaugh, D., ed. 1989. *The Pedestrian Pocket Book: A New Suburban Design Strategy*. New York: Princeton Architectural Press.

Krieger, A. 1991. Since (and before) Seaside, in Duany and Plater-Zyberk, *Towns and Town-making Principles*, 9–16.

Krier, L. 1991. Afterword to Duany and Plater-Zyberk, *Towns and Town-making Principles*, 117–119.

Lewis, Roger K. 1993, "New Urbanism" Congress Crusades for a Change. *Washington Post*, October 16, F4.

Leinberger, Christopher B. 2008. *The Option of Urbanism: Investing in a New American Dream*. Washington, DC: Island Press.

Local Government Commission. 2008. Original Ahwahnee Principles. http://www.lgc.org/ahwahnee/principles.html.

Mohney, D., and K. Easterling, eds. 1991. *Seaside: Making a Town in America*. New York: Princeton Architectural Press.

87

Moule & Polyzoides. 2003. Del Mar Station. http://www.mparchitects.com/projects/del_mar/index.html.

Mumford, L. 1963. *The Highway and the City.* New York: Harcourt. Title essay first published 1958 in *Architectural Record.*

Mumford, L. 1968a. Home Remedies for Urban Cancer. In *The Urban Prospect.* New York: Harcourt. First published 1962 as "Mother Jacobs' Home Remedies for Urban Cancer."

Mumford, L. 1968b. *The Urban Prospect.* New York: Harcourt.

Popkin, S., B. Katz, M. Cunningham, K. Brown, J. Gustafson, and M. Turner. 2004. *A Decade of HOPE VI: Research Findings and Policy Challenges.* Washington, DC: Urban Institute and Brookings Institution.

Prowler, D. 1989. Building with the Sun: An Architect Looks Back on the Rise and Fall of the Solar Movement and Reflects on Its Repercussions. *Metropolis* 8 (9): 74ff.

Redmon, K. 2010. The Man Who Reinvented the City: An Interview with Andres Duany. *Atlantic: Future of the City,* May 18. http://www.theatlantic.com/special-report/the-future-of-the-city/archive/2010/05/the-man-who-reinvented-the-city/56853.

Rossi, A. 1982. *The Architecture of the City,* trans. D. Ghirado and J. Ockman. Cambridge, MA: MIT Press.

Rybczynski, W. 2007. *Last Harvest: How a Cornfield Became New Daleville.* New York: Scribner.

Schaffer, D. 1982. *Garden Cities for America: The Radburn Experience.* Philadelphia: Temple University Press.

Scully, V. 1991. Seaside and New Haven. In *Towns and Town-making Principles,* ed. A. Duany and E. Plater-Zyberk, 17–20. New York: Rizzoli.

Solomon, D. 2003. *Global City Blues.* Washington, DC: Island Press.

Solomon E. T. C. 2005. Othello Station, Seattle, WA. http://www.wrtdesign.com/projects/detail/Holly-Park-Othello-Station/8.

Southern California Association of Governments. 2005. Southern California Compass Blueprint. www.Compassblueprint.org.

Spivack, M. 2009. High-Rise Hopes along Rockville Pike. *Washington Post,* March 19, B1.

Stern, R., and Massengale, J. 1981. The Anglo-American Suburb. *Architectural Design* 51 (10–11).

Swenarton, M. 2008. *Building the New Jerusalem: Architecture, Housing, and Politics 1900–1930.* Bracknell, UK: IHS BRE Press.

Talen, E. 2005. *New Urbanism and American Planning: The Conflict of Cultures.* New York: Routledge.

Torti Gallas and Partners. 1998. King Plaza Neighborhood Revitalization. http://www.tortigallas.com/project.asp?p=50202.

U.S. Department of Transportation. 2009. HUD and DOT Partnership. March 18. http://www.dot.gov/affairs/dot3209.htm

U.S. Environmental Protection Agency. 2010. Residential Construction Trends in America's Metropolitan Regions. http://www.epa.gov/piedpage/pdf/metro_res_const_trends_10.pdf.

Unwin, R. (1909). 1994. *Town Planning in Practice: An Introduction to the Art of Designing Cities and Suburbs.* London: Unwin.

Vale, L. 2002. *Reclaiming Public Housing: A Half-Century of Struggle in Three Public Neighborhoods.* Cambridge, MA: Harvard University Press.

Van der Ryn, S., and P. Calthorpe, eds. 1986. *Sustainable Communities: A New Design Synthesis for Cities, Suburbs, and Towns.* San Francisco: Sierra Club Books.

Venturi, R. 1966. *Complexity and Contradiction in Architecture.* New York: Museum of Modern Art.

Venturi, R., D. Scott Brown, and S. Izenour. (1972) 1977. *Learning from Las Vegas: The Forgotten Symbolism of Architectural Form.* Cambridge, MA: MIT Press.

Weiss, M. 2000. Within Neighborhoods . . . an Authentic Community. In *The Charter of the New Urbanism,* ed. M. Leccese and K. McCormick, 89–96. New York: McGraw-Hill.

89

第四章

规划中的可持续性：一场运动的弧度和轨迹与21世纪城市的新方向

蒂莫西·比特利

一个强有力的理念及设想的演变

自2000年以来，可持续发展在全球逐渐得到极大的推崇，也成了规划领域中一个重要的新典范，备受瞩目，安德烈斯·爱德华兹在自己的新书中将其称为"可持续性革命"或"影响社会各方面的意识及世界观的普遍永久变革"（Edwards，2005：2）。他指出了可持续性革命与工业革命的相似处，包括社会各方面开始对可持续性表示支持，以及迅速增多的组织、利益群体和个人在分权模式下为可持续性工作。可持续性也被看作继信息时代之后的又一次创新浪潮，深刻地改变了再生能源、绿色化学及资源效率等方面的发展方向。

可论证的是，关于可持续发展的核心价值并没有特别的新理念：从长远角度看问题，考虑后代发展，谨慎认真分配资源，发展越界可能导致退化或生产率损失，利用生态价值（如：使用木材、鱼类及补充地下水等可再生资源)。比如,美洲原住民印第安人的文化和历史显示出可持续观念和生活方式(易洛魁人的七代规则[1]),就像之后的自然保护运动和国家公园运动。早期自然保护领导,如美国林务局首任局长吉福·潘绍认为,要治理森林和农作物收割,以确保生产的永久性。这也 91 是我们现在推崇的,但实践过少。这一视角高度以人类为中心,当然,也是它需要长期治理的资源的人类经济价值。正如一百多年前潘绍所言:"我们要保护发展活力,保护工商业原材料及资本和劳动力的雇佣;还是要浪费它们? 如果我们承担起国家福利事业委托人的责任,我们的子子孙孙将为我们祈祷祝福,否则,他们只能向我们细数自己所受的苦难。"(Pinchot, 1908:12)耗尽或浪费自然资源是错误又愚蠢的,许多同时期的自然保护和环境保护措施,都在某一方面影响着环境保护道德伦理。我们对可持续资源治理的理解更为细致,进而,我们意识到要更多关注森林而不是乔木作物,保护生物多样性和木材,并重新审视休养、可视域及其他重要价值。

可持续性主要指的是合理使用各类自然资源——森林、渔业、生产性土地。可持续性发展是众多长期传统活动的改性剂或附属,但方式不同:可持续性渔业治理、可持续性林业及可持续性农业。可持续发展的实际意义可能是最为清晰的:提取或收割的数量要可以保证资源的永久性。尽管可持续性发展的概念相对较新,是随着早期自然资源治理观念更为广泛地应用于国际及经济发展方面而出现的,但这些早期的观念仍代表着其最初的定义并一直持续到现在。

1972年《美国海洋哺乳动物保护法》等立法涵盖了这些观念,寻

1　"六国"人,通常称为易洛魁人,他们信奉每个决策都应考虑且尊重后七代人利益的规则。

求可选的可持续种群，且国际自然保护联盟（IUCN）在《世界自然保护大纲》中提出了"可持续使用"的概念，并将其定义为"类似于花掉利润保留资本。坚持对资源进行可持续性利用，确保社会可以从这些原本无限的资源中获益"（IUCN，1980：9）。这些基本的资源保护价值观仍具有重要性，但20世纪70年代以来，价值观逐渐成熟，从更为广泛的视角看待资源环境，认为森林是一个复杂的生态系统，因此需要通过治理来保护其支持的更大的利益和价值，包括休养和生物多样性保护（Lindenmayer & Franklin，2002）。

后期的可持续观念也意识到，人类行为对生态系统影响的广度和深度要远甚于早期自然资源保护论者所理解的。20世纪70年代早期盛行的可持续性学识和观点为大众文化引入了界限的概念，并指出过度的资源使用、消耗或人口增长将导致生态系统的崩溃，这一概念是建立在生物学家和生态学家的洞察和研究之上的。多内拉·梅多斯及其他协同作者在《增长的极限》（1974）中，提到生态系统是可能有极限的，或者说，大范围内的全球生态系统对地球上如此巨大的人类压力的吸收和调节能力是有极限的。通过这些实验性研究，梅多斯及其同事协助将生物学及生态学的观点应用于更大的社会经济系统中（Meadows，1974；Meadows，Randers & Meadows，1993，2004）。人类行为可能引起全球资源崩溃的观点相对较新，得到了保罗·埃利希等同时期作家的赞成，尤其是在《人口爆炸》（1968）中，尽管具体的预测仍有争议，但专注于极限和临界值，在极限内生存和设计（无论是规划集水区、地下水蓄水层或全球渔业及食品供应，还有急需的变革），对规划师来讲都仍是很重要的心理框架。

关于可持续价值观的重要国际会议及宣传活动包括：1972年人类

环境联合国会议（斯德哥尔摩会议）、环境与发展世界委员会（所谓的布伦特兰委员会，即以挪威前总理布伦特兰命名）、1992 年地球高峰会，以及 2002 年在约翰内斯堡举行的世界可持续峰会。布伦特兰委员会及其 1987 年发表的报告《我们共同的未来》，是极具影响力的，并产生了普遍接受的定义：在不损害后代满足其自身需求的能力的基础上，满足现代需求（1987 年 8 月环境与发展世界委员会）。但这一定义较为模糊，涵盖了未来深层次上的道德重建，过去几十年里，这一定义有时只是一个标语或口号。

93

不可否认，自然资源保护运动前期形势较好，世界发生了很大的改变。现在我们面临的环境问题比以往都更为严峻，我们对环境问题的了解也更为透彻。全球气候变暖、生物多样性受损、全球渔业崩溃、热带雨林不断消失，以及重要生态类型总体下滑，都显示出现今环境问题的严重性。然而，重要的是，要意识到可持续性作为一种概念和实践存在于政治环境中，且尽管规划领域中的大部分人认识到了可持续性的重要性，这一观点仍不够普遍。虽然大部分人同意我们需要解决全球变暖等问题，但也存在着许多分歧，甚至是在可持续性的科学性和现实性上，此外，基于意识形态基础对可持续措施和政策的反对也较为普遍。

尽管存在着诸多争议和分歧，可持续性发展的出现仍为我们理解资源配置和规划政策提供了重要的新视角。现在的可持续发展是怎样的呢？这一概念有了怎样的演变呢？总体而言，在生物学和生态学对极限的科学理解的指导下，可持续发展最初是为了理解和缓和不可再生资源（森林、渔业、土地）的使用和开发，但随着演化，21 世纪这一概念包含了更为丰富的内容。今天，可持续性不仅限于生态领域，还包含了城市和建筑环境；并且正以前所未有的方式向文化和意识领域渗透。越来越多的底层公民开始参与可持续活动，可持续性不再限于国家和联邦办公室中的专家。我们社会和文化的语言发生了变化。

从可持续发展到可持续城市

在过去的很长时间里，可持续发展都未曾涉及城市领域（仅限于非建筑环境）。20世纪60年代以来，"可持续社区"和"可持续城市"两个短语才出现在可持续性的词典里。布伦特兰委员会1987年的报告《我们共同的未来》中，有一章节是关于城市的，尤其强调了发展中世界面临的城市问题。该报告中很少出现可持续城市或生态城市等短语，但大量讨论了解决发展中国家城市中贫困和住房不足等问题的必要性，问题仍很突出。

可持续发展对社区和城市更为核心作用的关注，源于20世纪60年代和70年代初的激进主义和不断提高的环境意识。欧内斯特·卡伦巴赫在其1975年出版的预测性很强的小说《生态乌托邦》中，预测了许多我们现在仍在努力充实并实践的生活和规划可持续观点：人们生活在综合紧凑且没有汽车的"迷你城市"，磁悬浮列车在其中飞驰，城市内部及周边重建了许多绿色天然的区域，重新认真思考物质产品和消费方式，总体上生活富足而消耗减少（Callenbach, 1975）。尽管小说的前提——西北部的发展从美国脱离出来——是很牵强的，但许多观点、技术和生态生活的新模式都在某个地方得以实现。对生物区的关注仍是重新联结人类和文化自然，以及组织政策和在更有意义的自然单元周边进行居民点规划的强有力推动力。

在可持续发展系统的建造过程中，我们可以看到早期思想家的痕迹,他们将城市看作一个生态系统。理查德·雷吉斯特是生态城的主要建议者,《生态城伯克利》(首次出版于1987年)为设想未来可持续城市奠定了基础。雷吉斯特及其他一些人呼吁建造生态城,并将城市视为生态系统。在他的激励下,美国克利夫兰到澳大利亚阿德莱德等城市也出现了相似的生态组织和活动,他还组织了一系列年度国际生态会议。作为一名有天赋的艺术家,雷吉斯特成功地将生态城的设想从视觉上具体化。他表述的"整体社区"中,物流、自然及食品生产与其他生活结构融合于紧凑且适于步行的建筑形态中(屋顶上都装着太阳能板和小型风力涡轮机),这些都启发了之后的具体实践(Register, 1987, 2006)。卢瑟福·普拉特也写过关于生态城市的文章,并且大力提倡生态城市,这与雷吉斯特很像。普拉特在全国各地组织或协助组织了一系列公共论坛,以推动生态城市建设(Platt, Rowntree & Muick, 1994)。

　　意大利空想建筑师保罗·索莱里的思想也为早期的社区可持续性做出了贡献,1970年,他开始在亚利桑那州高地沙漠中建造"雅高山地"(Arcosanti)。为了展现索莱里口中的生态建筑(建筑加生态)的模板,雅高山地在有限的物理空间中建成了一个重要的紧凑步行社区,主要利用日光能源。雅高山地的建筑都有一个特别的顶部设计,圆形屋顶分为两半,可以捕捉到太阳,关键时刻能遮阳,形成了与环境和天空的开放式连接(Soleri, 2006)。与周边自然环境和谐共处,食物通过温室、菜园、果园等自给自足,与当地深度连接(包括印第安人在当地定居的历史),雅高山地的功能远远超出了其地理空间的限制。这一模式仍有其他教育意义:最近的一次参观中,我惊讶地发现,索莱里在垂直结构上将有角度的座椅与屋顶相结合,方便人们观看夜空(图4.1)。

95

图 4.1：雅高山地（蒂莫西·比特利摄）

这种可持续城市语言和思想首次应用于主流城市规划的是西雅图 1994 年的综合规划。规划的小标题是"迈向可持续西雅图"，主要围绕三个价值组织：环境保护、社会公平及经济机会和安全，这是可持续发展试金石三个 E——环境（environment）、经济（economics）、公平（equity）——的早期体现，不再单一地专注于环境，还考虑到自然资源和社会机会分配的公平性（"可持续为了谁"），以及经济在其中所发挥的作用，这是西雅图规划的一大优势。加里·劳伦斯是当时西雅图规划负责人，他指导了整个规划，现在是艾奕康科技公司（Aecom）可持续性的主管。该规划力图掌控区域人口增长，将其转变为一种创新的都市村庄网（和等级），要体现可持续地区所应具有的特质：交通便捷、功能及活动齐全、以行人为本。

96

近期的城市及建筑

世界各地许多城市现在已经制定了全面的绿色规划或可持续规划，而近来规划的广度和深度着实让人惊叹。比如哥本哈根近年来宣称要建成"生态大都市"，并制定了宏大的目标（如：到 2015 年 50% 的通勤行程由自行车完成；哥本哈根市，2007）。伦敦及其他许多城市已制定出宏大的能源和气候改变战略。在美国，几乎所有主要城市都已经或正在制定绿色规划和可持续规划，有的城市间还形成良性竞争，看谁是最绿色的，比如芝加哥和纽约。市长们越来越支持可持续城市建设，这表明政治及公众支持在不断增多。纽约的"规划纽约 2030"虽然几经波折（包括有州立法反对收堵车费），但为（更加）可持续的未来制订了宏伟的计划，描绘了魅力愿景（纽约市，2008）。2009 年 2 月，美国 900 多个城市在《市长气候保护协议》上签字，表明可持续城市越来越受到公众和政治方面的支持。

前几十年里，就已经出现支持城市形态和规划对减少环境破坏和资源消耗的意义的新研究和观点（Newman & Kenworthy，1999）。现在许多规划师都赞成投资公共交通的重要性（更节约能源），以及步行和自行车的城市生活环境对环境的益处（Beatley，2000；Girardet，2008；Newman & Jennings，2008）。因此，可持续自然而然融合到城市方面，不仅因为建筑环境的影响在不断增加，而且因为城市设计规划和都市生活方式将可以创造可持续生活（图 4.2）。

可持续城市以及绿色都市主义观点，成了诸多可持续目标和愿望变为实际的物理和社会成果的强有力典范。现在的发展方向是，认识到我们需要更为全面的都市战略，可持续城市的最佳范例，从德国弗赖

97

图4.2：哥本哈根的自行车（蒂莫西·比特利摄）

堡到巴西库里蒂巴，都是采用了全面整体方法的城市。这些城市的领导意识到有许多事情急需完成——制定紧凑都市形态、可持续交通、能源效率及绿色建筑、回收和零废弃物技术等，还要明白各个政策及规划部门对其他部门的推动和强化作用。此外，这些城市中都盛行绿色治理这样一种新文化，城市自身的治理从采办政策到建设什么样的城市或打算建什么样的城市，再到建筑、公园及街道的治理，都力求减少对社会其他方面的影响，并为其他方面树立典范和基准。旧金山正式采用了预防原则[2]，将其视为可持续应有的具体表现，原则体现了旧金山对公园及设施的治理办法（避免使用杀虫剂和除草剂），对可再生能源

2　预防原则认为，决策和计划的实行如果可能引起重大的环境伤害或损坏，有责任采取预防措施，并全面总结出效果相同而不会伤害环境的可替代性方案。

和绿色建筑、可持续交通（如城市汽车共享）以及实现循环利用的竭力支持。从西雅图到墨尔本再到海牙，许多城市已经采取了某种形式的可持续指标或"绿色账户"，来评估其可持续措施的实施情况，衡量目标的实现进展。

可持续运动是建立在其他社会政策传统之上的，并从中得到支持，尤其是公共健康政策及建造健康城市的目标，健康城市在卫生设备改革时期出现，致力于创造更健康的都市生活条件。对久坐生活方式及肥胖率增加的关注，反映出这一协同作用。规划师发现公共健康社区非常支持建造紧凑步行社区，让人们摒弃汽车。健康行为相关的研究成果同样支持可持续社区，因为这可以促进社会互动，扩展朋友网。

设计健康的房屋和建筑与设计节约能源和资源建筑有着一致的目标（如结构有充足的日光和自然通风），实际上，绿色建筑就是其中的成功案例。尽管我们自认为是绿色设计和绿色建筑的原则和措施已经出现很久了（如：设计预空调结构以利用烟囱效应和自然通风），对绿色建筑明确而有组织的关注则相对较新。1989 年成立的 AIA 环境委员会、1992 年国家首个地方绿色建筑计划——奥斯丁得克萨斯绿星评级系统，都是里程碑式进展。毫无疑问，近来公众对绿色建筑的关注以及政府对绿色建筑的支持显著增加，正如对美国绿色建筑委员会项目"能源和环境设计领导力"（LEED）证明的关注。LEED 认证在 2000 年才开始，目前已认证的建筑在 2 200 个以上，每年还在增加。美国老城市建筑委员会自 2000 年以来会员数量翻了两倍，每年的绿色建筑会议的规模都大幅度增加。随着对绿色建筑及可持续性的关注，出现了新的公共机构组织和私人机构组织，以及新的治理和规划要求。

许多城市已经设立了体现可持续性的办事处或机构。通常这些机

99

构是在市长办公室内，奥克兰可持续办事处就是如此。纽约是最早将可持续措施和观点在治理结构中实施的城市之一，1997年成立了可持续设计办公室，隶属于市设计建造部。该办公室有助于纽约市创新性"高性能设计指南"的制定，以及绿色建筑计划的实施。漫步在巴特里公园，不可否认，2003年完成的针对公寓大厦潜在购买者和租住者（如苏拉尔）制订的绿色计划和绿色呼吁，成了美国第一座绿色居民办公大厦，融合了诸多显著的绿色特色（图4.3）。

扩大可持续设计和发展的影响

在炮台公园等地，人们担心可持续计划更多的是为了出售和促销，而并非实践。这一点确实让人担心，可能是这一运动不可避免的副产品，因为在运动早期，对于绿色建筑或其他环保领域应包含的内容还少有专业一致性或标准（虽然美国绿色建筑委员会制定了LEED标准）。也有人担心，可持续性和绿色都市主义只是富足和富有领域才能实行。炮台公园内的公寓大厦可能相比曼哈顿其他地区的更便宜一些，但仍是有一定经济和社会地位的人才能购买。人们怀疑绿色理念和技术可能无法用来改善穷人和不那么富有的人的生活状况，这一怀疑是可以理解的。出现这一担忧可能是因为早期环保设计理念大多在富有的飞地（如佛罗里达州萨尼贝尔等沿海社区）和更富裕的自由（通常是大学）社区（如科罗拉多的博尔德及佛蒙特州的伯灵顿等）实现。然而，现在有很多绿色建筑和项目是居民能够支付的，提高了不够富裕地区的适于居住性。圣迭戈附近的苏拉尔自称是国家首个价格实惠的"全太阳能"住房计划，而圣塔莫尼卡的科罗拉多公寓将一些可持续特色融入单人间（SRO）建筑中（图4.4）。在芝加哥，建筑师赫尔穆特·雅恩设计了

图 4.3：纽约市的苏拉尔大厦（蒂莫西·比特利摄）　　101

图4.4：圣塔莫尼卡的科罗拉多公寓（蒂莫西·比特利摄）

一个LEED认证的SRO建筑和卡布里尼—绿色住房计划的重建，以及一些HUD的HOPE Ⅵ下的公共住房再建项目。项目采用了绿色技术，包括密尔沃基的绿色屋顶，以及波士顿麦弗里克花园的LEED认证的中高层住宅楼。

102

规划师及其他一些人越来越意识到可持续发展是改善权利最少、最弱势社区人们生活质量的途径，如果说需要降低住房和生活环境的碳排放，那么就是在这些社区内。科罗拉多公寓的能源基本自给自足，主要是结合了太阳能板和一个小型天然气供应的热电站，居民无须支付每月的水电费。许多人呼吁在可持续社区建造无车或限车住房，鉴于这项措施可能极大地降低生活成本，其前景较好。尽管苏拉尔有很多汽车，但这一太阳能设备位于商场附近，居民将使用所提供的特殊设计的可折叠购物车,鼓励居民购物时不使用汽车。

一个积极的转变是绿色都市的基础扩展到更多的黑人社区和公民权利被剥夺的社区和地区。在范·琼斯和马霍拉·卡特等都市领导的指导下,绿色都市计划已经发生了变化,从略微专业的理念转为意识到绿色屋顶、雨水花园及社区农场对推动就业和社区活力及复兴重要性的理念。将绿色设计理念应用到价格实惠住房体现了相似的变化:部分社会正义,部分实用主义。近年来,环境公正运动越来越多地专注于城市建设,且成果显著。卡特建立了可持续南布朗克斯组织,主要是为了找出绿色和社会公平相融合的途径,还实施了诸多绿色计划:培训居民进行都市绿化以促进当地就业,建造新公园和空地以改善生活环境质量(如南布朗克斯园林路),政治上限制威胁社区地基的土地使用决策(如加设新监狱及废物治理设备)。布朗克斯环境保护培训(BEST)计划展示了这一诉求,推动居民选择"绿领工作",包括都市园艺、绿色屋顶安装及棕地翻修工作等。这一设想有助于将绿色都市主义看成在南布朗克斯这样的面临经济挑战的城市,提供就业和增加经济机会的途径。

可持续南布朗克斯等组织的工作显示了人们对促进和推动社会可持续性(许多地区越来越重视)以及更为普遍的生态可持续性的更深关注。一些人哀叹这一更为宏大的可持续观念,但它显示出对第三个 E(或可持续范例中的第三个支柱)的重视:社会公平维度。社会可持续性基本包括促进社区多样性,各群体和部门协助措施,系统理解计划和措施的社会影响,克服经济和其他方面不公平,以及解决特殊群体的特殊需求,尤其是老幼群体和弱势群体。一些社区已经筹备了社会可持续计划或特殊程序,以便于考虑社会影响。例如,科罗拉

103

多州博尔德市在2007年制定了社会可持续性战略规划,明确了主要社会目标、战略和行动计划(博尔德市,2007)。具体提案包括建立评估城市规划提案的社会可持续性审查系统,重视低收入家庭儿童护理,增加老年人出行交通方式。

2008年出现的经济衰退以及北半球出现的高失业现象,引起了社会对公平的重新思考,并显示出可持续发展路上的新挑战。然而有趣的是,经济危机促进了个人和集体决议向可持续方向的转变——更多的人使用公共交通,更多的人将家视为长期居住地而非临时投资,某些物质商品的消耗减少,但这些变化的长期持久力尚未可知。在南半球,扶贫始终与可持续发展同等重要。在减少自然资源消耗的同时,还要改善非正式定居点内的就业和生活环境,保障食物、水源及医疗供应,这些地区的人口正在或将会急剧增长。

看待城市的新方法

亲生物城市

另一个挑战是我们应怎样设计、建造并保护城市,使其与自然相融合。越来越多的人指出,需要进行亲生物设计,建造亲生物城市,这是基于E. O. 威尔逊赋予亲生物这一概念的活力。他认为,我们与自然共同进化了数千年,需要与其有直接的联系(Wilson, 1984, 1993)。人们眼中可持续城市所必需的紧凑和密集有时加大了与自然融合的难度。然而,人类在主流城市绿色技术和技巧方面取得了显著的进步。绿色屋顶已经成了众多美国城市的首选。例如,芝加哥就已经宣布了显著成果,前市长戴利先生改进并支持绿色屋顶建设,有450多个绿色屋顶已经建成或正在建造。城市绿化理念有大有小:植树,将草坪改建成天

图4.5：巴黎的帕特里克·布兰克垂直花园（蒂莫西·比特利摄）　　105

然大草原,建造绿化带(如帕特里克·布兰克在巴黎及其他城市出色的设计;图4.5),建造雨水花园和生态沼泽,甚至建造城市日光系统(之前铺设的地下管道移至地面,沿着社区重新铺设)。

　　从某种程度上说,城市亲生物设计包含现有退化或忽略栖息地和环境的修复,如纽约牙买加湾洛杉矶河和休斯敦水牛河口的重建。虽然修复很难实行,但亲生物设计的支持者表示,自然与城市之间应该是没有冲突的,而且实际上,我们越来越意识到健康的城市生活需要在各个方面亲近自然。随着对城市自然化重要性(及可行性)意识的增强,人们开始重新思考自然和自然环境的确切含义。美国自然保护主义源于淳朴田园的自然神话,崇尚自然特色。我们越发意识到,在大部分美国人生活地区附近改变了的地貌和特色中,日常自然或共同自然中也是有固有价值的。我们需要保护这种特殊的自然敏感性,经验显示出这些较小的、视觉上不那么引人注目的自然片段的价值——心理的、社会的,甚至经济的。

　　环境保护运动在很长一段时间中是反城市的,这一偏好仍萦绕着城市规划。即使在今天,大多数关于环境和环境治理及政策的重要书籍都往往描述更为"自然的"背景作为整体形象,如优胜美地国家公园等公园,或淳朴的湿地和沿海沼泽,很少有关于人类的明确描述。随着106草根可持续组织的出现,这种情况发生了转变,这些组织包括可持续南布朗克斯、公地基金会等国家环保群体,现在主要专注于城市。贝特·米德勒的纽约恢复项目(保护小型社区花园运动的成果),是环保向城市方面转型的又一个案例。

　　随着时间的推移,规划师开始意识到,有更新、更有效的方法来维护公众和政府对符合城市生态原则的规划的支持,以及强调自然系统提供的重要（且自由）的生态服务有着特殊的意义。"绿色基础设施"及"生态基础设施"已经成为环保规划中的常见短语，在这种新的语言体系中，包括湿地、森林及河流系统。由于自然有着诸多实用益处和价值——净化空气，提供水源，改善水污染，吸收暴雨水，自然需要人类保护和修护的观点仍是一个强有力的概念性框架。实用主义的论点因此也越来越多地集中在经济价值方面，比如美国森林等组织已经制定了将森林覆盖率转化成衡量其生态功能价值的特殊经济模型（美国森林，2001）。

意识到自然和自然系统是工程和设计结构的长期可行且更为有效的替代性方案，也是这次变革的一部分。湿地对洪水的控制和保留作用，比工程设计的传统洪水控制措施更有效。

在很多具体的规划工具、技术和理念中可以看到这些有前景的趋势。环保式发展或小型分散式雨水治理技术，包括植树和安装绿色屋顶，还有建造雨水花园和生态沼泽地，采用渗水人行道技术等，是 20 世纪 80 年代出现的一系列重要可选措施和观点。这些适度的环保治理技巧显示出对城市基础设施一种极为特殊的思考方式，质疑了大规模措施、高度集中的管道和排水系统的价值和一致性。

这些新的分散式技术和技巧也推动了新的美感（并受其推动）。关于雨水的集中式工程学观点认为，雨水应该被抽走、隐藏、集中并运走，像对汽车和交通的主流观点——越快越好，效率和成果依据雨后每分钟的流量和余水量而定。这一观点发生了巨大转变。许多规划师、官员和普通大众现在都持全新观点：各种形式的水，包括暴雨水，都可能且应该被赞颂。水应该被人类看到，无须隐藏，应该成为社区的一部分。雨水花园成了一个重要的可视参考点，并且连接了集水区和环境，

107

这是工程设计没有的。

自然启发下的城市

城市被赋予的新的重要性主要是意识到了环境和资源消耗的最终来源，以及更具可持续性的未来的真正潜能所在。威廉·里斯及马蒂斯·瓦克纳格尔试图使生态足迹成为一个教育性典范，极大地改变了我们对城市问题的看法（Wackernagel & Rees, 1998）。现代生活方式与热带雨林减少、碳排放增加、利用不可再生资源生产食品和供暖等现象之间的联系越来越明显。生态足迹的观念和方法（里斯最初称其为生态足迹分析）大大改变了我们对城市的理解，城市依赖于广阔的腹地，侵入并占用远处地区和乡村的承载能力。至少对北半球的工业化城市来说，生态足迹的范围和规模都在扩张。例如，近来伦敦生态足迹的一项研究显示，支撑人口在800万的城市所需的土地面积接近城市本身面积的300倍。然而，这些数据也为改变提供了方向和指引。以伦敦为例，大部分生态足迹与远距离进口食品相关，这促进了对当地和区域内食品生产的推崇。

依据生态足迹的概念，应将城市视为一个有机整体，就如同人体，需要输入，也向外输出。过去几十年中，人类进一步尝试将自然运行的有机或天然模式，以及从天然模式中可能学到的东西，应用于建筑和城市设计。亚尼内·班娜斯具有开创性的书籍《仿生学》（1997）对此很有帮助，启发了建筑师威廉·麦克唐纳等人（McDonough & Braungart, 2002）。麦克唐纳以提倡"树一样的建筑，森林般的城市"的设计理念而著名（McDonough, 2002）。像树一样运作的城市是我们当代推崇的模式，我们设想的城市：碳平衡，能源平衡（如：按需生产电能，用电不超过现有太阳能存量），零废弃物，融合并推崇多样性（这样面对气候变化和世界的瞬息万变时，城市可以更富有弹力）。麦克唐纳及其同事力图建成基本像树一样运作的城市结构，尽管尚不完美。例如，欧柏林大学的环境研究建筑，其生产的能源多于需求，雨水的收集和治理都现场完成，采用水上太阳能"活机器"处理废水（将植物、水生生物及微生物置于紧密的立式罐内，用来处理和分解废水）。更大的挑战是将这一有机系统按比例放大，以投放到城市和区域内，也正是这一点拉近了可持续事业与城市规划的距离。

表4.1：基于仿生原理的城市设计

1. 变废弃物为资源
2. 使栖息地多样化并协力充分利用栖息地
3. 有效采集并利用能源
4. 最优化而并非最大化
5. 节约使用资源
6. 不破坏栖息地
7. 不耗尽资源
8. 保持与生物圈的平衡
9. 保持信息流通
10. 在当地购物

来源：班娜斯（1997）

毋庸置疑，在设计、政策和工程方面进行仿生实践并向自然学习，已越来越重要，想象在自然启发下我们未来的城市和都市环境的样子，一定很让人兴奋。建筑物和城市建筑环境已经体现出仿生迹象。仿生学最为明显的可能要数绿色建筑设计了，将自然中发现并检验过的天然原理和设计标准应用于城市规划有着越来越大的发展空间。表4.1显示了班娜斯归纳的十大自然设计策略。每个策略都可以应用于城市设计。哈拉雷办公综合体，也称为"东门"（Eastgate），是最早的仿生建筑范例之一。这一建筑由津巴布韦建筑师迈克尔·皮尔斯设计，灵感来自白蚁丘的构造，主要借鉴了白蚁维持温度和湿度的技巧。依据白蚁丘的构造，在东门的设计中，空气来自建筑底部，传送至地下以冷却，之后向上输出并流通于建筑中。还有其他的可持续城市设计和生活方式借鉴了自然现象，如日本新干线动车的设计，就模仿了翠鸟的嘴部（Bird，2008）。其他可能实现的还包括：用高效率太阳能光电板生产能源，以树叶为设计模型；模仿座头鲸脚蹼（表面层的突出部分可以大大提高效率）的表面力学来提高风力机叶片的效率；通过对昆虫的解剖研究，从湿空气中制取饮用水，昆虫在这方面很有天赋。班娜斯认为，忽视长达38亿年的自然界的研究和开发是说不通的，人类可以从自然界中汲取知识，用于自身需求。

　　城市在许多方面都与生物有机体相似——它们需要物质输入来维持生命，产生废弃物，有着复杂又互联的新陈代谢系统。然而，城市规划和都市治理政策往往意识不到这一复杂的新陈代谢机制。我们对输入输出和资源的处理是分散的而非整体的。要想实现可持续城市，我们需要转变思想，不再将城市视为直线式的资源提取器，而是将其视为有资源流动和循环的复合代谢系统。理想的情况是，那些传统意义上不受欢迎的废弃物，包括固体废弃物和废水等，被重新审视，成为满足其他都市需求（包括食物、能源及清洁水）的资源。可持续城市代谢机制需要同时实现几个目标：减少物质流和资源流的需求程度，从直线流转向循环流（闭循环），取用资源要尽可能公平合理，减少对生态环境的破坏。

城市的新陈代谢

　　了解城市所需资源流的本质和多少是第一步，而很少有城市或地区进行了这一步。大伦敦市政府委托了一项研究，为众多可持续规划和创新行为奠定了基础。2002 年完成的《城市极限：大伦敦市资源流及生态足迹分析》详细描述了这座 800 万人口城市的资源流及所需资源（大伦敦市政府，2002）。其中主要发现有：伦敦市民物质需求（包括原料和食物）接近 5000 万吨，产生废弃物 2600 万吨。大部分重要需求，如食物和能源，都取自不可再生资源。

大伦敦市政府已经制定了一系列宏大的区域战略性规划，力求解决这些不可持续的资源流，包括大幅减少二氧化碳排放及明确各种保护能源和利用可再生能源的能源战略（包括在伦敦 34 个区内均实现至少一个新型零能耗发展项目）。新的区域食物战略呼吁在当地生产加工食物（缩短供应链），且采用更可持续的方式。

尝试可持续物质流的新住房项目的最佳范例之一是 BedZED（贝丁顿零能耗发展项目），位于伦敦萨顿区。BedZED 体现了明确利用当地物质。这一创新性绿色项目表明，人类正在努力应对不可持续资源流并实现更可持续的循环式城市代谢机制。一半以上的物质取自半径 35 英里内区域。木材来自当地市政森林，砖由当地砖厂生产（图 4.6）。

111

在实践方面，大多城市都不及瑞典城市，尤其是斯德哥尔摩。该市各部门机构力图通过协作采用全面的物质流和资源流办法。斯德哥尔摩的新都市生态区哈姆滨湖城有力地显示了不同代谢系统对城市新型密集都市社区内的设计和建筑方法的影响。尝试从整体角度思考，全局性了解城市输入、输出、所需及所产的资源。这些资源流以及它们之间的内在联系，有利于节约能源。例如，哈姆滨湖城约有 1000 个公寓装有沼气炉，用社区废水制造沼气，此外，沼气也可用作公交车燃料（图 4.7）。

图4.6：伦敦 BedZED（蒂莫西·比特利摄）

新都市基础设施

　　要实现可持续城市，还需要重新定义传统的都市元素，尤其是基础设施相关的内容。全球石油供应持续下降，城市面临大量新的气候影响和压力（夏季气温峰值走高，干旱及水供应问题，空气污染加剧），因此恢复力已经成了可持续性又一个新的重要维度。一个城市的可持续程度取决于其自身的适应性。这意味着需要制定新的服务提供方式、新的组织方式、新的运作方式及新的基础设施类型。许多城市已经向着更分散式基础设施系统发展——小型分散式电力生产网络，避免长距离传送产生的额外能源消耗，因此可以更好地应对意外灾难带来的影响和压力。这些网络可以融入社区和建筑中，创造灵活性和可控性，

图 4.7:斯德哥尔摩新都市生态区哈姆滨湖城(蒂莫西·比特利摄)　114

并可以同时完成不同任务。例如，澳大利亚悉尼发布了一项可持续计划，要求建造"绿色变压器"网络——通过组合加热、冷却及电力技术生产电力，收集雨水及废水，用沼气生产电力，为社区提供表层停车场的紧凑型设施（悉尼市，2008）。

今后城市领导及规划和设计者要更具创造性地思考水的问题。要建造新型都市基础设施，以创新方式收集、处理并再利用水资源。芝加哥都市实验室的建筑师莎拉·邓恩及马丁·费尔森提出了关于水资源的新设想，打破了传统的基础设施形态。这一设想被称为"生长水系统"，是一个由50条"生态林荫大道"构成的网络，从城市西部贯穿到密歇根湖。这一绿化带网络将可以收集雨水，并在城市中形成废水处理"活机器"。林荫大道为城市提供了新的绿色空间，在西部终端形成大型公园，体现出对公园真正本质的重新思考。有了这一大胆的提案，芝加哥市将成为"再造生命系统"（都市实验室，未注明日期）。

建筑环境将可能更多地依赖于现场建筑（建筑和场地相融合），来生产电力、处理水问题。德国弗赖堡太阳能建筑师罗尔夫·迪施设计的"能源+"住房生产多于实际需求的能源（图4.8），中国广州SOM设计的新的珠江大厦将四个垂直涡轮融合到建筑的内部结构，这些都显示出未来发展的新方向。这些关于恢复性和可持续性都市基础设施的新想法，已越来越多地应用于大规模项目，对我们实现更大的目标来说具有非同寻常的意义。其中比较著名的项目包括：中国上海附近的东滩生态城及阿联酋马斯达尔市。

在东滩，有着更具循环性的代谢系统，废物会被回收利用，大部分食品在当地生产，城市所需的能源均通过一个结合了风力涡轮机组、垂直燃气涡轮发动机及太阳能板的系统生产。将谷壳作为高效热电联供

115

图 4.8：弗赖堡"能源 +"住房（蒂莫西·比特利摄）　　116

站的燃料。马斯达尔市位于阿布扎比外区，宣称是世界上首个碳平衡城市。它的规划融合了特殊的设计风格，以建造重视该区域气候的紧凑式步行城。基础设施将包括个人快速交通，即小型公共车辆网络（基本上是汽车），将乘客载至具体的目的地。这些全新的大规模可持续模式在许多方面都是有突破的，尤其是它们体现了更具整体性思维和设计的积极转变。规划师和设计师同时考虑了能源、水、交通、城市形态，甚至食物生产，以及该如何安排和配置这些部门和维度，以实现互补。

　　关于基础设施（实际上是整个城市）恢复力有一个重要的新研究方法。"恢复力思考"（引用沃尔克和索尔特的术语）尤其有助于设想面临未来大量全球压力和冲击时城市及城市人可能出现的境况（Walker & Salt，2006）。这些压力包括：全球气候变化，石油资源减少，各种飓风和自然灾难，经济危机，以及社会动荡。继续使用树作为比喻，城市应知道怎样弯曲而不会折断，怎样适应并应对环境变化。这意味着可持续发展的许多信条要重新定义，以符合恢复力这一目标：多样性（社会、经济、生态）、丰富性及分散的基础设施。

近来休斯敦提供了将可持续性和恢复力结合的规划范例，并指出了关于城市面对气候变化和极端天气事件时如何增加恢复力的思考方法。2008年9月发生的艾克飓风的影响一直持续到现在，当时成千上万的居民断电数周，市长比尔·怀特派了一个特别小组去调查城市的恢复力和当地的电力系统。2009年4月，特别小组的报告和建议书发布，进一步推动了城市向可持续方向迈进。其中重要的建议包括：建筑更具恢复力的分散式能源系统，如太阳能和热电联产装置，投资智能电网等（休斯敦市，2009）。

全球城市

然而，实现可持续性城市仍面临诸多困难。西方及北半球工业化城市仍是世界原材料及资源消耗的主要地区。两地区的情况都与公平性及全球长期可持续相关，我们需要制定新的政治和经济机制，使两地区对其都市消耗产生的深远影响负责，并寻找支持生态友好型供应链的新办法。这些地区的资源和能源需求仍在一定程度上依赖于世界其他地区，将城市视为复合新陈代谢系统将有助于指导缓解此情形（尤其是短期内）。意识到将食品运至美国大城市的现象仍会发生（尽管已经努力促进当地和区域生产），表明我们需要修复或弥补运输过程中消耗的能源及排放的二氧化碳，需要在这些地区和国家推行太阳能和再生能源或碳回收措施。

一些人士推崇全球城市——深度关注并联结世界其他地区文化和

动态的城市,同时意识到,伴随过去和现在的能源消耗模式而来的是新的责任,包括:控制不必要和过多的消耗,帮助发展中国家城市解决其资源治理困难和贫困问题,如果可以的话,越过依赖矿物燃料的不可持续工业化阶段。同时需要公平贸易新体制,如治理深受不合理购买决策负面影响的都市消费者的机制。 118

也许这种城市的观点表明,我们要通过可持续供应协议、区域贸易协议及基于绿色证明标准的都市采购体系等体制,来推动世界各地间的新型可持续(且公平)关系,以及城市与腹地间(国际跨境)的可持续关系。从新陈代谢角度看待城市和都市区,让我们找到了新的有潜力的发展方向。

未来的挑战

现今,将可持续框架应用于城市规划仍面临不少挑战。一些人士表示,目前情况下可持续性的字面意义是不恰当且不鼓舞人的:为什么我们想维持全球社会的现状、高贫困率、严重不平衡的资源可得性、贫化的渔业,以及退化且功能不佳的生态系统? 这样看来,我们需要的不是可持续性,而是修复。大部分提倡可持续概念的人呼吁将其纳入语义学,但仍受限。另一些人认为,当前的可持续性含义和表述应更加富有启发性和推动性。弗吉尼亚大学的贝丝·迈耶强烈表示,未来可持续性议程或设计都应考虑到美感(Meyer, 2008)。

当然,还有各种小的挑战需要解决。如果我们要推行更为整体的都市措施,以多功能的方式理解基础设施,需要克服离散各维度的界限。整个社会中的经济激励机制需要修整,以减少不利于可持续发展的机制(如:低价格、高数量消费的利用率结构),实行积极的鼓励机制

（如：绿色屋顶丰厚奖金，考虑植树或减少不透水地表面积所带来的积极价值的不动产税）。

旁观者可以看到可持续发展的美感。人们仍在争论可持续社区或城市应有多少是能看得到的，相对的主张是，再生能源及其他可持续技术完全相融合，应基本上是看不到的。圣迭戈价格便宜的绿色建筑苏拉尔显示出潜在冲突：波维市（苏拉尔所在地）坚持在街道或人行道上应该看不到太阳能板（该区域建筑的典型特色）。城市官员甚至在建筑竣工后要求对太阳能板进行调整，因为一些太阳能板突出来了。与此相反，一些人士（包括我自己）认为这恰恰是其魅力所在：蓝灰色的灯管，代表着对未来的承诺，解决严重环境问题的决心。

我认为，可持续性所面临的巨大挑战也是其难得的机会。危险的是，有了可持续城市或社区的模板之后，人们单纯地认为我们只需用略微不同的方式将一套普通的工具和理念组装成设想的样子。关于可持续发展的一个重要评论是针对新城市主义的：尽管想要多样性，许多社区看上去仍是相似的。可持续性面临的挑战（也是机遇）是以深而广的方式在某地方的特质上——特殊的历史、特殊的生态和自然系统、特殊的社会关系和社区——建造城市。这并不是说，要拒绝大多数有前景的可持续理念和技术（仅因为其应用在其他地方），而是要意识到考虑当地的独特背景（及制造地方感的需求）也是很重要的。

这样，都市可持续性新议程要在已经提出并提倡的模板基础上重视一种白板方式。马斯达尔等城市在国际规划会议上激起了人们兴致，但更大的困难是重建现有城市和城区，重组现有城市，实现资源效率及可持续性的公平。马斯达尔率先融合了传统设计特色——基于中东城市形态的狭窄的护城林荫路，而且效果不错。尽管可持续性的现

119

代技术已经公布,但仍需公平地应用于现有的都市结构中。

另一个挑战是,要让更多的公众意识到并坚信实现可持续性需要每个人的行动,虽然公众已经开始了解一些重要的可持续性问题。美国在将可持续性理念融入主流媒体和大众文化方面仍没有足够的努力,而世界上其他国家已经这样做了。可持续面临的最大挑战之一就是要让个人和集体都充分认识到其重要性。遗憾的是,卡伦巴赫的《生态乌托邦》已经出版三十五年了,我们仍没能全面实现其中描述的美景。 120

在好的方面,少数概念已经被近乎每个社会部门快速接受。似乎每所大学都有校园可持续措施,许多大学还有新的可持续课程。企业也开始力求绿色和可持续,可持续性越发成为市、州、国家政策的框架和组织概念。甚至一些城市间形成了友好竞争,看谁更绿色、更可持续。几乎所有主要的全球发展机构,从联合国到世界银行,都将可持续作为一个重要目标和运作原则。在我们生活的时代,全球环境问题激增,可持续也进一步演变。传统的方式已经过时,我们需要新的办法来应对气候变化、生物多样性减少、水和资源缺乏,以及全球贫困等问题。

可持续性成了规划领域及全世界规划实践的强有力的重要概念。正如本章所述,可持续性成了社区规划的重要目标,也是规划进程的一个组织性概念(Berke & Manta-Conroy,2000)。鉴于此领域长期关注环保、社会公平及经济发展,以上观点并不令人吃惊。对气候变化和城市及社区设计重要性的全新关注,更强调了环保规划的意义。可持续性将这些重要的规划价值观和思想融合在一起,并追求理想的、前瞻性的规划维度。不断完善进步的可持续性理念使规划过程中的各类利益相关者聚集起来,制定一个可行的方案(不同现状),创造性地融合有活力

121　的宜居社区，这些社区环境影响小，与地区和居民深度连接。

参考文献

American Forests. 2001. *Urban Ecosystem Analysis Atlanta Metro Area*. August. Washington, DC: American Forests.

Beatley, Timothy. 2000. *Green Urbanism*. Washington, DC: Island Press.

Benyus, Janine M. 1997. *Biomimicry: Innovation Inspired by Nature*. New York: Harper Perennial.

Berke, Philip, and Maria Manta-Conroy. 2000. "Are We Planning for Sustainable Development? An Evaluation of 30 Comprehensive Plans." *Journal of the American Planning Association* 66 (1): 21–33.

Bird, Winifred. 2008. Natural by Design. *Japan Times*, August 24.

Callenbach, Ernest. 1975. *Ecotopia*. New York: Bantam Books.

City of Boulder. 2007. City of Boulder Social Sustainability Strategic Plan. May. www.bouldercolorado.gov/files/final_sss_plan_060608.pdf.

City of Copenhagen. 2007. *Eco-Metropole: Our Vision for Copenhagen 2015*. Copenhagen, Denmark.

City of Houston. 2009. *Mayor's Task Force Report: Electric Service Reliability in the Houston Region*, April 21.

City of New York. 2008. *PlaNYC: A Greener, Greater New York*. New York.

City of Sydney. 2008. *Sustainable Sydney 2030*. http://www.sydney2030.com.au.

Edwards, Andrés R. 2005. *The Sustainability Revolution: Portrait of a Paradigm Shift*. Gabriola Island, BC: New Society Publishers.

Ehrlich, Paul R. 1968. *The Population Bomb*. New York: Ballantine Books.

Girardet, Herbert. 2008. *Cities People Planet: Urban Development and Climate Change*. New York: Wiley.

Greater London Authority. 2002. *City Limits: A Resource Flow and Ecological Footprint Analysis of Greater London*. Prepared by Best Foot Forward Ltd., London.

IUCN. 1980. *World Conservation Strategy: Living Resource Conservation for Sustainable Development*. Geneva: IUCN.

Lindenmayer, David B., and Jeffy F. Franklin. 2002. *Conserving Forest Biodiversity: A Comprehensive Multiscaled Approach*. Washington, DC: Island Press.

McDonough, William. 2002. Buildings Like Trees, Cities like Forests. http://www.mcdonough.com/writings/buildings_like_trees.htm.

122

McDonough, William, and Michael Braungart. 2002. *Cradle to Cradle: Remaking the Way We Make Things*. New York: North Point Press.

Meadows, Donella H., Jorgen Randers, and Dennis Meadows. 1993. *Beyond the Limits: Confronting Global Collapse, Envisioning a Sustainable Future*. Post Mills, VT: Chelsea Green Publishers.

Meadows, Donella H., Jorgen Randers, and Dennis Meadows. 2004. *Limits to Growth: The 30-Year Update*. Post Mills, VT: Chelsea Green Publishers.

Meadows, Donella H, Jorgen Randers, Dennis Meadows, and William W. Behrens. 1974. *The Limits to Growth: A Report for the Club of Rome's Project on the Predicament of Mankind*. New York: Universe Books.

Meyer, Elizabeth. 2008. Sustaining Beauty: The Performance of Appearance: A Manifesto in Three Parts. *Journal of Landscape Architecture* (Spring):6–24.

Newman, Peter, and Isabella Jennings. 2008. *Cities as Sustainable Ecosystems: Principles and Practices*. Washington, DC: Island Press.

Newman, Peter, and Jeff Kenworthy. 1999. *Cities and Sustainability*. Washington, DC: Island Press.

O'Brien, Mary, 2000. *Making Better Environmental Decisions: An Alternative to Risk Assessment*. Cambridge, MA: MIT Press.

Pinchot, Gifford. 1908. *The Conservation of Natural Resources*. Farmers Bulletin 327. US Department of Agriculture, Washington, DC: US Government Printing Office.

Platt, Rutherford H., Rowan A. Rowntree, and Pamela C. Muick, eds. 1994. *The Ecological City: Preserving and Restoring Urban Biodiversity*. Amherst: University of Massachusetts Press.

Register, Richard. 1987. *EcoCity Berkeley: Building Cities for a Healthy Future*. Berkeley, CA: North Atlantic Books.

Register, Richard. 2006. *EcoCities: Rebuilding Cities in Balance with Nature*. Gabriola Island, BC: New Society Publishers.

Soleri, Paolo. 2006. *Arcology: The City in the Image of Man*. Mayer, AZ: Cosanti Press.

UrbanLab. n.d. Growing Water. http://www.urbanlab.com/urban/growingwater.html.

Wackernagel, Mathis, and William Rees. 1998. *Our Ecological Footprint: Reducing Human Impact on the Earth*. Gabriola Island, BC: New Society Publishers.

123

Walker, Brian, and David Salt. 2006. *Resilience Thinking: Sustaining Ecosystems and People in a Changing World*. Washington, DC: Island Press.

Wilson, E. O. 1993. Biophilia and the Conservation Ethic. In *Biophilia: The Human Bond with Other Species*, ed. Stephen Kellert and E. O. Wilson. Cambridge, MA: Harvard University Press.

Wilson, E. O. 1984. *Biophilia*. Cambridge, MA: Harvard University Press.

World Commission on Environment and Development. 1987. *Our Common Future*. Oxford: Oxford University Press.

124

第二篇

区域性的理念

第五章
区域发展规划

迈克尔·B.泰茨

区域规划理念的家谱是漫长而曲折的,它的探索把我们带上了羊肠小道。[1]它的思想起源深深根植于18世纪欧洲和北美洲的启蒙运动,在那个令人惊叹的时期,思想家们深受早期学者科学先进观念的启发,他们主张在此基础上,关于人类社会的命题可以被重新设计得更好。那就是我们的出发点。尽管区域规划经常与城市规划相提并论,但在很多学术部门的名称和相关区域的标准历史中,城市规划的知识背景和那些地域主义及区域规划是不相同的。在一个意义极其重大的区域规划,即区域发展的形式消减之时,其他领域,如都市规划

---

1 这篇文章最初是为2008年3月17日在麻省理工学院城市研究与规划系开展的"规划理念研讨会"准备的。笔者非常感激约翰·弗里德曼、安·马库森、约翰·赫伯特、索利·吉尔埃莉莎·巴伯尔和贝蒂娜·约翰逊为此议题给出的深刻见解和私人交流,以及见解性的编辑建议。

则正在兴起，对这种差异的追求可能会帮助我们理解如今正在发生的事情。[2]

这个章节包含七个部分。接下来的导言对区域的概念进行了探讨，特别是有关规划的区域理念的讨论。下面的四个部分讲述了区域发展规划理念所经历的四个时期：（1）乌托邦时期，从19世纪中期到1930年；（2）英雄时期，1930年到1945年；（3）发展时期，1945年到1985年；（4）全球时期，1985年至今。我还总结了一些关于未来的思考。

在传统的论述中，区域规划经常被分为两种形式，第一种是关于超越城市边界的大都市规划，第二种则强调对于定义在其他基础，如近期历史、主要经济目的和社会发展层面上的区域的规划。由于本书的另一个章节覆盖了都市区域的内容，此章节展现了一个关于区域规划理念发展并同时注重区域发展规划的大视角，它在该领域的早期发展中被理论化，但只在大萧条时期和第二次世界大战后的政策行动中上升到突出地位。

相对于区域规划的区域概念

关于区域的概念，历史上的解释分为两种观点：一种是有机的、整体的，另一种是具体可分的、工具主义的。这两种观点都可以理性地追溯到很远。早期探寻世界的地理学家看见了物质的部分，比如说平原、沙漠或者流域，但他们也从特定人群对土地的占有形式上认识到了社

---

2 虽然至今还没有记载区域规划的通史，但如果没有约翰·弗里德曼、克莱德·韦弗和彼得·霍尔做出的贡献，我们也无法获知区域规划的历史进程。在20世纪80年代，他们的整体分析和个人见解为本学科奠定了基础（Friedmann & Weaver, 1979；Weaver, 1981, 1984；Friedmann, 1987；Hall, 2002）。

会、政治、经济和文化的部分。希罗多德在《历史》一书中谈论了比如非洲一带作为地理实体的地方，和那些区分语言和种族的人类家园的地方（Herodotus, 1998）。他丰富的描述，以及对人物、环境、历史和地理的融合，强烈地引起了人物、地点和家园的交互作用。

在19世纪末20世纪初，现代知识分子形成了一种观点，他们认为复杂而长久持续的实有物是由人与自然之间出现的相互作用创造的。法国和德国的地理学家确认，一个有着稳定的农业耕作、居住和土地使用模式的区域反映了人与自然之间长期的平衡关系。像法国学者维达尔·白兰士（1922）和德国学者弗里德里希·拉采尔（1882）开创了区域地理和文化地理的新领域来研究这些独特的地区——法文中的"乡村"和德文中的"景色"。如果从适度的角度上说，这并不令人惊讶，因为民族国家渗透到法国人的生活中和德国的众多小州（Robb, 2007）。同时，人类学家在研究殖民地的土著居民时发现了类似的模式，这些模式建立在他们的生活模式与相对于他们居住的自然世界的平衡上。这个观点也体现在19世纪末的社会学家和无政府主义者的思想中，尤其是体现在皮埃尔·约瑟夫·蒲鲁东（［1863］1959）、埃利泽·雷克吕（1905—1908），以及彼得·克鲁泡特金（［1899］1974）的思想中。[3]帕特里克·格迪斯（［1915］1972）关于区域规划的概念更将其向前推进了一步。对于这些思想家来说，区域是一个真正的、具有自身权利的有机实体，表达了人类的生活、文化，并且因此组成了社区。

有关区域的第二种理念将其理解为可分的、工具主义的概念，它为

128

3　就本文的意义而言，马克思并没有过多关注区域问题。虽然黑格尔辩证法、历史主义和整体分析法或许会给他指引方向，但他将归类法和历史阶段作为理论的关键要素。然而在苏联他的拥护者认为，他们是将新社会主义地区建设成为大工业中心（Kolosovskiy, 1961）。

一个科学的世界观提供了空间结构。无论是对某种现象的研究还是为实现某种目标，区域都是适当的空间实体。区域的这层意思从适合于识别、分类和理解的现象上持有一种功能性的或者工具性的观点。这并不意味着被确认为区域的对象是不真实的，而是不管是地球上一个自然环境，一个有特定气候或者野生动物的区域，一个都市劳动力市场，还是政治领域的影响，它都由该现象定义，并且常常被用来解释或者影响它。的确，一个区域可能会如苏联的马克思主义中的意图一样，被建造成一个工业化和人类聚集的建筑群。区域的这种观点正式形成于和从属于兴趣的现象，它和景观规划的知识极为相似，从区域土地使用和交通规划到栖息地的保护和可持续发展规划，尽管后者也反映了一个更加有机的区域观点。

许多区域理论的观察者注明这个观点站不住脚，因为当它受到严格的检查时就失去了它的连贯性。当然，在上述描述的意义中存在互相重合的例子。不过，有机的区域观点和可分的、工具性的区域观点两者之间的不同，是理解区域观点如何涉及规划以及体现社会与工具理性之间的矛盾的基础。从传统上来说，规划已经被看作根植于启蒙运动的理念，即社会与自然有着普遍性，每个地方的人们在本质上都是一样的，因此可以有效地应用于人类事务，并且可能重塑一个更好的人类社会（Berlin, 1980）。如此理性、科学的态度是解决问题的基础，如在早期努力解决工业城市的问题。对于区域，它意味着一个分析的而不是一个全面的看法。

然而，正如以赛亚·伯林（1976, 1980）所注明的，启蒙思想家们从一开始就受到另一种观点的挑战，它一部分是由宗教传统所产生的，但是在智识上造成此番局面最强烈的因素源于可追溯至詹巴蒂斯塔·维

129

柯（[1744] 1968）的历史主义传统。反启蒙运动看到了人类社会的独特性和不可比性，体现了真理无法接触到科学理性的思想方式。这条道路上形成了约翰·格奥尔格·哈曼（1999）和约翰·戈特弗里德·赫尔德（1969）更具有隐秘性的信息，攻击唯理论，强调群体认同（最终包括民族主义），正如浪漫主义运动的出现也反对理性主义，并且深刻影响了规划中的景观设计。

但是，对于区域性的理念及其规划，反启蒙的遗产最为清晰地表现在对于共同体的需要和观念之中，而共同体这一难以捉摸的实体占据了规划者的思想（Teitz, 1985）。从19世纪维也纳出现的表现在卡米洛·塞特和奥托·瓦格纳理念中的社区和社会之间的冲突，到简·雅各布斯与20世纪纽约高速公路的斗争，以及在进化的资本主义城市中对效率的理性追求与人的需求及地方人群根植性的冲突，始终存在于区域规划的发展当中。对于区域性规划理念的历史来说，它是始终无法逃避的主旋律。

乌托邦区域主义，1850—1930

区域性规划理念形成于19世纪下半叶，它在智识上植根于乌托邦的思想流派，虽然在美国的形成中经常受到杰斐逊和乌托邦元素的启发，以及政府的不信任。相反，城市规划是非常具有实际意义的。社会改革者，如埃德温·查德威克和罗伯特·斯诺在公共卫生方面，劳伦斯·维勒在住房方面，或者简·亚当斯在社会福利方面，则通过发生改革而建立了该领域的基础。尽管一些乌托邦思想家，如罗伯特·欧文以及之后的埃比尼泽·霍华德，都企图让他们的观点成为现实，其他人尤其是夏尔·傅立叶和跟随他的社会学家以及无政府主义者有点超出了写作和宣传的范围。[4]对于早期的区域规划，该理论从根本上也是其中的理念之一。

这些思想的历史已经被人们广泛研究，尤其是被约翰·弗里德曼、克莱德·韦弗和彼得·霍尔（Friedmann & Weaver，1979；Weaver，1981，1984；Friedmann，1987；Hall，2002）。弗里德曼和韦弗在早期阶段确认了该思想的四个分支：乌托邦、无政府主义、区域地理和社会学。然而，除了区域地理学家，其他所有分支的作者都归于乌托邦的总的题目之下，它们与无政府主义或者社会学思想流的区别是公开的政治性，而其他两个分支的政治性要少得多。[5]

这股乌托邦的思潮，被韦弗确认之后（1984），从19世纪初期的罗伯特·欧文和夏尔·傅立叶，经过爱德华·贝拉米，到达了20世纪初的埃比尼泽·霍华德和花园城市运动。乌托邦的思潮也许最好被描述为都市区域规划的根源，对应工业革命时期在城市造成的普遍盛行的拥堵、贫穷和疾病。它在努力通过改革和进步调整城市内况的同时，也导致了美国人对城市扩散的拥护，尤其是玛丽·辛科维奇和弗洛伦斯·凯利，她们在1905年的《人口拥堵的展览》中推广了这个理念。

无政府主义/社会主义这股区域思想是区域规划的一个超越城市的主要起源。无政府主义者通过社会经济和区域联邦制的分权而寻求社会和经济关系的转变，被韦弗（1984：39）和霍尔（2002：150）视为地域主义演变的核心。韦弗正式地为工业化生产和国家核心—边缘结构

4　傅立叶的追随者试图建立新的公社。
5　这个特性与韦弗（1984：33）的不同，他更为严格地定义了乌托邦规划，即在合作中需要信仰、理性的信念和政治逃避。在后来的历史中，很难看出社会主义者如何更少地在思想上是乌托邦主义者，甚至在何处想把他们的理念付诸实践。

的创建打下了基础,导致了传统关系和身份的混乱。面对这些突进式的发展,社会主义和无政府主义思想家们从皮埃尔·约瑟夫·蒲鲁东的思想中,从社会和空间两方面向前寻求重组生产的解决方案。

蒲鲁东([1863]1959)寻求一种互助论和联盟理念中的工业化生产垄断倾向的响应。生产者协会自由地加入了关于生产垂直化和地域空间水平化的已形成契约的安排方式,作为基本的社会单元,将构成新的"社会共和国",其合同关系不断变化,并且他们加入了从工作地点到整个欧洲大陆层级的契约关系。政府,在强制性的观念上来说,也不复存在了。

这些无政府主义的基本观点,将会被三位继承者所接受并被赋予区域规划的形式,他们分别是:埃利泽·雷克吕、彼得·克鲁泡特金,以及从一种被削弱的形式上也包括让·夏尔—布龙。将埃比尼泽·霍华德与上述都市思想流派相比较,评论员们对于其中每一位思想家的重要性和他们关于规划的相关重要性的评价均不相同。不过,归纳在一起,他们也算是区域规划思想的关键组成部分。

雷克吕(1905—1908),法国地理学家,试图通过在历史上展示小规模、集体主义社会及其与物理环境的密切良性关系,从经验上证实无政府主义观点。克鲁泡特金([1899]1974)也提倡互助,认为物种进化过程中最重要的因素是合作。他的主要贡献是,提倡地方市场分散化生产,规划出分散生产新形式(可以将工业与农业相结合,且在新技术的辅助下,使自给自足地区的形成得以实现)。最后一位思想家是让·夏尔—布龙(1911)连接了19世纪区域规划理念的第三股思潮,即上文提到的法国区域主义学派地理学者。然而,他最杰出的贡献是倡导"区域主义"运动。法国19世纪末、20世纪初出现的区域主义,主要是由于法

131

国中央集权趋势明显，且历史经济基础退化，省区身份淡化。从这点来看，这与克鲁泡特金或雷克吕提到的无政府主义是不同的——在政治和社会需求方面的革命性明显薄弱，寻求与可保护并提高地方自治和多样性的国家权力的相融。保持对祖国的热爱，同时倡导经济和教育发展，这种地域主义在此系统内运行。

韦弗提出"社会学"，形成了地方规划理念的第四股思潮（Weaver, 1984: 46ff.），以奥古斯特·孔德（Kremer-Marietti, 1972）和弗雷德里克·勒普雷（[1877—1889] 1982）为基础，承接帕特里克·格迪斯。孔德作为社会学和实证主义（社会的科学研究）的创始人，影响了勒普雷这个极具影响力的工程师和社会学家。勒普雷意识到，通过技术手段将社会学与环境相融合，是改善贫苦人生活状况的关键，他通过调查完成了广泛的文献。这种经验主义基础，连同"家庭、工作、场所"等概念，转化为我们熟悉的帕特里克·格迪斯（[1915] 1972）口中的"地方—工作—民间"。同时，勒普雷关于发展理念本身的思考是很有创意的，他提出的理念后来推动了区域发展规划（Thornton, 2005）。

帕特里克·格迪斯超前意识到人类生活的生态学规则以及区域城市（他命名为"联都"）的存在，进而为大都市以及区域规划发展作出了重大贡献。他对"规划前调查"的倡导，以及其在印度工作中所显示的历史城市全面重建观点，都是很有前瞻性的。然而，格迪斯在区域发展规划理念最杰出的贡献是将流域视为强有力的规划组织概念。将流域作为区域组织原则有着直接而长期的意义。"流域地区"是他眼中与自然平衡发展的模式，借助了他的生物学方面知识，及其尚显浅薄的生态学知识。格迪斯对其理念的使用很具雄心，解释了人类活动的分布情况，包括城市和乡村的活动，对自然形态、人口密度及可能形成人类互助合作区域类型的确定进行了分级(Welter, 2002: 61)。正如克鲁泡特金,这种可能性通过技术手段,尤其是电学手段可以实现,引领"新技术"时代。[6]尽管格迪斯的理念带有空想性质,却可以直接转化为实际的区域发展规划实践。

区域规划空想时代的最后一个阶段,采用了格迪斯在美国的理念。彼得·霍尔(2002: 155)依据刘易斯·芒福德与格迪斯的合作关系及美国区域规划协会(RPAA)(在20世纪20年代极力推广区域性规划理念)的形成制定了转型的基础框架。然而,霍尔的论述并未全面描述当时工作中的其他作用,尤其是查尔斯·E.梅里亚姆等政治科学家及霍华德·W.奥德姆等社会学家的作用。他们都是美国大学体制大型改革的一部分,改革中引入了经济、社会、政治及地理等方面的科学研究的新理念和新技术。这些理念和技术直接针对区域发展,将在区域规划的下一阶段得到重视。

英雄区域主义,1930—1945

阿喀琉斯之后,英雄的名气来源于行动,而不再是理念。就区域规划的历史而言,经济大萧条、新政及第二次世界大战是产生英雄的时期。然而,这些时期英雄们的行动往往是将早已产生的理念付诸实践。大部分的评论员认为,区域规划活动的主要成就发生在罗斯福新政时期。罗斯福一改之前的空想之风,推行实用主义,在应对前所未有的经

---

6 例如,彼得·霍尔(2002:88)将霍华德视为把现代规划作为整体的发展过程中的关键性人物,而给予无政府主义者赋予了不那么关键但重要的智识角色,主要的作用在于区域规划的发展中。克莱德·韦弗(1984)则清晰地将卓越地位赋予了法国思想家和克鲁泡特金,直至帕特里克·格迪斯([1915] 1972)。

济大萧条方面尝试了激进的新主张。面对金融崩溃、大规模失业、工业生产下滑以及乡村衰颓，罗斯福征集了新的政府工作人员，规模之大，前所未有。其中包括查尔斯·E.梅里亚姆及韦斯利·C.米切尔等思想家和研究者，农业经济学家雷克斯福德·特格韦尔以及查尔斯·德拉诺（在芝加哥和纽约很有影响力）等规划师。

罗斯福的"智囊团"在规划方面的观点和他一样，故而，国家和区域规划被提上日程。罗斯福力图建成可以分散失业人员的乡村住区，除了尽可能创造就业，还提供种植庄稼的能力。德拉诺、特格韦尔及斯图尔特·蔡斯将《1933年公共工程法案》具体化，该法案通过"再定居治理条例"为新城镇提供资助。RPAA中的克拉伦斯·斯坦因为此做出贡献。然而，正如霍尔（2002：171）指出的，尽管他们的理念得到广泛传播，但他们的社会主义色彩和空想色彩太过浓重，在实践方面的影响很小。

罗斯福新政最重要的实际性区域规划成就，是采用了格迪斯在田纳西流域管理局（TVA）形成中的理念，并实施了电气化、航海及防洪堤坝建造项目。TVA最初的工作内容很广泛，防洪、电气化、再定居、城镇建筑、教育及农业发展，但因严重的政治分区而未完全实现。提高区域居民生活水平的整体计划与经济条件和竞争的需求之间出现了不可逾越的鸿沟。现在的TVA基本成了电力服务机构。然而，从长远角度来看，田纳西流域人们的生活发生了根本性改变，大部分是向好的方向发展，尽管正如霍尔（2002：177）指出的，大部分电力都被用于第二次世界大战期间钚的生产。这片流域，从前美国最贫穷的农业区域，摘掉了贫穷的帽子。尽管部分地区仍很贫困，但该流域整体而言基本达到美国主流水平。讽刺的是，TVA最重要的影响却是在理念方面。成功的

流域规划更大规模地激发了新一代规划师的想象力,20世纪50年代之
后,出现了无数的相似案例。

134

罗斯福新政时期,其他提倡规划的表现既有全国的也有区域的。
从全国来看,以1934年的美国国家规划署(NPB)为开端,出现了一系
列规划组织,包括1935—1943年的美国国家资源署及美国国家资源委
员会(NRC)。这些组织成立的理论基础主要是RPAA及南方地域主义
的理念,也就是"区域重建的规划方法,以实现新型平衡或区域平衡为
基础……(通过)产业分权、新城镇建设、电力及高速公路建设、教育及
政治改革"(Weaver,1984:66)。

NPB及NRC开始着手准备。学者和研究者(主要是社会科学领
域)聚集在一起,建立了国家规划区域因素(NRC,1935),此研究由政
治科学家约翰·M.高斯监管,并受到霍德华·奥德姆的影响。NPB及
NRC的员工试图确定美国区域规划的标准(Weaver,1984:68),最后转
向流域及相关理念。努力的过程中,他们发现了"一种神奇的纸张乘
法"(用霍尔的话来说)(Hall,2002:173)。实际上,他们的成果可能远
不止这些,但不是我们通常预想的规划形式。尽管霍尔总结说,所有的
努力"很难发现切实的东西",但它们激发了一代人从规划方面去考量
发展,并对第二次世界大战后的理论和实践起到了重要的作用。同时,
第二次世界大战期间,所有的关注都聚焦在流动和相关的规划需求上。
区域规划在整段时间内被推迟。

区域发展规划:信条/应用/批判,1945—1985

发展理念

第二次世界大战给世界带来了诸多影响,其中较为重要的是加速

了欧美殖民帝国的瓦解，俄罗斯帝国得到了扩张，像美国一样，只是转型影响不同。出现这种崩塌之后，各地深受战争影响，同时人们很畏惧经济大萧条的再次发生，故而成立了一个新型国际组织——联合国，还有一些其他新的机构，如世界银行和国际货币基金组织（IMF）。然而，这些组织成立的初衷是为了维护之后我们口中的发达国家的利益，摆脱苏联，同时维护西方国家在世界新兴国家控制力的竞争。发展成了一个强有力的激励理念，不仅对那些在经济大萧条中已经实现工业化的国家是这样，现在在非洲、中东及亚洲的非工业化国家也是如此。就区域规划而言，第二次世界大战后的变化体现在发展理念从社会进化的生物学概念向工具化概念的转变——改变国家或社会的轨道，以实现特定的经济、社会或政治目标。伴随这些变化而来的是新旧理念的混合思潮，旧理念属于发展信条，而新理念是严肃的批判。

标准发展理论和信条的出现

在发展的竞争中，印度、中国等国家走了社会主义道路，他们从苏联的工业发展模式中学习经验。也就是说，他们在重工业、交通运输、电力及筑坝等方面投入大量资本。其他刚刚摆脱殖民统治的国家，主要发展模式借鉴了凯恩斯宏观经济学及传统的微观经济理论。罗伯特·索洛（1957）对哈罗德—多玛宏观经济模型的新古典扩展，体现出经济发展源自资本和劳动力的增长，中心问题是保证资本和劳动力的适当增长率。阿瑟·刘易斯（1955）及沃尔特·惠特曼·罗斯托（1960）的著作更易理解，同样具有重大影响。刘易斯认为，发展必然意味着收入的不平等，这既是为了刺激人们努力，也是为了保证资本投资充足。罗斯托的增长模型总结了五个阶段的发展进程：传统社会、转型、快速发展、走向成熟、高水平消费。资本投资对发展十分重要，无论是从储蓄、增加贸易和提高生产率,还是从外来投资。尤其是后者,主要源自国际方面,可以用来建造基础设施,进而提高生产率。该模型的重要价值在于,它似乎为仍以农业为主导的国家提供了一条发展道路,尽管这些国家往往仍深受殖民主义和种植园农业的影响。分析的基础单位是国家,而国家政策退居第二位。[7]

136

以上观点在战后时期西方发展理念和投资方面占主导地位。然而,对其形成威胁的是,区域和空间的两极化或发展在空间上的不平衡。冈纳尔·缪尔达尔(1957)表示,发展可能是"积累因果关系"的良性循环,但同时他指出,发展可能是不平衡的。从一开始,优越的地理位置就得以更好"扩张",同时引起"回流"效应,将竞争力较弱地区的资本和人力吸引至此,并造成了公平和政治问题。阿尔伯特·赫希曼(1958)同样描述了"涓滴"及"两极分化"效应。当然,问题是,哪种效应占据主导地位。缪尔达尔认为,区域衰退或发展停滞可能持续很久,而赫希曼倾向于认为涓滴过程将最终成为主导趋势。从某种程度上说,这两种观点分别暗示着平衡或不平衡发展,他们将连接标准的、进化的发展主义(受到经济学家青睐)和批判的发展信条(经济学家之外的人或多或少曾支持的)。

如果说创新性和政治重要性集中于发展中国家,那么发达国家落后地区的问题尚未被解决。在发达国家,尤其是美国、英国和法国,第二次世界大战后第一次重建和兴盛浪潮让路于未实现战后经济增长的地区。特定地区实现或未实现发展的原因长期以来得到地理学家的关注,但第二次世界大战后,学者们开始将新的分析理念和技术应用于空

---

7 弗里德曼(1979:91—92)在一个源自1951年的联合国报告中将区域规划的首要提及性置于这一语境中。

间发展问题。沃尔特·伊萨德（1956）将新古典经济学与区位理论相融合，与之相匹敌的是，与华盛顿大学威廉·加里森共事的新一批分析地理学家的理论。这些观点暗含的区域理念不久就显现出来。道格拉斯·诺斯（1956）与查尔斯·蒂伯特（1956）开始了关于出口在区域发展中的作用的著名争辩。诺斯认为，出口在工业化发展的历史进程中起到推动作用，这一论断响应了国际组织和发展中国家的决策人的观点，为发展提供了一条捷径（Friedmann & Weaver, 1979: 99）。关于进口和出口替代的争论成了发展理念批判的早期形式。

与此同时，约翰·弗里德曼对于发展政策的恰当基础做出了重要转变，从之前地域的或流域的区域观念转向功能性、以城市为基础的区域观念，他认为城市系统构成了支持经济发展的真正结构。在接下来的二十年中，他重新审视这一观点，重塑了发展理论，转向一种更具批判性的区域发展观点，认为区域发展是，在高度相互作用和向相关独立区域扩展情况下，受到核心区域创新集群驱动的过程（Friedmann, 1972; Friedmann & Weaver, 1979）。这一观点与佩鲁（1955）发起的增长极的概念密切相关，且最初时更强调行业而非空间，雅克·波德维尔（1961）将其发展到区域领域（Meardon, 2001）。鉴于之后发展理论的进化，这一观点是个关键转向，因为其发起了区域发展理念与重要核心地区集中发展理念之间的争论（Friedmann & Weaver, 1979: 128—129; Weaver, 1984: 82）。

到1975年，回顾过去十年间的工作，弗里德曼可以略带满意地写道："主要国家中很少有尚未采用任何区域规划的。"（Friedmann, 1975: 801）他浏览了最新的理论和研究，引用了爱德华·索亚（1968）及彼得·古尔德（1970）等地理学家针对现代化的实地研究，以及其他相当

137

的国家研究,尤其是劳埃德·罗德温(1970a)的研究。尽管如此,他总结说:"虽然掌握了大量信息,但仍不能说我们已经知道区域政策和规划是否有作用以及其作用的价值所在。然而毋庸置疑的是,这种规划符合各种所知的国家需求。"(Friedmann,1975:802)甚至在弗里德曼写下这段话之前,罗德温(1970b)就提出过类似观点,重大的新思想和意识形态变革正在进行。

针对标准理论的批判性回应

直到20世纪60年代中期,关于标准发展理论的争论和批判主要发生在新古典经济学和社会科学的框架之内。尤为激烈的是关于城乡移民和主要城市增长控制措施(尤其在社会主义国家)的争论。在规划方面,这一点体现在增长极理论上——它们能否启动落后地区的发展,或它们是否投资过少而阻碍了国家经济发展。甚至弗里德曼呼吁的发展规划从领地向功能基础的转型也是在此模板之内,尽管他开始对其表示怀疑。

从20世纪60年代开始,新的意识形态变革发生在国家和地区发展规划中。在更大的国际和国家经济发展方面,去殖民化运动激增,全国独立运动不断,对种族歧视和不平等的反抗增强,新的意识形态定位兴起。法农(1963)对殖民主义的激进批判,预示着新一轮国家解放运动的到来,从阿尔及利亚到伊朗再到南非。正是在这一时期,"第三世界"这一名词得到广泛使用,指的是那些既不属于西方国家集团又不属于社会主义国家的国家,也暗示这些摆脱殖民统治的国家将走上一条不同的发展道路。伴随这些国家的发展而来的是,关于区域规划和发展的新思潮。

追溯这一时期区域规划理念的难点之一是思潮的增加。历史上,欧美国家区域规划集中于城市区域或是经济上落后的工业、农业或资源地区。现在，除了这一特点，还出现了发达地区（第一世界）对不发达地区（第三世界）的问题，以及来自迥然不同的意识形态观点的批判。[8]最显著的例子是20世纪60年代至70年代马克思主义思想的重新兴起。在社会科学及相关学科方面，尤其是地理、社会学及规划学，甚至一定程度上包括经济学，已有的信条受到了激烈的冲击。

这一时期的批判观点深受马克思主义影响，同时补充了反殖民主义和反种族歧视主义。不发达和依附理论，也就是韦弗口中的"第二次世界大战以来首个得以流行的真正政治经济模式"，认为不发达国家主要是受到与工业化国家的政治和贸易联系的剥削和困扰。对土著人和穷人的关注（发展迅速的城市的寮屋和农业区内的），形成了这样一种新的构想：标准的发展和贸易自由化进程，尤其是世界银行和IMF所推动的，在本质上利于富有国家，尤其是美国。

到20世纪70年代，尽管很明显第一个"联合国发展十年"未能兑现其发展承诺，该用什么来取代标准模型尚不清晰。拉美国家在依附理论（Quijano，1968；Sunkel，1969；Frank，1967）的启发之下，开始呼吁减少与美国的经济联系，从其他国家进口，发展国内经济，但相关的政策未能成功实行。进入20世纪80年代，所有发展模型都未能持续。区域发展也是类似的情况。查尔斯·戈尔试图推翻区域发展规划的根基，引用了罗斯及科恩的话："大部分国家都将区域规划作为必要发展

8　区别不同国家群体的术语问题，从富国和穷国，先进国家和后进国家，发达国家、不发达国家、发展中国家和欠发达国家，第一世界和第三世界，到最近的北方国家和南方国家，一直在困扰着这一领域的研究。如何赋予这些国家以特征，又不会是看上去的毁谤，的确是个困难的任务，而且还会因其特征所具有的意识形态内涵而变得更加困难。

内容,但没有哪个国家真正明白其含义或实现方法。"

　　欧美国家在区域分析方面也发生了相似的巨变。曼努埃尔·卡斯泰尔(1977)及戴维·哈维(1973)等作者发表的关于规划的马克思主义色彩的批判得到了80年代诸多批判的补充,大部分集中于理论不足和欧美地区不公平问题上。查尔斯·戈尔(1984)的观点是关于区域规划的最清晰的冲击,他认为,区域规划完全是服从于少数控制国家的利益集团所追求的目标。另一方面,安·马库森(1987a)也从马克思主义角度进行了分析,她认为区域和地域主义是美国发展不可分割的一部分。她对区域规划本身的关注相对较少,她分析美国历史和政治中的区域和地域主义的作用时,以政治权力和利益为基础,将地区视为一种利益互锁和相互支撑的空间区域。

全球化世界中的区域规划,1985—2000

　　20世纪80年代,苏联解体加速了世界经济和发展进程中的深刻变革。到1979年,弗里德曼预先提出跨国企业将成为中国发展的一大特色,虽然他对中国发展道路的解读并不准确(Friedmann, 1979: 164—169)。由于美国将成为世界超级大国,政治和意识形态变革趋于正确化,新自由主义的贸易和发展政策逐渐成为主导。发展方面,对内投资和出口带动增长成为主要方式(Stiglitz, 2003)。1986—1994年的乌拉圭回合谈判以及世界贸易组织(WTO)的成立,引发了前所未有的贸易和金融自由化和放松管制,这些都利于美国及其他发达国家,但同时推动了新一轮资本和投资浪潮。典型代表是所谓的"亚洲四小虎"——韩国、马来西亚、新加坡和泰国。这些国家都用出口带动增长,将廉价劳动力引入跨国企业和美国市场,实现了经济的快速增长。

140

结果，全球化趋势实现了世界范围内的大幅经济增长，同时也大大加深了贫富的分化（国内及国际）。最成功的国家，以中国为例，一方面鼓励国内投资，一方面抵制欧美的完全开放贸易的需求（这种需求并未提及取消发达国家农业等方面的国内补贴和关税，如果实行，将产生重大影响）。随着资本的涌入和流出，弱小国家遭受着一次又一次的财政危机，IMF提出的要求使这些国家面临失业和经济萧条。这种模式在拉美国家最为流行，但也扩展到了韩国、泰国、马来西亚和印度尼西亚，这几个亚洲国家经历了严重的经济衰退和萧条时期（Stiglitz, 2003: 214）。

20世纪80年代第二个重大变化是，认识到信息与通信新科技对生产率与消费者需求模式具有深刻影响，对发展具有引申意义。硅谷早期被认定为具有非凡经济实力的区域（Saxenian, 1994）。尽管对硅谷的认可滋生出各种争相效仿，但是那些努力都是基于从区域到部门或行业作为发展主要驱动的转变。矛盾的是，尽管几十年来发生了最具影响力的区域转型，但基本理论又重新回到了出口基础，并与技术创新相结合。

区域发展与规划三大重要主流思想甚至影响至21世纪：（1）发展重心从区域向行业发生转变，并以经济发展为目的；（2）超国家地区主义的兴起及国内的影响，与民族地区主义的再度出现一并作为一股强大的力量；（3）环境作为发展的关键因素。

141

行业与制度转型

20世纪80年代早期，规划过程伴随着激进理念的崛起并开启新的论点——生产问题。新马克思主义学者目睹了不断变化的世界，确认了从大规模生产模式（科技时代称为福特主义）向后福特主义生产模式的根本性转变，其基础是小型公司及其互动的紧密网络以及地理上的有限区域。迈克尔·皮奥利与查尔斯·萨贝尔（1984）的作品描述了博洛尼亚市的生产系统，刺激了美国写作主流，尤其是艾伦·J.斯科特和迈克尔·斯托珀（Scott & Storper, 1986；Storper, 1991；Storper & Scott, 1992）。他们与很多其他同类作家一并试图构建理论框架和实证基础理解所发生的产业转型。同时还关注空间和地区，该群体的见解基本上是关于产业组织、制度结构、网络及政治表现。

　　所谓的"高技术"被认为是关键的发展驱动因素，它推动寻求有活力的产业，并重塑有关它们是什么及如何运作的理念。在这个过程中，区域规划的想法渐行渐远。萨格斯里恩（1994）具有影响力的书——《区域优势》，为硅谷的高科技产业如何运作以及在网络环境中如何产生创新提供了清晰的视图，这在一定程度上吸引了皮奥利与萨贝尔。紧随其后进行的一系列研究试图定义和描述高技术本身，并显示其如何体现政治力量（Markusen, 1987b；Glasmeier, 1991）。彼时，比希瓦普利亚·桑亚尔与合著者试图使其向发展中国家扩展（Schön, Sanyal & Mitchell, 1998）。很明显，高科技中心不可能到处都是，学者和实践者获取了很多来源，早在19世纪90年代的阿尔弗雷德·马歇尔和埃德加·M.胡佛（1937）便确认能够形成可行发展基地的公司和行业集群（Porter, 1998, 2000；Bergman, Fesser & Sweeney, 1996；Hill & Brennan, 2000）。经济学家对地理的重新发现，尤其是保罗·克鲁格曼（1991），增加了理论和方法论上的严密性，强调规模收益递增在发展过程中扮演的角色，并提供一些实用性建议。

　　研究和思想的激增伴随着区域发展思考的转变。对于发展中国家来说，这段时间见证了世界银行和其他机构的政策转变，反映了对新传统的理解，即发展需要更强大的制度基础治理和人力资本的发展，以

142

及对内投资中更大的驱动力。无论是快速增长的城市还是农村地区，发展政策框架已经形成。对于富裕地区的落后区域，目的是吸引外资。市场作为一种典型的经济发展战略看到了生机，无论是在高科技领域还是低技术行业对跨国公司均具有吸引力。地理学家如菲利普·库克（1995）和迈克尔·基廷（2003）发现了一个"新区域主义"（在过去的二十年里只有一个被提出），将区域作为发展政策的着力点，并基于此吸引新投资资本。通过这一过程，内在创新和资本形成开始发生，使这些区域踏上成长之路。尽管许多人反对，但这种综合对区域和地区经济发展来说仍占据主导战略（Lovering，1999）。

超国家与国内区域主义

正如第二次世界大战之后几十年的理解，即使区域规划在衰退，但区域主义并没有。一个充满活力的、很大程度上超国家的版本是新自由主义的、基于贸易的发展议程的一部分。随着全球化和国际贸易增长，无论是主要参与者还是遭受后果的国家，都面临着出现问题将如何治理的难题。随着世贸组织"整个世界"概念问题的出现，重要参与者和跨国企业同行试图通过建立超国家、区域贸易协定巩固自己的地位，其中《北美自由贸易协定》（NAFT）就是典范，其次是南方共同市场（MERCOSUR）和美洲自由贸易区（FTAA）。

鉴于所反映的趋势，学者们发现了另一个"新区域主义"来描述这一过程（Preusse，2004；Breslin et al.，2001），认为从经济学和政治学的角度来看，该领域的学者明白，经济一体化在世界范围内促进经济增长在本质上是可取的，但产生的不平等和环境恶化问题减慢了这一过程。为获取利益，对较小的国家来说，订立协议非常有利，但其中谈判议价能力仍然是一个问题。

当然,早期的思想家在关税联盟这个主题上考虑到了这些问题,尤其是雅各布·维纳(1950),但是从区域的角度看,欧盟这个例子提供了丰富的洞察资源。欧盟的形成或许在历史上是独一无二的,其最开始明确是作为关税联盟建立的,并且制定了一些公开的强有力的区域政策——实际上指的是在欧洲大陆范围内的区域规划。欧盟为成员国中的落后地区提供的资金,似乎是一个带有讽刺性质的计谋,以此可确保成员国对其的忠诚,并吸引更多的新成员,但是随着时间的流逝,欧盟的成员国已在逐步增加。2007年到2013年,欧盟已为结构基金、凝聚基金、欧洲团结基金和欧洲投资银行编制了约合3480亿欧元的庞大预算,以求减小欧洲各地区之间的结构差异,促进所有国家间机会均等的实现。[9]例如,爱尔兰的区域政策普遍被认为是极为有效的。显然,区域项目也在为荣誉而战。2008年2月,欧盟的网站发表了如下内容:

> 昨夜,布鲁塞尔举行了"区域之星"颁奖仪式,该仪式为"经济变化区域"会议的一部分,并且全部使用欧洲共同体基金,奖励了欧洲地区最具创新和经济效益的项目……它们的项目将会为欧洲其他地区起到示范作用。[10]

这足以让一个坚定的区域主义者热泪盈眶了。然而,从美国的早期发展至今,还没有过这种区域政策和一体化规模。

令人惋惜的是,过去二十年间,地区和种族冲突再度出现。不管是为独立而进行的暴力斗争,如在达尔富尔、科索沃、斯里兰卡和东帝汶,

---

9 http://europa.eu/scadplus/leg/en/s24000.htm.

10 http://ec.europa.eu/regional_policy/index_en.htm.

还是在布隆迪和许多其他非洲国家发生的民族冲突，这些地区悲剧似乎是永无止境的。不幸的是，欧洲的巴斯克地区、加泰罗尼亚、威尔士和苏格兰也发生了动乱。在非洲，大部分问题归因于殖民和后殖民的失败；其他观察人士指向了冷战的结束、贸易强国中的不平等，以及不断增长的全球资源压力下改善原住民生活水平的暗淡前景。(Rothchild, 1997)

在缺乏一些像欧盟这样有效的更大框架下，如何将这种现象转变为积极的结果仍需探索。在欧洲范围内，它暗示着一种相当于与周边农村附属地区联合在一起的城邦形式。新加坡已经体现出了这样一种可能。对于非洲来说，前途尚不乐观；殖民帝国瓦解之后建立的新兴国家坚决维护国家独立，但是作为公民社会，它们经常以失败告终。考虑到在持续增长的大城市中发生暴力事件的可能性，虽然这种可能只有在城市获得稳定发展的许多年后才发生，但是只有稳定的发展才能实现各民族和平共处的可能性。

环境作为一种区域化因素

过去二十年中，第三种全球力量——环境——正逐步走进人们的视线，尤其是关于气候变化的问题。环境意识已成为帕特里克·格迪斯理念中的主要因素，部分是由于他在生物学和生态学上的训练。随着人们认可本顿·麦凯发扬格迪斯和约翰·缪尔的环境保护伦理，在某种程度上，自然秩序理念的规划应延续至20世纪中叶。然而在美国，环境保护论的现代模式只在20世纪70年代才普及，特别是通过卢纳·利奥波德、蕾切尔·卡森和其他成功通过主要环保立法的积极分子们的努力。立法本身并不只是针对某个特定区域，而是使用了更为一般的立法形式，如《濒危物种法案》或《国家环境政策法》。然而，环境保护开始以特定的区域形式证明自身的正确性，如空气和水质量治理地区或栖息地保护计划，它们都涉及了城市和城市周边地区，以及更大的地理区域。

在20世纪90年代和21世纪的第一个十年里，越来越多的人意识到即将到来的全球气候变化，同时还有能源和其他资源的消耗压力，这意味着区域环境问题已迫在眉睫。全球范围内都在努力解决特殊地区所面临的问题，如北极栖息地消失和热带地区热带雨林的破坏。更加令人畏惧的是，解决二氧化碳产生和扩散的努力需要全球范围内的空间框架，尽管这也意味着会降低个人或家庭的生活水平。或许这并非偶然，在此期间，地理学家已放弃区域的想法，而将规模的概念作为核心理论问题（Smith，1995）。该研究的一些内容是没有太多实际意义的空洞理论，但是人们却不由得感到震惊，他们认为这种转变本应该发生在当旧理念确实不再行之有效的时候。然而有趣的是，当气候政策应用于大城市的交通时，确实显示出明显的区域因素，同时也受缚于土地的使用。

145

结论：区域规划的前景

在21世纪第二个十年中，区域规划的前景喜忧参半。在大都市的尺度上，区域政策和规划的复兴正在明显发生，过去的治理结构与工作人员的失职很不利于处理紧急问题。对于发展规划，不管是高收入国家还是低收入国家，区域作为一种组织概念已经不再明朗了。

在发展中国家，尤其是那些正在经历快速增长的国家，各国政府和国际救援组织都在期待广泛意义上的行业解决方案。伴随着国际贸易和市场经济的发展，不管是传统意义上的政府组织，还是政府管辖之外的组织，都试图在工业领域发展方面吸引外来投资，同时用教育提升人力资本,通过制度变革带来更好的决策和协调。几十年以前,在一些国家,特别是中国,计划经济策略远远无法实现人们的梦想。人们与这些政策给地区带来的恶性后果作斗争,但是一般来说,区域性解决办法已不再盛行,因为它只有很小或几乎没有影响力。即使是许多最穷的国家,民族冲突和暴力事件是否会导致其基本发展策略的变革也是不确定的。对大多数情况来说,在新自由主义的全球贸易体制下,贸易精英将其拥有和获得的资本投入更安全的地方是无可非议的。

在发达国家,情况大不相同,规划学院的课程改变提供了很好的范例。从20世纪70年代至今,许多项目都采取区域发展和规划作为它们发展的主要集中策略之一(城市区域规划已基本退出历史舞台)。到20世纪90年代,区域发展的集中已经演变成当地和区域经济发展规划,往往与地区开发紧密相关。在实践中可以看到类似的方法。在美国,即使联邦政府放弃了区域发展和城市政策,地方经济发展规划也还在扩大。城市需要采取措施以应对经济体制中的巨大变革,它们别无选择。不可避免的是,这都意味着要在行业间采取措施,不管是产业部门还是劳动力部门。随着时间的推移,对可行部门的探究已经超出了技术范围,而到达创意阶段(Florida, 2002)和艺术范畴(Markusen & Johnson, 2006),但是本质上它们是相同的。与此同时,正如我们注意到的,地区角色和地区身份似乎仍对欧盟的发展政策大有裨益。

在实践理论和实践信条上,区域发展规划理念似乎正在衰退。然而,区域规划已被证明是一个有弹性的理念,而且它不应简单地像摒弃过去一样退出历史舞台。大都市和大都市群的区域主义有死灰复燃的趋势。贫困国家(以及富裕国家中的贫困地区)如何摆脱贫穷这一持久的难题仍然困扰着我们,具体体现为主动性的缺乏和民族区域动荡。

基本上，在世界全球化的趋势下，人们不太可能产生区域认同的愿望。人类一直都是一种迁移性物种，但每当他们到达一个地方，就会定居下来。那种渴望太过遥远，并且深深地根植于人类进化之中，以至于在我们这个时代消失了。

147

参考文献

Bergman, Edward, Edward Feser, and Stuart Sweeney. 1996. *Targeting North Carolina Manufacturing: Understanding the State's Economy through Industrial Cluster Analysis*. 2 vols. University of North Carolina Institute for Economic Development, Chapel Hill. Raleigh: North Carolina Alliance for Competitive Technologies.

Berlin, Isaiah. 1976. *Vico and Herder: Two Studies in the History of Ideas*. London: Hogarth Press.

Berlin, Isaiah. 1980. *Against the Current: Essays in the History of Ideas*. New York: Viking Press.

Boudeville, Jaques. 1961. *Les espaces économiques*. Paris: PUF.

Breslin, Shaun, Christopher Hughes, Nicola Phillips, and Ben Rosamond. 2001. *Regionalism in the Global Political Economy: Theories and Cases*. London: Routledge.

Castells, Manuel. 1977. *The Urban Question: A Marxist Approach*, trans. Alan Sheridan. London: Edward Arnold.

Charles-Brun, Jean. 1911. *La régionalisme*. Paris: Bloud et Cie.

Cooke, Philip. 1995. *The Rise of the Rustbelt*. London: UCL Press.

Fanon, Frantz. 1963. *The Wretched of the Earth*, trans. Constance Farrington. New York: Grove Press.

Florida, Richard. 2002. *The Rise of the Creative Class: And How It's Transforming Work, Leisure, and Everyday Life*. New York: Basic Books.

Frank, Andre G. 1967. *Capitalism and Underdevelopment in Latin America*. New York: Monthly Review Press.

Friedmann, John. 1972 *A General Theory of Polarized Development*. New York: Ford Foundation, Urban and Regional Advisory Program, Chile.

Friedmann, John. 1975. Regional Development Planning: The Progress of a Decade. In *Regional Policy: Readings in Theory and Applications*, ed. John Friedmann and William Alonso. Cambridge: MIT Press.

Friedmann, John. 1987. *Planning in the Public Domain: From Knowledge to*

148

Action. Princeton, NJ: Princeton University Press.

Friedmann, John, and Clyde Weaver. 1979. *Territory and Function: The Evolution of Regional Planning*. Berkeley: University of California Press.

Geddes, Patrick. (1915) 1972. *Cities in Evolution: An Introduction to the Town Planning Movement and to the Study of Civics*. London: Williams & Norgate.

Glasmeier, Amy. 1991. *The High-Tech Potential: Economic Development in Rural America*. New Brunswick, NJ: Center for Urban Policy Research, Rutgers University.

Gore, Charles. 1984. *Regions in Question: Space, Development Theory and Regional Policy*. London: Methuen.

Gould, Peter R. 1970. Tanzania1920–1963: The Spatial Impress of the Modernization Process. *World Politics* 22 (2): 149–170.

Hall, Peter. 2002. *Cities of Tomorrow: An Intellectual History of Urban Planning and Design in the Twentieth Century*. 3rd ed. Oxford: Blackwell.

Hamann, Johann Georg. 1999. *Sämtliche Werken*. Edited by Josef Nadler. Wuppertal: Brockhaus.

Harvey, David. 1973. *Social Justice and the City*. London: Edward Arnold.

Herder, J. G. 1969. *J. G. Herder on Social and Political Culture*. Edited and with an introduction by F. M. Barnard. Cambridge: Cambridge University Press.

Herodotus. 1998. *The Histories*. Trans. Robin Waterfield. Oxford: Oxford University Press.

Hill, Edward, and John Brennan. 2000. A Methodology for Identifying the Drivers of Industrial Clusters: The foundation of regional competitive advantage. *Economic Development Quarterly* 14 (1): 65–96.

Hirschman, Albert O. 1958. *The Strategy of Economic Development*. New Haven, CT: Yale University Press.

Hoover, Edgar M. 1937. *Location Theory and the Shoe and Leather Industries*. Cambridge, MA: Harvard University Press.

Isard, Walter. 1956. *Location and Space Economy*. Cambridge, MA: MIT Press.

Keating, Michael. 2003. The Invention of Regions: Political Restructuring and Territorial Government in Western Europe. In *State/Space: A Reader*, ed. Neil Brenner, Bob Jessup, Martin Jones, and Gordon MacLeod. Oxford: Blackwell.

Kolosovskiy, N. N. 1961. The Territorial-Production Combination (Complex) in Soviet Economic Geography. *Journal of Regional Science* 3 (1): 1–25.

Kremer-Marietti, Angèle. 1972. *Auguste Comte, la science sociale*. Paris: Gallimard.

Kropotkin, Peter. (1899) 1974. *Fields, Factories and Workshops*. London: Hutchison.

149

Krugman, Paul. 1992. *Geography and Trade*. Cambridge, MA: MIT Press.

Lewis, W. Arthur. 1955. *Theory of Economic Growth*. London: Allen & Unwin.

Le Play, Frédéric. (1877–1879) 1982. *La réforme sociale*. In *Frédéric Le Play on Family, Work, and Social Change*, ed. Catherine Bodard Silver. Chicago: University of Chicago Press.

Lovering, John. 1999. Theory Led by Policy: The Inadequacies of the "New Regionalism" (Illustrated from the Case of Wales). *International Journal of Urban and Regional Research* 23 (2): 379–395.

Markusen, Ann. 1987a. *Regions: The Economics and Politics of Territory*. Totowa, NJ: Rowan & Littlefield.

Markusen, Ann. 1987b. *High Tech America: The What, How, Where and Why of the Sunrise Industries*. London: Unwin Hyman.

Markusen, Ann, and Amanda Johnson. 2006. *Artists' Centers: Evolution and Impact on Careers, Neighborhoods, and Economics*. Minneapolis: Hubert Humphrey Institute of Public Affairs, University of Minnesota.

Meardon, Stephen J. 2001. Modeling Agglomeration and Dispersion in City and Country: Gunnar Myrdal, François Perroux, and the New Economic Geography. *American Journal of Economics and Sociology* 60 (1): 25–57.

Myrdal, Gunnar. 1957. *Economic Theory and the Underdeveloped Regions*. London: Duckworth.

National Resources Committee. 1935. *Regional Factors in National Planning and Development*. Washington, DC: Natural Resources Committee.

North, Douglass C. 1956. Exports and Regional Growth: A Reply to Tiebout. *Journal of Political Economy* 64 (2): 165.

Perroux, François. 1955. Note sur la notion de "pole de croissance." *Economie Appliquée* 7: 307–320.

Porter, Michael E. 1998. Clusters and the New Economics of Competition. *Harvard Business Review*, November–December.

Porter, Michael E. 2000. Location, Competition and Economic Development: Local Clusters in a Global Economy. *Economic Development Quarterly* 14 (1): 15–34.

Preusse, Heinz G. 2004. *The New American Regionalism*. Northampton, MA: Edward Elgar.

Proudhon, Pierre-Joseph. (1863). 1959. *Du principe fédératif*. In *Œuvres complètes de P.-J. Proudhon*. Paris: Librairie Marcel Rivieres.

Quijano, Anibal.1968. Dependencia, cambio social, y urbanizacion. *Revista Mexicana de Sociologia* 30: 526–620.

Ratzel, Friedrich. 1882. *Anthropogeographie*. Stuttgart: J. Engelhorn.

150

Reclus, Elisée. 1905–1908. *L'homme et la terre*. Paris: Librairie Universelle.

Robb, Graham. 2007. *The Discovery of France: A Historical Geography from the Revolution to the First World War*. New York: Norton.

Rodwin, Lloyd. 1970a. *Nations and Cities: A Comparison of Strategies for Urban Growth*. Boston: Houghton Mifflin.

Rodwin, Lloyd. 1970b. Regional Development Planning and Regional Planning in Less Developed Countries: A Retrospective View of the Literature and Experience. *International Regional Science Review* 3 (2): 113–131.

Rothchild, Donald. 1997. *Managing Ethnic Conflict in Africa: Pressures and Incentives for Cooperation*. Washington, DC: Brookings Institution Press.

Rostow, Walt Whitman. 1960. *The Stages of Economic Growth: A Non-Communist Manifesto*. Cambridge: Cambridge University Press.

Saxenian, AnnaLee. 1994. *Regional Advantage: Culture and Competition in Silicon Valley and Route 128*. Cambridge, MA: Harvard University Press.

Schön, Donald, Bishwapriya Sanyal, and William Mitchell, eds. 1998. *High Technology and Low-Income Communities: Prospects for the Positive Use of Advanced Information Technology*. Cambridge, MA: MIT Press.

Scott, Allen J., and Michael Storper, eds. 1986. *Production, Work, Territory: The Geographical Anatomy of Industrial Capitalism*. London: Allen & Unwin.

Smith, Neil. 1995. Remaking Scale: Competition and Cooperation in Prenational and Postnational Europe. In *Competitive European Peripheries*, ed. H. Eskelinen and F. Snickars, 59–74. Berlin: Springer.

Soja, Edward W. 1968. *The Geography of Modernization in Kenya*. New York: Syracuse University Press.

Solow, Robert M. 1957. Technical Change and the Aggregate Production Function. *Review of Economics and Statistics* 39 (3): 312–320.

Stiglitz, Joseph E. 2003. *The Roaring Nineties: A New History of the World's Most Prosperous Decade*. New York: Norton.

Storper, Michael. 1991. *Industrialization, Economic Development and the Regional Question in the Third World: From Import Substitution to Flexible Production*. London: Pion.

Storper, Michael, and Allen J. Scott, eds. 1992. *Pathways to Industrialization and Regional Development*. London: Routledge.

Sunkel, Osvaldo. 1969. National Development Policy and External Dependence in Latin America. *Journal of Development Studies* 6 (1): 23–48.

Teitz, Michael B. 1985. Rationality in Planning and the Search for Community. In *Rationality in Planning*, ed. Michael Breheny and Andrew Hooper. London: Pion.

Thornton, Arland. 2005. Frederick Le Play, the Developmental Paradigm, Reading History Sideways, and Family Myths. Working paper, Population Studies Center, University of Michigan, Ann Arbor.

151

Tiebout, Charles. 1956. Exports and Regional Economic Growth. *Journal of Political Economy* 64 (2): 160–164.

Vico, Giambattista. (1744) 1968. *The New Science*. Ithaca, NY: Cornell University Press.

Vidal de la Blache, Paul. 1922. *Principes de géographie humaine (Principles of Human Geography)*. Paris: Colin.

Viner, Jacob. 1950. *The Customs Union Issue*. New York: Carnegie Endowment for International Peace.

Weaver, Clyde. 1981. Development Theory and the Regional Question: A Critique of Spatial Planning and Its Detractors. In *Development from Above or Below? The Dialectics of Regional Planning in Developing Countries*, ed. Walter B. Stöhr and D. R. Fraser Taylor. New York: Wiley.

Weaver, Clyde. 1984. *Regional Development and the Local Community: Planning, Politics and the Social Context*. New York: Wiley.

Welter, Volker M. 2002. *Biopolis: Patrick Geddes and the City of Life*. Cambridge, MA: MIT Press.

152

第六章

都市主义：区域规划协会的规划方案对都市规划的塑造及反映

罗伯特·D.亚罗

本章探讨了都市主义理念的起源和发展，以及美国都市规划的实际情况。描述了知识及政治惯例对都市主义发展和效力的严重阻碍，以及目前美国许多地区是怎样克服这些障碍以推动规划创新措施的。美国最古老的独立都市规划、研究及倡导组织区域规划协会（RPA）及其临时前身纽约及其郊区区域规划委员会，它们的工作塑造并体现了都市主义。尤其是，RPA分别于1929年、1968年及1996年制定的三项标志性区域规划方案是怎样体现都市主义概念的。本章还探讨了这些规划方案对都市规划措施和理论的影响，以及哪些地区的都市规划比较领先。

定义都市主义

都市主义描述了大部分美国人的生活方式。布鲁金斯学会的都市政策项目认为，都市主义不仅体现了美国人生活的区域，还在某种程度上体现了美国人的生活方式，而其体现方式与市郊两分法不同。人们生活和工作不在同一个城市，要去教堂或诊所或电影院的话还要再去另一座城市，而这些市区在一定程度上是相互依赖的。报纸的本地新闻编辑部被地铁部门的员工所取代。劳动力及住房市场遍及整个区域。早间交通新闻报道都市区域内车辆拥堵的状态。歌剧公司和棒球队吸引着整个区域的人。空气和水污染影响着整个区域，污染物、一氧化碳及径流是不受市郊界线限制的。人们对生活环境的描述潜意识里体现了他们对都市现状的认识。飞机上两个陌生的人会对彼此说，"我来自华盛顿/休斯敦/洛杉矶/芝加哥/底特律市"。人们知道他们生活的地方只有与其他临近地方和中心都市相联系的时候才有意义。都市主义是谈论及思考所有这些联系的一种方式。(Katz & Bradley, 1999)

都市主义是诸多规划观点的集合，通过传播和促进既定区域范围内的密度和增长，来推动城市的连续发展。都市主义鼓励中心都市区域的发展，进而促进目标式增长的实现。初期，都市主义遭到区域主义一派的反对，区域主义认为应倡导在区域内发展分散的卫星城。区域主义运动源于苏格兰地理学者帕特里克·格迪斯及其美国追随者，包括刘易斯·芒福德、本顿·麦凯和其他20世纪早期美国区域规划倡导者。区域主义观点与英美花园城市运动有密切联系，该运动起源于1902年埃比尼泽·霍华德的作品《未来的花园城市》。这引起了英国花园城市运动，并被美国几代新社区的发展所继承，它们始于第一次世界大战时期应急舰队公司的住房发展，由克拉伦斯·斯坦因等人设计。

153

随着时间的推移，都市主义的重心发生了转变，从促进市中心向外围发展转为推动区域多中心的发展，以及在城郊发展界线内保护环境系统。

都市主义目前被布鲁金斯学会、RPA及许多其他城市、商业及公共领域的规划、研究及倡导组织，提升为一种允许都市区域掌管自身未来并组织自身，以提高其生活质量、经济水平、交通系统、住房市场及可持续性等的运动。

越来越多的都市区域采用**都市规划**来系统地解决这些问题。许多都市区域也在制定区域规划和行动策略，以应对气候变化，包括减少引起温度变化的温室气体，并减轻目前气候变化产生的影响。

154

自20世纪初以来，以都市主义结构来考虑区域已成为固定模式，并取得一定的成就，因其在提高某地理区域内的经济、环境及均衡发展方面有着巨大的潜力。21世纪初，都市主义得到普及，反映了人类居住区密度及规模的增长，并显示了美国80%的人口目前都生活在都市区域。同时还因为决策制定者及观点领导者已经越来越意识到，人口密集区面临的许多基本问题都只有在都市层面，按照都市规划所提出的长期规划周期，才能得到解决。

20世纪90年代中期，美国西海岸制定新都市规划方案的热情尤为强烈。以波特兰完成于1995年的"都市2040规划"为开端，实际上，从西雅图到圣迭戈，几乎每个大城市都制定了新的都市规划方案。加利福尼亚制定的新规划被称为"蓝图规划"，之前在2005年南加利福尼亚政府协会为含六个县的洛杉矶区域制定了"南加利福尼亚罗盘蓝图规划"。目前这些规划用于促进加利福尼亚净化空气及减少碳排放的目标。

波特兰的标志性规划也是美国首个由市民广泛参与的方案，现在被称为"区域愿景"。波特兰之后，犹他州的盐湖城出现了"犹他设想"领导的规划进程，这一非营利性组织由治理者麦克·莱维特、重要商业领袖及有影响力的末世圣徒教会进行有力领导。在波特兰和盐湖城标志性规划制定完成后，美国许多其他主要城市，包括芝加哥、亚特兰大、波士顿、奥斯丁及菲尼克斯，都采用类似的区域愿景来制定新的都市规划方案。大部分城市是采用仿真技术为更紧凑、注重交通的发展模式建造支持系统。很明显，波特兰、盐湖城及其他地区的愿景规划，对都市发展模式及公众态度产生了重要的长期影响。

这种规划的传统源于1929年的"纽约及其郊区区域规划"，它成为解决纽约地区工业化所造成的复杂问题的固定方式，包括都市中心的交通拥堵和人口密集。1929年RPA也加入到这一里程碑式规划的推广之中，同年，其组织前身纽约及其郊区区域规划协会制定出规划。RPA是一个独立的非营利性组织，于1968年及1996年分别制定了两份全面的附加规划。RPA并非商业组织，却与区域商业及市民领导有着密切联系。这种联系有助于塑造RPA的研究、规划及倡导工作。通过使纽约—新泽西—康奈迪克都市区的商业及市民领导参与其中，RPA及其规划向主要利益相关者做出了认真承诺。重要的是，要知道一个地区的商业及市民领导通常是相同的个人或组织，且其慈善帮助有助于引领RPA规划。RPA的区域规划是为国家的最大都市区——纽约—新泽西—康奈迪克都市区——制定的长期整体战略性规划；规划围绕RPA促进区域宜居性、经济活力及可持续发展的目标展开。三项规划均涉及广泛，包括交通运输及移动性、城市形态、经济结构、环境及开放空间保护、住房、社会公平及工作技能和教育。

近一个世纪里，RPA在许多方面影响并反映着纽约、美国乃至整个世界中的都市规划者及理论家。作为国家最大的都市区，纽约一直都是都市发展及规划的先锋。这是因为纽约的城市问题出现得比较早，且规模较大。同时还因为其有财政资源的支持。1.2万亿美元的都市经济，使纽约有充足的财政支撑和慈善资源来推动RPA的工作。很多情况下，RPA规划及措施中出现的创新点，激发了欧美大都市区的思考及行动。

都市主义及都市规划的阻碍力量

20世纪20年代以来，美国大部分人都居住在城市区域。目前美国每10个人有8个人生活在都市区域，一半以上的人口生活在25个最大的都市区。尽管如此，国家的政治力量及国策日程控制的大部分，仍集中在各州及都市区域的乡村及郊区。这是数个传统和偏见造成的结果。

• **反城市主义**。纵观美国历史，浓厚的反城市主义一直存在，切断了都市的政治力量。这种反城市主义也体现了长期以来的本土主义及反移民主义，两者都反对城市和都市区，直到近来城市区域才涌入大量移民。

• **联邦主义**。《美国宪法》规定，美国是联邦共和国，将所有联邦政府管辖外的权力下放至州政府，包括土地使用规划及治理权、税收权等大部分塑造城市和都市形态的治理权力。强有力的州立机构驱动着大多数州的政策和投资，尽管"一人一票"制实行了四十年，重新划分了州立法，但在许多州的立法中乡村利益仍占主导。

• **根深蒂固的地域主义**。美国大部分地区都有一种强烈的地方主义和地方自治传统，并且不信任遥远的政府当局（包括城市中的）。大部分土地使用治理、住房及其他职责自州政府移交至地方，而不是市政府。因此，大部分的都市治理及规划组织只有适度的权力，或是受地方利益主导。

•**市郊划分**。大部分都市区域仍有明显的市郊划分，因此都市机构很难联合力量，团结一致。

•**反都市的偏见**。即使在规划领域，区域规划者很早就一直有着反都市主义，认为都市扩张和发展对自然资源和"本土"（当时指土著的盎格鲁—撒克逊白人）社区和文化构成威胁。20世纪初，两派思潮对规划持不同观点：都市主义和区域主义。区域主义观点推动了花园城市——分化且低密度的飞地系统，而都市主义促进了都市区的持续发展。不幸的是，区域主义愿景呈现的形式，是以郊区为基础的不可持续发展模式的扩张和社会负担。

总而言之，大都市主义理念存在的问题是其与众多有力的、根深蒂固的理念和美国政治机构的结构背道而驰的。尽管如此，这种理念仍然存在，部分是因为在都市框架之外没有明确的替代方案来治理巨大的城市系统。21世纪人们生活的现状是，绝大多数美国人生活在强大的交通运输系统、经济环境系统等交织而成的大都市区域。尽管受到种种阻碍，但都市主义取得了一定的成就，因为其明确指出了相互依赖的区域性问题的本质，最重要的是其提出了潜在的解决方案。

从耕地国家到都市国家

自两百多年前建国以来，美国两种矛盾的愿景就呈紧张态势，一种是耕地愿景，一种是都市愿景。两位开国元勋托马斯·杰斐逊及亚历山大·汉密尔顿分别成了这两种观点的倡导者。杰斐逊认为，美国应保持一种民主的、以自耕农为主的平等主义国家，国民生活在零散的小集镇的土地上。汉密尔顿则认为，美国的未来在于转型为有着强大工业经济的城市化国家。《美国宪法》在历史性妥协中体现了两者的妥协方案，汉密尔顿同意从纽约迁都至华盛顿，同时杰斐逊同意建立有力的银行系统及有力的集中货币。两者的妥协为19世纪至20世纪初美国由农业国向城市化国家的转变奠定了基础，这一过程一直持续至今。汉密尔顿还在1784年成立了纽约银行，并投资国家首个规划工业城——新泽西的帕特森，为推动国家转型做出了自己的贡献。

158 　　尽管乡村和小城镇愿景仍是美国一种强大的国民心态，但美国早已经变成一个都市化国家。都市区域——有着公共地貌、经济、交通及环境基础设施系统、住房及就业市场的城郊中心的集聚地，已经成为国民经济发展的原动力，国家文化和交流系统的焦点，以及成千上万移民（开始进入国民生活主流）的试验场。

　　然而，国家、州及地方的规划、政策及投资很少体现出这一事实。美国联邦系统将大部分重要的经济发展和运输问题的权力指定给州政府，而不是大都市区。国家大部分强有力的地方自治传统及根深蒂固的市区及县级政府，保卫着自己的土地规划和治理权。这两种有力的力量使得大部分地区的都市规划机构组织都没什么有效的权力，也没有公共支持基础。

都市主义及都市规划的起源

　　到20世纪，经历了数十年的城市化、快速工业化及几次移民浪潮之后，诸多大型都市区在美国东北及西北形成。其中最主要的有纽约、芝加哥、波士顿及费城。所有这些城市都经历了广泛的合并进程，在此进程中，郊区社区融合到快速扩张的中心城市中。诸多的政治力量使得19世纪合并进程在这些地方得以实现。其中，典型的北欧原籍城市想要引入快速发展的（主要是盎格鲁—撒克逊系的白人新教徒）郊区，以在南欧和东欧移民进程中保持其政治统治。同时，郊区意欲使用中心城市控制的都市水源、运输及其他系统。这些力量共同形成了19世纪末20世纪初美国东北及中西部地区城市大规模合并所需的政治支持。20世纪晚期，合并动力削弱，主要因为爱尔兰、意大利及犹太政治团体在城市中心权力的增加，还有波士顿、纽约及其他可为郊区及市区社区提供大型基础设施系统的都市层级政府当局的创新措施。

　　都市主义思维很明显是出现在这些机构产生之后。比如，1895年，马萨诸塞联邦成立了"都市公园区"，之后又出现了"都市水利及管道区"，以满足波士顿都市区内十几个市的基础设施需求。1897年，波士顿建立了美国首条地铁，之后纽约等其他城市也陆续建造了地铁。1898年，"大纽约"成立，包含了纽约和布鲁克林的各城市、五个县以及十几个较小的自治市，形成一个统一的多目标都市级政府。此外，"大纽约"划定的界线被永久性写入州立法，并从未曾修改以体现1898年后的城市发展。 159

　　同一时期，弗雷德里克·劳·奥姆斯特德、乔治·凯斯勒及其他知名景观建筑师推动了美国各地区都市公园系统的建立。1870年在写给美国社会科学学会的名为《公共公园及城镇扩大》的信中，奥姆斯特德概括了中央公园建立十二年以来的经济、卫生及社会效益：

　　　　值得注意的是，公园最初规划的目的并不是现在这样的，而是着眼于未来服务，也就是当公园将成为四周被水所包围的容纳200万人口的地区的中心时。中央公园形成后，所谓的未经准备的常识，以及特殊深入的商业化研究的相对价值问题就需要解决，即利益与成本进行对比。在最后的四年中，实际统计的游客数量在3 000万以上，而还有很多是未被统计其中……关于公园在公共健康方面的作用，毫无疑问已经很显著了……此外，公园在为城市吸引游客方面也有重要作用，进而增加城市贸易，吸引在其他地区赚了大钱的人来此定居，成为其纳税人。（Olmsted，1973：169—173）

旧金山及洛杉矶等西海岸城市，建立了都市供水系统，转移水源，建造了绵延数百英里的管道。同时，私人铁路公司在美国十几个最大都市区内建成了都市通勤铁路网。

芝加哥成了这一时期都市思潮和实践的滋生地。1898年大纽约合并之后，芝加哥与纽约成了美国最大的两个都市。都市主义是这两个城市规划的核心观念。随着芝加哥的迅速发展及竞争意识的增强，产生了1893年哥伦布纪念博览会及之后的芝加哥签名湖畔公园系统。当芝加哥河流污染威胁到密歇根水源供应的时候，该市只是将污水排放到密西西比河中。由于河流及湖畔地势低洼，常常受到洪水侵害，限制了市中心商业及零售业的发展潜力，芝加哥就将城市整体提高。

这种乐观进取的都市发展方案——商业社区影响及市民事务参与的显著作用，导致美国首个全面的城市规划——丹尼尔·伯纳姆及爱德华·本内特的1909年《芝加哥规划》的制定。尽管伯纳姆因这一规划得到公众称赞，另外两名商业和市民领导——查尔斯·代尔·诺顿和弗雷德里克·德拉诺也非常值得一提，他们在设想规划方案、构建方案制定和实施所需的市民领导力及政治决心、率先筹集资金聘用伯纳姆编写方案等方面做出突出贡献。

纽约都市规划

诺顿成功完成了芝加哥规划事务之后,在华盛顿做了威廉·霍华德·塔夫脱总统的秘书,1911年去了纽约,做摩根大通纽约第一国家银行的副主席。不久之后德拉诺也追随而至。当时,纽约正以惊人的速度发展,已经远远超出了上一代划定的合并城市界线。

纽约也正面临着急剧的人口增长和交通拥堵,以及不断的流行病和犯罪事件。随着南欧及东欧移民的涌入,城市内各个地区出现了大量贫民窟,关于这些移民能否融入当地经济社会主流的问题也变得广泛。大量的机动车造成了城市内前所未有的拥堵现象。曼哈顿地区的运输、仓储及制造威胁了城市本就拥挤的街道、住宅和商业区,同时,城市正在发展成一个全国甚至全世界的金融、工业和交通中心。最后,电话及远距离电力传输推动了通信及工业生产的转型。但这些趋势也为城市及其周边都市区的积极转变提供了机会,将人口和工业分散至郊区和外围地区。在此情况下,区域主义和都市主义争相寻找解决严重的拥堵问题的办法。

在伦敦,类似的趋势在20世纪初引发了都市警察、学校及水利和管道系统的成立,伦敦郡议会成立了广泛的社会公益住房网。雷蒙德·昂温倡导将莱奇沃思及韦林花园城市及汉普斯特德花园郊区,作为围绕埃比尼泽·霍华德伦敦都市区分散规划愿景而设计的花园城市及郊区都市网的模型。下面清晰阐述了霍华德对社会面临的最突出问题——城市集中和密度,以及其以一系列磁铁城市应对这一问题的提议:

161

　　　　每个城市可被视为一块磁铁，每个人可被视为一枚针；这样，无异于发现了一种构建磁铁的方法，使其力量大于城市有效自发健康地重新划分人口所需的能力。(Howard,[1902]1965,44—45)

　　查尔斯·代尔·诺顿认为，纽约面临的问题需要类似于《芝加哥规划》的整体方案来解决。但他认为，纽约地区庞大的规模和较大的复杂性需要一个区域层面的整体规划，涵盖二十二个县和三个都市区。像在芝加哥一样，他组成了一个商业及市民领导特别小组，以推动这一理念。1922年，诺顿邀请雷蒙德·昂温来到纽约，商讨区域规划的制定。同年，诺顿和德拉诺组织了一批区域规划倡导者，形成了纽约及其郊区区域规划委员会，并取得了拉塞尔·塞奇基金会对推动这一规划的赞助。像在芝加哥一样，诺顿认为，规划领导力应来源于商业和市民部门，因为需要解决的问题太重要，不能留给政治家，而且区域问题已超越政治领域。像在芝加哥一样，规划需要一位善于想象的规划师，来组织规划所需的专业团队。诺顿聘用了昂温的信徒托马斯·亚当斯来领导区域规划的制定。正如彼得·霍尔所言，亚当斯与诺顿的合作起到了重要的作用，因为亚当斯是个"商业规划师"，他不同意刘易斯·芒福德等其他美国人所倡导的用花园城市来应对都市问题的观点 (Hall, 2002)。在上述美国反都市观点的背景下，亚当斯在纽约区域规划中的贡献为都市主义早期发展奠定了基础，反映了大部分评论者一致同意的城市问题以及霍华德等知识分子提出的解决方案。

　　区域规划的提出，是20世纪20年代在纽约都市区域发展中拨乱反正的知识和政治运动的一部分。这种危机感无疑有力地推动了都市主义发展，并有助于解决阻碍发展的问题。1921年，纽约州和新泽西州

162

通过州际协定成立了纽约港务局(现在的纽约及新泽西港务局)，以规范州际运输及相关港运设施。同样在纽约，一组善于设想的社会学家、建筑师、住房倡导者及区域规划师成立了美国区域规划协会(RPAA)，这是一个松散的特别小组，不时就纽约及美国的区域规划问题进行讨论。RPAA的经济学家斯图尔特·蔡斯总结了区域规划小组的观点：

> 　　关于社区的区域规划，将推翻不经济的国内市场，清除城市拥堵和终端垃圾，平衡电力负荷，占用大部分铁路煤炭，消除牛奶及其他配送的重复，杜绝将太平洋海岸苹果运至纽约市场等不经济的行为(通过鼓励当地果园，发展当地森林，降低西部木材运至东部矿区的运费)，将棉花田布局在纺织厂附近，将工厂安排在隐蔽开采区，钢厂布局在矿床附近，食品生产厂布局在小型大动力单位中，靠近农业区。摩天大楼、地铁和孤独的乡村就没有存在的必要！(Chase,1925：146)

小组成员包括记者和哲学家刘易斯·芒福德、建筑师克拉伦斯·斯坦因及亨利·怀特、理论学家克拉伦斯·佩里、住房专家凯瑟琳·鲍尔、不动产经理及投资人亚历山大·宾、林务官及区域规划师本顿·麦凯。尽管佩里及其他RPAA成员是纽约区域规划的成员或咨询师，且亚当斯咨询了RPAA关于新泽西拉德伯恩的"汽车时代新城镇"的规划模板，但是，RPAA的"区域主义"和RPA的"都市主义"之间还是形成了严重的分裂。区域主义在自治市的原则基础之上进行规划，而都市主义则更为实用主义，要在区域界线内散布并实现密集和发展。

163

1925年，刘易斯·芒福德编写了《调查图表》的"区域规划版"，形成了RPAA的宣言，包含数篇关于纽约（芒福德称之为"恐龙城"）扩张和密实化的高度批判性文章（Mumford, 1925）。芒福德的文章在这一系列关于纽约即将瓦解的书籍和文章中位列首位，每当纽约出现经济衰退，类似的出版物就会出现，支持反都市主义。

之后在1928年，麦凯出版了《新探索》，描述了呼吁包含"都市入侵"并将区域布局在自然资源系统周围的区域规划。麦凯相信，园林路和"无城镇高速公路"（使用受限高速公路）网络可以作为反对都市主义"洪水"的"堤坝"（如都市区域向郊区的扩张）。麦凯寻找这样的方法来控制都市扩张，他认为都市扩张可能会导致各大型都市区域周围的乡村和原始地区的入侵，并破坏仍是他所谓的"本土"价值和文化库（麦凯将其视为美国文明的基础）的小城镇和乡村网络。

1931年，RPA发表了《建造城市》，这是《纽约及其郊区区域规划》的最终总结版。这为《新共和》杂志1932年6月及7月刊中的亚当斯及芒福德的文章奠定了基础，该杂志强调了RPAA区域主义和都市主义的哲学和语用方面的不同。简而言之，芒福德认为，RPA规划为都市扩张和密集化的资本主义动力提供了保障，而亚当斯认为，RPA的专业和业余人员生活在一个神奇的世界中，他们相信通过在区域城市中心周围建筑绿化带城镇网可以防止或完全合理化都市的扩张和密集化。在彼得·霍尔看来，

> 芒福德对RPA的各个方面进行了批判。看似宽广的空间框架实际
> 上很狭窄；城市可以肆意扩张，忽略了通过规划进行控制的可能；
> 未能考虑其他方案，仍允许中心区域的过度建筑；纵容新泽西哈肯

164

萨克河草原——曼哈顿附近的最后一块空地——布满了建筑物；认为花园城市是不切实际的，纵容了近郊区域的耕作；反对公共住房，造成贫困市民只能住在贫民窟里；为到达曼哈顿的通勤路线提供了更多的津贴，因而加剧了市区交通拥堵；高速公路和轨道交通提案是社区建设项目的备选方案，而不是其实现方法……尽管表面上看是相反的，它实际上却意味着向更严重的集中化发展。(Hall, 2002：167)

亚当斯观点的根源在于其实际考量并意识到区域是固定的，且只有增加的边际变化是可行的。他从实用主义观点总结了与芒福德的不同意见，批判其观点是空想主义的：

芒福德和我的分歧主要在于，我们是静止不动谈论愿景，还是向前发展在并不完善的社会中（只能实行不完善的解决方案）尽可能地实现愿景。(引自 Hall, 2002：167)

20世纪30年代，RPA继续推广其桥梁、隧道、公园大道、公园及住房发展提案。这些愿景在第二任主席弗雷德里克·德拉诺的倡导下基本实现，他是当时的纽约州州长，也就是富兰克林·罗斯福总统的叔叔。1932年，德拉诺被罗斯福任命为国家规划署（后更名为国家资源规划署）主席。该机构负责协调不发达地区公共事务的规划，促进州及地区规划机构的成立，以发展公共事务规划和战略，并发展反映RPA在其他地区所做准备的规划。

区域规划中涉及的众多大型基础设施和城市建筑项目，得到了罗斯福新政公共事务方面的资助，由纽约的"建筑大师"罗伯特·摩西建造。摩西在纽约市和纽约州的赞助下领导了一系列代理和官方机构，监管该区域历史上最大规模的公共工程扩张。在他的领导下，20世纪30年代初之后的三十年间，RPA的众多公共工程提案有十几个都得以实施，包括特里波洛、怀特斯通、斯罗格斯·内克、韦拉扎诺大桥、中城布鲁克林—巴特里隧道，以及长岛和哈得孙河谷公园和公园路系统。

165　摩西通过罗斯福新政提供的资助，实施了许多重要公共工程项目。

　　在德拉诺的领导下，整个国家的都市区都要发展区域规划，以满足国家资助条件，这为都市区规划提供了强有力的动力。与合并初期不同的是，都市在基础设施建筑方面的协作不需要都市治理系统的整体重组。相反，州和区域政府机构的成立是为了建造大规模项目，许多机构是在罗伯特·摩西行动的激励下成立的。在纽约，港务局也建设了RPA提出的跨哈得孙河公路桥梁及隧道，并实施了曼哈顿海港自哈得孙河向新泽西的迁移，建造了当地机场。在RPA的主要基础设施提案中，只有铁路项目没有完成，因为缺少私人铁路公司方面的合作及相关公共资助，以及罗伯特·摩西、奥斯丁·托宾及其他公共官员的重视。

　　到20世纪40年代，以及第二次世界大战前几年，RPA的主要基础设施项目基本完成。第二次世界大战后，RPA开始专注纽约及美国都市面临的一系列新问题：郊区扩张、就业和住房向郊区转移、开放空间的减少，以及国民经济本质的改变。20世纪50年代，RPA与公用治理哈佛学派合作实行都市区研究，研究了纽约及整个美国所出现的这些变化趋势。研究结果编成了多卷报告，揭示了纽约地区经济史的基本特点，体现了其工业发展模式，强调了劳动力及住房在这一过程中发挥的作用（为工业提供工人）。报告还分析了早期的港口及后期的"集群"在企业设施和劳动力共享方面的重要作用。研究还探讨了区域对不同种类的商业和工业所具有的优势和劣势，以及区域内工作间的及居民间的相关性。研究追溯了工作在整个区域内的流动，以及向区域外的流动，并将工作外流与中心市区人口减少和郊区持续壮大等发展趋势相联系。研究分析了困扰该地区多数地方政府的问题，如通勤和快速交通的危机。最后，研究将大都市投射到1985年，将其描绘为历史的无限复杂动力的总和，如果政府不进行空前大规模的改进，这些动力将承压。

166

第二区域规划

这一分析为1969年完成的RPA第二区域规划奠定了基础。RPA规划区域从22个乡村扩展到31个乡村，包含了都市周边的乡村和原始区域。这在一定程度上反映出RPA采用了本顿·麦凯等人的区域观点（区域规划需要解决这些地区及其城市化区域所需的条件）。麦凯及芒福德的区域主义和景观构想被合并到RPA的都市主义观点中，主要是因为需要将第一个规划之后出现的新中心的扩张和对于自然资源管理的关注融入区域扩大的界线内。在很大程度上，20世纪60年代末70年代初，RPAA与RPA之间的分歧得到了消除，其开始于RPA采纳了规划整体观，涵盖了都市区内其他中心的规划，并在自然资源保护方面采取前瞻性举措。第二区域规划围绕一些重要的因素展开，这些因素后来塑造了关于纽约市区及都市规划的理念。包括：

• **无计划的城市扩张。**RPA预计当时出现的无计划的城市扩张模式（RPA称之为"无计划的城市扩张"）将威胁城市和郊区的成功运行，并总结说需要采取大胆的举措来控制纽约及整个美国的城市的无计划扩张。这一规划推动了后来的增长管理及智慧增长运动。

• **区域中心**。第二区域规划将区域重新定义为多中心的地区，并指出，随着区域的继续分散化，十几个区域中心可能成为主要的多功能就业中心。所有这些中心都可以通过区域铁轨系统连接起来，通过新的都市运输署（可能从破产的私人铁路公司取得通勤铁路系统的控制权）进行运作。在该规划的激发下，东京、巴黎及其他城市制定了规划，将这些地区重新定义为多中心区域。

• **空地竞赛**。规划师杜撰了"空地"一词，并提出了建立联邦、州级、区域、市级及私人公园和保护区（用来防止扩张并保护重要的休闲地和景观）的宏伟战略。这一规划促进了该地区三个州的空地获取项目的建立，在该项目影响下，1990年，纽约都市区的100万英亩空地系统形成，还促进了盖特威国家休闲区（美国首个城市国家公园）、特拉华水峡国家休闲区、火烧岛国家海岸、米勒瓦斯卡州立公园及其他重要公园和保护区的成立。最后，RPA空地项目还激发了全国的土地信托和空地保护运动。

• **曼哈顿城市设计**。这一规划促进了以"可及性树"为中心的新型密集城市形态的建立，指的是将重要多功能高密度城市点布局于主要交通枢纽顶端的垂直运输系统。这个概念启发了世界贸易中心、花旗银行中心及曼哈顿等地方的其他主要城市发展项目，并预示了国家交通为本发展运动的兴起。

20世纪七八十年代，RPA引领斯坦福德、布里奇波特、康涅狄格州、纽约州白原市、布鲁克林下城、牙买加、纽约、泽西城、纽瓦克市、新不伦瑞克、新泽西州当地共同努力创建强大的区域中心。同时引领倡导通过共同努力向新成立的MTA及新泽西捷运提供资金，用于改造当地条

167

件恶化的地铁及通勤铁路网。同时，RPA继续倡导对美国新泽西州松林地、新泽西州高地、哈得孙河谷斯特林森林及其他临危区域的土地及公园进行保护。

第三区域规划

20世纪80年代后期，纽约地区经历了深刻变革。城市自身受到国家收回城市投资、中产阶级大迁徙以及郊区无计划扩张的影响。纽约市布朗克斯及布鲁克林普遍面临着房屋废弃、犯罪率急剧上升以及学校倒闭的困境。自美国独立战争后很多大型雇主流向郊外及国家其他地区，城市经历了第一次人口下降。纽瓦克、布里奇波特及其他城市中心区经历了类似情况，甚至空地也消失在低密度郊区无计划扩张的新时代。纽约及其他城市新一轮的移民潮迫使其建立一大批新贫民区，一些区域停止建立新公路，导致公路拥堵情况更加严重。

针对上述威胁，20世纪90年代，RPA启动第三区域规划，更加关注上述所有问题。发展规划的核心原则是所有的关键性建议，无论其是否已经实施或是在其他区域或纽约地区进行评估。鉴于该原则，RPA员工调查并就伦敦、巴黎、东京、上海、多伦多、波特兰、旧金山及其他城市在交通、环保、城市设计、增长管理及其他问题的都市创新进行建档。RPA规划于是拟订了各种方案，可对其进行改编并用于纽约地区。

东京与巴黎实施了区域铁路概念，例如，将其作为重要交通机构官员与意见领袖的互访问题。然后用这些概念形成RPA第三区域规划中区域快线方案。目前其通过三个大型项目得以实施，包括纽约地铁第二大道线、ARC以及地铁隧道工程（ESA），代表了自20世纪30年代以来纽约最大的交通扩建项目。其中地铁隧道工程与纽约地铁第二大道线目前正在施工。美国新泽西州州长克里斯·克里斯蒂(Chris Christie)出于成本超支考虑于2010年终止参与上述第三个项目哈得孙ARC铁路隧道的施工。州长克里斯蒂的决策强调了维持在很长一段时间内支持完成大型公共工程项目政治意愿的难度。

169 然而，创新并没有在其他地方显现出来，RPA在纽约地区引领创新规划概念的示范。在长岛，RPA帮助长岛中央松林委员会制定发展规划，通过自下而上的过程来创造和管理的区域土地使用治理委员会。RPA为委员会编制管理计划，并纳入国家首个发展权利体系区域转移。在另一个示范项目，RPA在新泽西州努力改革该州的棕地开垦法，并在尤宁县试运行，该州是最大的棕地集中区。RPA员工然后与市或州级官员及开发者一起通过新的国家监管过程建成若干典型复垦项目。

该方案阐述了RPA的务实传统，并回溯到查尔斯·代尔·诺顿、托马斯·亚当斯与弗雷德里克·德拉诺。然而，该组织时常提出卓远创意，其可信度依赖其在该区域政治现实范围内追求创意实施的能力，RPA职员有职业规划师、建筑师和工程师，并由该区域商人、公民及知识分子组成的董事会治理，并可以为该组织的优先研究计划与倡议提供指导。

然而，在一些方面，RPA的规划所包含的概念并不能从政治上获得认同。在这些例子中，除非展示自我的政治机会出现，否则RPA员工将一直等待下去，可能数年，甚至数十年。总体而言，由于方案自身的逻辑性，随着时间的推移，三个区域规划中RPA的关键性建议均得以采纳。

第三区域规划的实施表明新都市化概念如何提出，并指出21世纪大都市区面临的新挑战(也就是气候变化、棕地开垦、回到市中心运动)和以新方式呈现的大都市的长期关注点(即拥堵、自然资源保护及公共卫生）。

类似于早期RPA的规划努力，该方案由委员会监管。随着方案的发展，启动了广泛的公众咨询与公民参与过程，包括年度地区议会以及区域性论坛来审查草案建议。上述提到的示范项目同时由咨询委员会监管其发展理念。通过这种方式，数以百计的利益相关者、意见领袖及机构官员参与制定方案的关键组成部分。

RPA于20世纪60年代广泛倡导公众参与第二区域规划，例如通过电视播放"镇民大会"来为规划的关键意见提供公众支持。通过广泛公民参与过程拟定第三区域规划并用于这些案例。然而，该组织在拟订方案的时候并没有利用区域展望创新与网络镇民大会，只是实施规划方案的时候采用了这些技术。

该规划方案围绕3E策略展开——提高区域经济、环境与社会平等。这可能是区域规划进程中首次纳入3E理念。这些理念来自RPA长达70年的工作中获得的经验，并从社会不同活动领域的相关性获得启发。其起源于20世纪90年代聚焦于3E的"三重底线"，作为20世纪后期大都市跨学科、多部门性质的反映。值得注意的是，区域规划已经超出了仅仅基础设施规划的范畴，由于关注区域发展3E结构，并且意识到工作技能及更公平获得就业对于区域成功而言至关重要，并作为传统区域规划问题，该方案涉及更多的社会经济规划，诸如基础设施及城市形态。

该方案于1996年完成，其最终报告的标题为《一个风险中的区域》，提出为交通与环境基础设施新投资750亿美元的方案。该方案主要通过五大项目展开：

- **绿草坪**。"大都市绿草坪"——由若干新"区域储备"组成，大型景观保护包围着整个流域和自然资源系统——是关键的地理建议。

• 流动性。区域独立通勤及地铁网络整合与扩展，以及若干区域快线创新、Rx铁路、线路、地方行政区RER系统宽松建模是显著的运输方案。这是如何借鉴其他国家创意并成功用于促进区域幸福的一个成功案例。若方案是基于最佳实例，那么结果就很容易被确定，从而避免了反复试验。如前所述，该项目中拟定区域铁路项目已被认可并在施工中。

• 中心。第三区域规划是在第二区域规划概念上进行了拓展，呼吁对郊区中心新网络的创建，通过显现区域的轨道体系链接各个中心。

• 劳动力。此规划最主要的提议就是呼吁城市教育系统的改革和投资，包括英语语言训练和终身学习系统，来响应区域日渐增长的移民和少数族群的教育需求，为他们在当代劳工和公民参与中的工作做准备。

• 治理。新的区域基础设施银行的创建和现有公共机构的改革，以及税务或其他改革都曾经是此规划的主要治理方案。曾经提议"三州基础设施银行"来管理长期的主要项目以满足该区域的交通和环境投资需求。此重点项目会为新的体系以及现有的主要资产提供资金支持。RPA的建议就是从其他州的成功案例中借鉴而来，也在建立全国性的基础设施银行的提案中做了一些借鉴。

区域规划协会是一个独立的、非营利性组织，仅提供咨询性服务。但是，由于公民的广泛参与，以及在制定规划和广泛宣传时参考了示范项目，大部分规划中的主要交通建设已经完成，城市开发正在进行当中，执行部门也在慎重考虑空地保护提议。在每种情况下，区域规划协会的员工与民选官员和指派官员、编辑委员会以及其他舆论向导密切合作,共同支持该规划的提议。

　　在这些宣传工作中,大部分已涉及建立公民联盟和商业组织,许多都是由区域规划协会召集、雇用职员、就任要职或协调的。这种都市主义形式与早期的形式不同,它结合了早期的技术、自上而下的规划方法,以及更加自下而上的公众参与性公共活动,确保所有问题都包括在规划制定当中。在最初的规划中,只有政府坚定扶持的最合适的理念才能得到进一步的发展。区域规划协会的宣传工作也包括以公共论坛或研讨会为形式的公民热情参与,从而集合利益相关者、公职人员和相关公民共同商讨方案。有时,区域规划协会及其联盟成员也会投放付费广告、参与小组讨论和互联网宣传活动,以及其他努力来使得公众支持其提议。

　　在1995年和1996年的早期成功案例中,由于第三区域规划已经完成,区域规划协会说服了新任纽约州州长乔治·帕塔基及其政府采纳规划中的区域铁路项目。此后,帕塔基立即实施了该提议,通过尚未使用的第63街隧道,将长岛铁路和位于曼哈顿东区的纽约中央车站连接起来。1997年至1998年,帕塔基政府和大纽约交通运输管理局追随区域规划协会的倡议活动,采纳了其提出的修建第二个交通连接方案,即贯通整个曼哈顿的第二大道地铁。2003年,新泽西州和港务局采纳了规划协会提出的第三个大型发展项目,也是其方案系统的一部分,即开通两条连接新泽西捷运和曼哈顿的新弧形隧道。

　　第三区域规划的空地和核心项目已经取得了类似的成功。随着规划的发展,区域规划协会致力于在长岛上建立一个中央松林荒地委员会,以保护当地10万英亩的保护区,并将其划定为规划中的区域自然保护区之一。关于松林泥炭地的发展问题,在经过了数年的争论和诉

172

讼后，1996年，纽约州的立法机构通过了创建第三个自下而上区域委员会的立法。这项成就也激发了其他类似项目的发展，如20世纪90年代后期，纽约市对北部供水资源的保护，以及从2003年起，新泽西设立的高原地区和长岛海峡自然保护区。

　　区域规划协会策划的核心活动已取得了类似的成功，并在几个核心项目上领导了总体规划、再分区规划及重建计划工作，这包括康涅狄格州的斯坦福德和布里奇波特；纽约市的布鲁克林区和拿索中心；新泽西的纽瓦克和萨默塞特郡地区中心。由于区域规划协会在各地区获得认可、联系当地社区与区域资源的能力，同时通过慈善机构的资助，专业人员可提供的技术支持，让当地的社区很乐意与其合作。区域规划协会与新泽西捷运合作，成功地规划了乡村运输项目，根据该规划蓝图与重建计划，成立了由新泽西捷运通勤铁路服务的超过12个运输中心。区域规划协会还开始努力，将曼哈顿的远西区转变成第三个曼哈顿商业区。2005年，出于这种目的，该区域进行了再分区，将宾夕法尼亚站转变成一个新的莫伊尼汉车站（以参议员丹尼尔·帕特里克·莫伊尼汉命名，该规划的早期支持者），这一规划正在进行中。转变后的莫伊尼汉车站运输能力将会提高，并且促进重建工作的发展。这一切都来自一个由RPA召集的联合体——"莫伊尼汉车站之友"——的支持，RPA竭力呼吁阻止在西区海滨建造新的橄榄球体育场。[1]

1　一些批评家，尤其是亨特学院的规划学教授汤姆·安戈蒂，在他的《出售纽约》(Angotti, 2008) 一书中批评了区域规划协会在其他大型城市发展项目的作用，如布鲁克林大型大西洋广场的重建。当其他一些民间组织参与进来时，区域规划协会支持这个项目。安戈蒂认为，这是因为该协会的董事会受到了房地产利益的诱导。但在当时，只有少数的六十名董事会成员与房地产业有接触。事实上，与纽约其他大多数民间组织不同，区域规划协会的董事会不仅代表房地产利益，还包括商业、公民和学术机构等广阔的范围。此外，协会的政策和行动在很大程度上是由员工主导，不是董事会。（转下页）

尽管在第三区域规划中，流动性、中心和草坪运动这些主要建议的推动作用取得了成功，区域规划协会在劳工和治理方面却不尽如人意。协会领导了几个逆向通勤示范项目，并且促进了大都市北方铁路和长岛铁路的联系，从而促进了从纽约市到郊区就业中心的逆向通勤。纽约市长迈克尔·布隆伯格和纽瓦克市长科里·布克非常支持在他们的城市进行城市学校系统变革，即使区域规划协会对此并未起到积极的作用。同时，自1996年第三区域规划完成以来（许多都是由区域规划协会召集帝国大厦运输联盟进行宣传工作，并且雇用工作人员和主持工作），虽然该地区在交通投资上已经花费了750亿美元，但是没有采纳第三区域规划中提出的构建基础设施投资银行，或其他金融改革的建议。

迈向都市规划新时代

1990年，当区域规划协会发起第三区域规划时，事实上，几十年来在美国还没有一个大城市完成过这种类型的战略区域规划。第二次世界大战后，国家、州和地方利益的主导地位逐渐降低，因而不能有效推进区域规划。到20世纪90年代中期，许多包括波特兰、芝加哥、亚特兰大和

（接上页）区域规划协会在城市广场项目中的地位日益重要，主要由于其员工相信，该战略位置坐落于布鲁克林市中心附近，是城市地铁和轨道交通的密集地，为高密度住宅和商业发展的绝佳之处。另外，不久前，区域规划协会成功组织了一场颇具争议的活动，其反对布隆伯格想要在曼哈顿上西区建造大型橄榄球场的提议。该协会董事及员工也认为自己无法"反对所有事情"，而是需要小心选择战场。由于市长大力支持橄榄球场提议和大西洋城市广场项目，该协会对此极不赞同，但其实并不想与市政厅形成对抗。

区域规划协会还认为，城市广场项目是一笔"成交的买卖"，因为它同时受到州长和市长的强烈支持。与体育场工程不同的是，立法机构没有推翻该项目的可能。基于所有原因，区域规划协会决定重点改善项目的网点设计和公共空间，减少其对邻近社区的视觉影响，提高购买大纽约交通运输管理局关于大西洋终点站空地所有权的支付金额。尽管有一些公民和组织反对，这个项目后来还是获得了所有必要的许可证。

西雅图在内的地区，无论以何种方式做出类似的努力，在某种程度上都受到了第三区域规划中的区域规划协会经验的启发。公众利益和支持或区域规划的复兴，部分归功于越来越多的人意识到，地方或全州范围的规划意见会导致政治边界，但不会造成经济、环境和社会维度活动方面的界限，这种情况更容易在大都市里发生。在很大程度上，从20世纪90年代兴起的区域运动，是美国长期没有意识到大都市现实的结果，尤其是随着气候变化、城市无计划扩张，以及经济发展成为区域范围内最优先考虑的问题。开始于20世纪90年代中期的波特兰2040规划，许多包括盐湖城、洛杉矶、凤凰城、萨克拉门托、圣迭戈在内的地区都开展了区域"愿景"和规划倡议，而且都包括基于情景规划的广泛的民众参与。

1991年颁布的《综合地面交通效率法案》(ISTEA)中，提到了扩大城市规划要求，这些工作受到该要求的支持，并且在许多情况下为其提供资金。《综合地面交通效率法案》及其后续的《21世纪交通公平法案》(TEA-21)和《给予用户安全、负责、柔性、高效且公平的运输法》(SAFETEA-LU)，都强调了为联邦交通运输提供资金的区域性规划要求，并且促进了当前都市规划的发展。奥巴马政府也为这些项目进行了更进一步的扩展，扩大了范围，如城市住房、区域公平、环境和气候问题，以及交通问题。这代政府第一次为大都市区的可持续社区倡议提供了2亿美元。然而，城市规划绝不是为了诱引联邦政府的资助。相反，它是由各社区公民领袖发起的一种自下而上的方式，目的是用切实可行的规划解决一系列的问题，以实现可持续发展。在许多情况下，由联邦政府负责的都市规划组织(MPOs)为超过5万人口的都市区制定交通规划，发起了和公民一样的区域性融资活动，在新的交通投资中控制着数十亿美元，这进一步加强了这些组织的实力。

展望未来：美国会变成一个都市国家吗？

尽管由共和党主导的众议院极大地限制了美国环境保护署（EPA）的权力，以控制温室气体的排放，但是，在美国存在的气候变化及公平和社会问题中，气候变化成为都市化发展中的新障碍。由于美国最高法院2007年决定将二氧化碳划分为"分类空气污染"（简称CAP），因此美国环境保护署有望发布新法规，要求都市规划组织协调好清洁空气与交通规划的关系，从而降低温室气体的排放，实现气候保护的目标，同时还要做到交通顺畅，空气质量良好。

大多数气候学专家和区域规划者认为，实现碳排放的降低，必须要改变主要的生活方式，并且建立旨在减少汽车和卡车使用的交通运输系统。不可避免的是，这将要求都市规划组织制定更加有力的土地使用规划，以实现二氧化碳的减排，同时进一步强化其作为都市规划组织的作用。为气候保护做出贡献，还可以为都市范围内的气候保护方案建立新的民众支持基础，制定出更有效的都市规划，以实现这一目标。都市规划中一个主要的挑战就是获得公众的支持，在将来面对这一挑战需要在不同利益相关者之间建立新的联盟，以提出具有广泛公众支持的、可实施的和强有力的规划方案。

都市化这一想法已经提出近一个世纪，它已经影响到了必要的基础设施项目的建设，并且引领着城市发展模式。都市化经历了多年的发展，而且似乎以不同的形式重新流行起来；在过去的一个世纪里，每一代人都面临着从区域的角度理解都市化问题的需求。今天，布鲁金斯学会都市政策项目正推进一项雄心勃勃的、资金充足的活动，其目的是面向国家大都市区需求，促进联邦、州和城市政策和投资的发展。通

175

过美国2050计划，区域规划协会正在推进一个国家级基础设施投资计划，这将会为大都市区的发展提供额外的推动力，以满足它们的基础设施需求。这些努力都有可能促进当地的发展活动，以创建更有效的城市规划和治理。

尽管都市规划在许多方面取得了成功，它还是会不可避免地与价值观发生冲突，本章开头描述的机构作为都市化发展的障碍，也会与都市规划发生冲突，从而影响更加有效的都市区规划的实施。州和市级政府的特权和权力不会消失，大部分国家都存在强烈的反城市化和反都市化的偏见，尤其是关于非法移民的争论使这一现状更加严重。但是，有理由相信，尽管有这些阻碍的存在，美国最终可能会为其自身利益而开始行动，从而成为一个"都市化国家"，并且允许更有效的新都
176 市区规划的发展。

参考文献

Angotti, Tom. 2008. *New York for Sale*. Cambridge, MA: MIT Press.

Chase, Stuart. 1925. Coals to Newcastle. *Survey* 54: 143–146.

Hall, Peter. 2002. *Cities of Tomorrow*. Oxford: Blackwell.

Howard, Ebenezer. (1902) 1965. *Garden Cities of To-morrow*. Cambridge, MA: MIT Press.

Katz, Bruce, and Jennifer Bradley. 1999. Divided We Sprawl. *The Atlantic Monthly Online Digital Edition*, December 1999. http://www.theatlantic.com/past/docs/issues/99dec/9912katz.htm.

MacKaye, Benton. 1928. *The New Exploration: A Philosophy of Regional Planning*. New York: Harcourt, Brace.

Mumford, Lewis. 1925. The Fourth Migration. *The Survey: Graphic* 54:130–133.

Olmsted, Frederick Law, Sr. 1973. *Forty Years of Landscape Architecture: Central Park*. Cambridge, MA: MIT Press.
177

第七章

区域竞争力：谱系、实践和意识形态

尼尔·布伦纳　戴维·瓦克斯穆特

　　20世纪80年代以来，区域竞争力这一概念已经成了主流的基础之一，是地方经济发展的"企业"方法 (Harvey, 1989a)。这一概念提出的前提在于一种假设，即国家的地方区域，尤其是城市和都市区，必须要通过吸引跨国流动资本投资来互相竞争以实现经济增长。附随地，区域竞争力的概念也常常伴随着这样一种论断：为了提高地方的特定社会经济资产，需要改革各种国家、区域或地方机构并重新定位相关政策。这种假设（一般来说，决策人和规划师关于世界地区间竞争所造成的"威胁"而产生的普遍惊慌感）极大地推动了过去三十年间一系列旨在促进城市区域竞争力的政策的扩散。这一类政策的形式多样（自由主义、中立主义、社会民主主义），空间尺度不同（经济合作与发展组织、世界银行、都市区、自治市，甚至是社区），种类繁多（工业区、集聚区、科学园、高技术中心、人力资源、全球城市、创意城市等）。但这些政策大部分摒弃了之前对社会空间再分配、"平衡的"城市化的关注，并协调强调了提高当地经济对外部资本投资的"吸引力"，将城市战略性地定位在超国家的范围内，支持当地社会经济资产，并精简大规模机构。从这层意义上来说，区域竞争力这一概念的兴起夹杂着世界经济治理机制的重要重整。本章探讨了区域竞争力在城市规划领域及之外的谱系，其知识基础，以及其旨在促进当地经济发展的相关公共政策的内涵。

我们认为，尽管区域竞争力这一概念在当时已普遍存在，但它存在的前提是有瑕疵的理论假设，并主要是作为一种地方政策发展领域内意识形态神秘化的手段。这一概念并没有为可行的地方经济发展提供基础，而是使同时期城市内部及各城市间正在进行的重建工作变得迷乱，故而导致无效的、浪费的、社会极化政策的形成。略显沮丧的结论是，由于这么多属于全球都市间系统的地方都采用了旨在促进区域竞争力的政策，主要的战略劣势集中在那些试图退出这些政策或采取其他替代性政策的地方。因此，在缺少全面的全球或超国家的治理改革的情况下，摆脱"竞争力陷阱"的逃生路线目前来看是受限的。

本章的分析主要专注于过去三十年间北美及西欧的发展。然而，值得指出的是，区域竞争力这一概念作为整个世界经济中地方经济政策和城市、地区及国家的都市规划的关键要素而流行起来（Fougner，2006）。南半球各地城市的区域竞争力政策需要深入研究和讨论以进行更为系统化的分析。希望本章详尽的批判性阐述可以为以上讨论提供有效的参考点。

"竞争还是灭亡"

20世纪80年代以来，北美及西欧地方经济发展规划的主流基础方法之一，便是城市间对外部资本投资及区域竞争优势日益激烈的全球竞争。这样看来，全球经济重建是一场残忍的竞争之战，不仅存在于资本主义企业之间，还存在于经济区域之间，也就是城市或城市区域。根据《竞争中的欧洲城市》中的一篇文章，当前国际化背景，也就是城市间的历史性竞争有着特殊的重要性。每个大型欧洲城市都在试图寻找正确的模式，以保证自己在日益激烈的竞争框架中能有一席之地。这种竞争表现在两个层面：全球层面和欧洲层面（Sánchez, 1996: 463）。关于欧洲城市间竞争加剧的类似假设，支撑了以城市竞争为主题的《城市研究》中一期特刊的观点（Begg, 1999；Gordon, 1999）。近来有关城市发展的学术文章中有无数例子证明这一论点。

180

地区间竞争加剧的现象在地方政策及城市规划中也已非常普遍，从20世纪70年代的美国开始，并很快传播到西欧、东亚等地。关于城市间竞争的"威胁"、"问题"及"挑战"的书籍充满了世界各地市政府、规划署及城市经济发展机构发行的公共报告、新闻稿及各种宣传册。在政治中立的世界城市理论的影响下，变化的全球和超国家城市等级的各种模型被突出地呈现在这些文件中，使得地方倡导者和政治企业家骄傲地宣传其城市的排名，同时尽可能地展示其他排名相似城市可能对区域竞争优势形成的威胁。尽管世界城市等级结构仍受到学术性城市规划专家的诸多争议（Taylor & Hoyler, 2000），大多数城市推广机构已经制定了自己独创的"标杆治理"技术，将自己的城市尽可能好地归入世界排名中。实际上，城市间竞争的假设在地方决策人中已经变得如此自然，以至于大部分关于这个问题的讨论都认同这种竞争的存在，并马上转向地方经济发展战略的问题。

地区间竞争在被哈维（1989a）标签为"企业家的"城市政策中发挥

了关键作用，这些政策需要调动地方政治机构来提高城市和城市区域
在可感知的超国家或全球性经济竞争方面的优势。由于越来越重视
支撑地方特定社会经济资产的必要性，这些地方经济发展战略已经具
备城市区位政策的特点（Brenner, 2004）。关键是，上述世界范围内的
地区间竞争与政策和规划领域对区域竞争力本地形式的日益广泛的关
注之间存在直接的联系：针对后者的政策基本上被正当化为应对前者
情势的战略回应。

荷兰城市规划专家范·登·伯格及布劳恩（1999: 987）曾对20世纪
90年代的欧洲情形作出评论，他断言这种联系是很明显的，他说："城镇
已经意识到创新的和预想的政策是为了倡导城市和区域间竞争。"大部
分论及企业化城市的学术评论员像地方决策人和推行者一样趋向于不
加鉴别地接受这些"经济战宣言"，想当然地认为，这些宣言代表了对转
型经济形势的相对透明的反映，且区域竞争力代表了这种情况下一种长
期合理的关注点。如布里斯托（2005: 285）解释说："竞争力被描述为将
区域经济融入全球化时代的一种方法，这样那些用以提高竞争力的政策
和策略将不会受到原则上的反对，无论政策和策略会产生怎样的间接后
果。"简而言之，城市评论员、规划师及决策人都似乎已经坚信地区间竞
争已成为这个"全球化"时代的一个不可避免的事实，各地区只有去适
应，别无选择，否则将使自身处于严重的经济劣势之中。无论在理论上
还是实践中，同时期的地区间竞争及区域竞争力进程都显示出残忍的绝
对命令："竞争还是灭亡。"（Eisenschitz & Gough, 1998: 762）

区域竞争力政策的地缘经济背景

应对这种新型绝对命令的政策，无论是在城市企业家的题目之下，

还是城市区域政策，抑或区域竞争力，都应以过去三十年间的四种（及以上）基本地缘经济转型为背景（本文在此广泛吸纳的观点，参见Leitner & Sheppard，1998：286—293）：(1) 去工业化及再工业化进程，(2) 信息及通信革命，(3) 灵活产业组织形式的兴起，(4) 金融资本全球化。

182

去工业化及再工业化

20世纪70年代出现的去工业化和再工业化现象，引起了老工业区的严重衰退，同时极大地推动了新兴区域的成长，尤其是生产者及金融服务业、高科技产业，以及其他复兴的先进手工艺产品（Storper & Scott，1989）。面对这些全球性的行业变革，城市和区域规划专家已经探索了新办法来影响各自领域内的行业构成，这些办法包括：逐渐淘汰传统的大批量生产行业，或提供资助或对其进行现代化改良；培育或直接资助高科技或生产者和金融服务业中的经济发展；通过产权流动、风险资本及新的基础设施投资，在当地形成全新的行业专门化模式；结合以上方法中的几种。这些政策与特殊种类城市间竞争的新理论和实践是密切联系的，比如在试图淘汰或现代化传统行业领域的城市之间，在专门致力于相似发展行业的城市之间，或在试图吸引类似种类的外部资本投资的城市之间（Krätke，1995：141）。

信息及通信革命

以新通信技术进步为基础的信息革命，已极大地提高了企业在全球范围内控制并协调生产网络的能力（Castells，1996）。同时，新的运输技术的不断使用也大大减少了商品流动所需的成本和时间。因此，正如莱特纳及谢泼德（1998：288）所言："在对私人投资吸引力的影响方面，市场、资源及劳动力的可得性所带来的地方性优势，要逊色于其他城市间的地域特定差异（如劳动力成本、产业集群及地方政治体系等)。"这些新技术能力也使得企业在面对当地劳动力成本、税收或政治情形的变化时可以更容易地进行相应的转变。在这样的情形下,地方决策人及规划专家受到各个方面的压力,他们既要在自身管辖范围内为企业构建特定的区位优势,以保证现存产业的收益率,还要吸引额外的外部资本投资。由于当今的城市及区域竞争优势在社会和政治方面得到了构建,而并非基于先前的要素基础,因此地方及地区方面形成了新的治理命令,来协调、维持并提高地方的先决条件,促进经济发展(Scott,1998)。在大多数的老工业化国家,地方及地区决策人已经将这些新的治理困境理解为地方之间吸引流动企业的零和竞争(Cox,1995)。

产业组织的新形式

传统的福特主义大批量生产体制及其固定资本和劳动力的大规模集聚已经消失,这对城市治理进程产生了重要的影响。近几十年向灵活产业组织形式的转变似乎极大地降低了地方的固定投资成本,原因很简单,"建造的工厂变小了,付款的时间也就变短了"(Leitner & Sheppard,1998:290)。固定资本投资的成本可以很快付清,资本的流动性得以提高,因为"付清生产设备成本所需的年数减少,企业可以重新评估在某城市内持续生产所带来的利益"(出处同上)。因此,地方决策人及规划专家所面临的压力增加,他们要在各自管辖范围内完善运输、通信及生产基础设施,以适应不同资金的地方性要求的转变。

金融全球化

面临持续的经济危机,资本开始寻找新的出路,以防止自身贬值。20世纪80年代出现的全球范围的资本金融化便是新出路之一(Arrighi,2010)。金融化进程极大地改变了城市和地区的治理情况,关键是改变了地方及地区政府在各自辖区内通过借贷来筹资并维持固定资产投资的制度框架（Leitner & Sheppard，1998：291—293）。20世纪70年代以来，负责资本借贷的金融机构、手段及机制在全球大规模增加，许多地方有了新的金融方式，但同时也使这些地方更直接地受到全球金融市场不确定性的威胁。1994年，加利福尼亚州奥兰治县由于期货市场的投机性投资不利而破产，2009年亚拉巴马州杰斐逊县由于J.P.摩根设计的合成衍生品而破产，这两个例子很好地反映了城市和区域在当时的"资本主义赌场"中所承受的风险（Strange，1986）。此外，地方政府及规划机构偿还贷款的受束缚程度，提供当地经济能力和收益的压力，以及减少地方预算的压力都大大增加（Leitner & Sheppard，1998：292）。简而言之，随着地方政府在经济发展项目融资方面对全球金融市场依赖性的增加，各种新的外部财政束缚也开始出现。

一并考虑，这种地缘经济变革对整个老工业化世界的城市和地区经济发展振兴事业增加了新的压力。在哈维（1989a：15）看来，城市治理新形式（以及区域竞争力相关理论）的兴起，需要"从根本上重新确立中央到地方政权的关系，并将地方政府行为从福利领域和凯恩斯主义折中理念中解放出来"。关键是，如下文所讨论的，区域竞争力政策的出现，也是以凯恩斯主义国家形式的基本重建和后凯恩斯主义国家地位形成的巩固为条件的（Brenner，2004）。

区域竞争力政策轮廓

在地方及区域经济政策领域内，对区域竞争力的重视代表了极为离题的意识形态重组，不仅在高度专业化的产业区及全球城市，在传统的制造业中心也是如此。鉴于从20世纪50年代到70年代中期，平衡的

184

都市化、地方性再分配及社会同等化等优先事务在这个老工业化且具有社会主义色彩的世界的大部分地区盛行（Brenner，2004），70年代出现的全球性经济危机严重动摇了原本试图促进这一进程的政治联盟和制度架构。在区域竞争力理论内，城市及城市区域不再被简单地呈现为加强国家经济体制的传送带或标准化的固定资本投资及土地资源的集聚区。相反，它们被描述为具有区位资产创新网络以及需不断更新学习能力以应对其他"有竞争力的"地方经济体的高灵活性国际化环境（Storper，1996；Cooke & Morgan，1998）。企业间的以及重要公私领域间的内部合作网络，被逐渐视为在动荡的地缘经济环境中有效竞争的坚实基础（Eisenschitz & Gough，1993）。

任何空间规模上的区域竞争力政策都取决于这样一种假设：资本主义企业等组成单元相互竞争，以实现利润及竞争增长的最大化。这样看来，某个地方的竞争力源自其有效持续实现这些目标的能力——吸引内部投资、降低投资成本、提高生产率、提供高技术劳动力、营造创新氛围、旨在提高当地经济活动价值的其他策略（Begg，1999）。因此，区域竞争力政策的目标是维持并扩展某政治辖区内存在的或可能引入其中的创造利润及发展经济的能力。

就目前的目的而言，不需要给出竞争力的确切定义，无论是对企业还是对地方。本文的要点是注意到，大约从20世纪80年代初起，西欧、北美、东亚等地的国家、区域及城市决策人和规划专家已经开始注重提高城市及城市区域有助于增强竞争力（相对于其他国际投资地区）的各种属性（Gordon，1999）。如上文所述，福特式凯恩斯主义将城市视为国家经济的区域子单位，对关于超国家资本流动的城市区域竞争力的重视显示了一场空前的政治、意识形态和等级的重组（Lovering，1995；

Veltz, 1997)。过去二十年间区域竞争力政策的增加，是观念不断改变的表现和结果，即城市和城市区域如何促进经济。

　　尽管这些政策在波特（1990）及大前研一（1990）等商业派领袖的广为流传的著作中常常是合乎情理的，但在实际操作中，它们是基于多种关于当地经济竞争优势来源及国家制度在其中发挥作用的假设之上。在此我们无须对过去三十年间具体化了的国家、区域和地方的竞争力政策进行系统比较，尽管这种比较将是极具启发性的。相反，我们通过三个特定的坐标轴来显示这些政策的位置。

　　• **区域竞争的形式**。斯托珀和沃尔克（1989）认为，资本主义制度下的企业间竞争有强弱两种形式。弱竞争主要试图降低成本、在特定劳动力空间分区内进行资源再分配，而强竞争主要是改革生产条件，以引入新的技术能力和新的劳动力空间分区（静态比较优势）。区域竞争力同样也可以有强弱之分，取决于削减成本与解除管制及提高企业生产率和辖区内创新环境的措施之间的平衡（Leborgne & Lipietz, 1991）。新自由主义的或防御性的竞争力政策，试图利用企业间竞争的弱竞争形式；它们以这样一种假设为基础：在某地区内降低投资成本将可吸引流动资本投资，进而提高其竞争力。相比之下，社会民主的或攻击性的竞争力政策试图利用企业间竞争的强竞争形式；它们基于这样一种假设：区域竞争力取决于对创新能力、协作性企业间网络、先进的基础设施及高技能劳动力等不可替代性社会经济资产的治理。在任何国家和地方，新自由主义/防御性区域竞争力政策与社会民主的/攻击性区域竞争力政策之间的准确平衡，是关于城市发展形式的社会政治干预的目标和结果（Eisenschitz & Gough, 1996, 1993）。

　　• **区域竞争的领域**。建立在哈维（1989a）城市企业主义学说上的

187 区域竞争领域，根据它们面向的特定资本循环，可划分为四个不同领域的区域竞争政策。第一，区域竞争政策可能会结合劳动力的空间划分，通常情况下，通过为特定类型的产品和服务的生产率建立或加强地区特殊条件，以提高城市优势。第二，区域竞争政策可能会结合空间划分消费，通常情况下，通过创建或加强当地的旅游、休闲或退休基础设施，以提高城市优势。第三，区域竞争政策可能会试图提高城市在金融、信息处理和政府领域的领导和控制能力。最后，区域竞争政策可能会以政府补贴和投资为目标（空间的再分配），促进城市经济的发展。这些政策可能是局部动员，如当市民争取政府高层发放的基础设施津贴时，或许会通过国家政府机构，以自下而上的方式贯彻实施，或在欧洲范围内，通过欧洲委员会执行。虽然这些区域竞争领域的分析很到位，但在实践中，大多数竞争政策都企图在多个领域同时提高城市的地位。

  • **区域竞争的地理**。最后，区域竞争政策需要在所要呈现的经济发展过程中描绘地理参数。主要有以下三种因素：第一个是竞争力的空间，即战略性空间，在其中，要动员地区特性经济能力。常见的例子包括商务中心区、市中心企业区、重振的制造业和港口区和高新开发区。第二个地理因素是竞争的空间。这些都是更广泛的（经常是全球的）空间，在其中，城市经济或其经济分区构成被定位为有吸引力的投资点。因此，全球性城市纽约和伦敦被理解为在一个不同的全球性空间中竞争，其不同于马尼拉、深圳和圣保罗的出口加工区，或是如底特律、曼彻斯特和多特蒙德的制造业区域。最后一个因素是定位策略，即规模协调政治措施旨在超国家的竞争空间下定位城市竞争力的空间（Jessop，2002）。例如，一些区域竞争政策试图将城市经济转变为主要结合区

188 域、国家和超国家经济空间的嵌套结构。其他政策或试图重组先前的

城市层次结构——不管是纵向上，在不同层次的国家权力之间促进新形式合作，还是横向上，在全球劳动力分工中互补的、地理位置分散的国家间促进横向联盟。因此，尽管所有形式的区域竞争政策都力图定位于城市和地区的超国家资本回流，但这个目标可能会通过实施不同的政策性地理策略来实现。

由于"在这个经济相当不稳定的世界，政治联盟无法准确预测哪项地方投资会获得成功，哪项会失败"（Harvey，1989a：10—11），因此区域性竞争政策存在一种固有的投机特性。除此之外，这些政策往往基于当地经济未来发展轨迹的不靠谱假设和不现实预测。尽管存在这些地方性问题，但前三十年里区域竞争政策的扩散，已经造成了在城市发展过程中国家干预性质的转变：第二次世界大战后，空间再分配状态的形式在很大程度上已经被更分散的国家机构所取代，使得在其管辖权内外空间发展的不平衡更加强烈。

衡量竞争

随着区域竞争力已经成为一个城市政策的关键定位原则，各个国家和非政府机构已对其投入了更多的关注。丰纳（2008）已经证明，由诸如世界经济论坛这样的组织机构执行的"竞争力指数"和国家标杆治理，已经在国家层面上助推竞争力概念的标准化。虽然，过去常常使用定量的、技术化的方法制定指标，并为城市排名的方法是可行的，但那是由于国家数据的相对丰度、质量和一致性。在许多情况下，城市和城市地区没有相关数据，然而，在定义城市和都市区方法论上的不同使得跨国比较具有双重问题。

那么，过去的几十年，在统计学上描绘城市地区，规范这些描述，并 189

用这些描述排名和对比城市的努力实现了标志性增长就不足为奇了。这些举措必须面对两个不同但相关的问题：第一，谁在竞争？换句话说，如何定义区域竞争相关单位？第二，这场竞争的赌注和战利品是什么？换句话说，决定哪个地域单位在竞争中获得成功的适当标杆治理是什么？

第一个问题已经回答了，并且大部分是参照大都市区的概念。区域竞争力以统计衡量的概念在20世纪初被引入美国，但是在近期已成为全球经济下地方空间前景的规划者和决策者中间讨论的主要字眼（Scott, 2001）。在过去的几十年中，世界上越来越多的地区开始采用大都市区的概念作为标准的城市衡量概念。例如，在欧盟，泛欧洲统计机构一直与各国政府合作，规范"更大城市区"（LUZ）的衡量，以便"更大城市区"在国家间具有统计学上的可比性（Carlquist, 2006）。同样，2006年，经合组织在其成员国之间举行了一次关于规范大都市区衡量的会议。由大伦敦市政府向会议提交的意见提出如下理由：

> 像许多城市一样，伦敦需要一个国际性的标杆治理衡量标准，需要与其他城市作比较，以确定最佳政策方案……这种需求不仅仅局限于为伦敦政府负责：国家和国际政府双方也需要共同的标准，以对比城市间的情况并分配和执行政策资源……我们认为，拥有一个共同的标准比拥有正确的标准更为重要，因为在某种意义上，如果以一个合理一致的方式，有一个代表城市区域的共同标准，那么城市本身就是"正确的"标准。（Freeman & Cheshire, 2006: 2）

然而，当代城市政策（从大都市区到各个社区）所面向的竞争力的不同空间，与作为实际竞争单位的大都市区普遍的统计标准化之间存在一个张力。在许多情况下，标杆治理的区域单位和以竞争性政策为目标的区域单位是完全不同的。例如，最近多伦多贸易局（2009）的竞争力报告对比了多伦多城市地区与许多其他地区，虽然多伦多大都市区包含4个不同的地方政府（全部或部分）和24个完全不同的市级政府，但哪个政府或政府机关会按照报告的结论行事呢？此外，大多数大都市区只是通勤区。即使假设在国家相关部门中政策协调是有可能的，通勤区也只可能是适合于分析特殊类型政策（尤其是劳动力市场干预）的单位。

190

不管怎样，大都市区已经成为定义城市全球竞争力的基本方式。但是，大都市区在竞争什么呢？从历史的观点上讲，量化国家竞争力的工作已经聚焦在宏观经济指标，如国内生产总值（GDP）、贸易条件和生产率。但是，从1979年开始，随着关于欧洲工业竞争力报告的发布，并在波特（1990）的著作中获得广泛认可，学术和政府机构开始尝试直接量化国家竞争力。目前，两个主要的年度竞争力报告都已发布——《全球竞争力报告》和《全球竞争力年鉴》，它们分别构造多维指数来进行衡量，"相关因素、政策和机构决定一个城市的生产率水平和国家创建和维护企业竞争力环境的能力"（Fougner, 2008：313）。这两种规划的实质性区别已经表明，"竞争力"不像GDP或贸易条件，它是一个模糊性的概念；其挑战不仅仅是衡量它，同时还需设定一个足够精确解释这种衡量的定义。

在一些国家之后，城市竞争力标杆也开始在其他国家使用，尤其是自20世纪90年代早期以来。虽然城市竞争力标杆的散漫形式仍在成形之中，但"全球城市"和"创意城市"已经成为该讨论的两个最具影响力的概念。"全球城市"是不经意间来自弗里德曼（Friedmann & Wolff, 1982）关于世界城市层次的开创性工作，并结合新的劳动力国际分工，以及萨森（2001）对特定城市金融和生产服务行业的关注。然而，大多引用这些概念的标杆治理策略，则把弗里德曼坚定的关键推力和萨森的干预措施归入了同一类，这强调了在大都市区，金融化和劳动力市场二元化导致的社会两极分化的后果。相反的，那些以标杆治理为目的，引入"全球城市"这一概念的城市，结合劳动力的全球分工，通常采用一个积极的、有助推作用的方法，努力将城市定位为战略性的金融中心。佛罗里达（2002）推广了创意城市的想法，无可置辩地更多关注了竞争力、标杆治理和城市政策，并且为世界各地城市和地区政府的经济发展而营销自己特定的理念上投入了相当大的精力（Peck, 2005）。佛罗里达认为，一个新的"创意阶层"是现代经济成功的关键，城市必须通过供给政策来吸引技术、人才和宽容，来与其他城市竞争吸引那些高度流动的创意专业人士。尽管这些方法没有把握，但佛罗里达已经非常成功地推销了其市级政府的创造性指数。

城市标杆治理的两种衡量方法都表明，全球城市竞争是具体的、特殊的领域。在这方面，它们不同于先前讨论的一般国家竞争力排名（以创造力指数为例，虽然其在实践中差不多与两个主要国家指数一样广泛）。但是，竞争标杆治理潜在的任意性，使其成为贸易机构、地方促进代理结构、当地商会、当地经济发展企业，以及其他城市发展利益体的共同工具，来证明政策应该会提高竞争力。通常会有两个不同的信息，每一个都有不同的目标。一个是所谓的促进竞争力的需要，且主要针对地方政府；另一个是城市在促进竞争力上所谓的成功，且主要针对流动资本。由这些机构制定的当地"竞争力报告"倾向于在广泛的指标下对比城市（例如，《欧洲经济》，2008；多伦多贸易局，2009）。只要政府和非政府机构一贯坚持将城市区域作为全球经济中的主要竞争地域单位，我们就期待继续制定方案措施，提高这些地区的定量衡量和对比。

破解区域竞争力

竞争力标杆治理的前提是，它阐明了城市和城市地区竞争的过程。但是地方竞争的概念就像一个代码：在当今时代，它揭示出城市治理和地区间的相互作用是一样重要的（Budd，1998；Bristow，2005）。就像在当代全球化讨论中其他受欢迎的标语一样，如"资本的超流动性"、"疲软"状态，以及社会空间的"非领土化"，因此必须系统地破解区域竞争的概念。

一些评论人士表示，区域竞争的概念建立在资本主义企业和城市地区间不靠谱的类比之上（Leitner & Sheppard，1998：301）。根据目前克鲁格曼与美国著名的经济学家，如赖希和瑟罗之间著名的论战，当把竞争力应用于任何除了资本主义企业以外的组织实体时，它就成了一个"危险性痴迷"。克鲁格曼认为，将竞争力的概念应用到国家区域上，在逻辑上是不连贯的。因为它们"没有很明确的底线"："国家……不会歇业"，因此不能适当地将其理解为创造财富的机器（Krugman，1994：31）。克鲁格曼认为，企业必须在有利可图的情况下直截了当地定义它们的"底线"，在这种情况下，它们是唯一可以明确地归因于竞争力属性的组织。

当竞争力被应用于区域单位而不是企业时，考虑到这一概念不确定的、未成形的特征（Begg，1999；Budd，1998；Bristow，2005），如何解释在过去的三十年里，当地难以捉摸但又普遍被人认可的扩散政策？简言之，为什么地方区域竞争的"危险性痴迷"在政策制定者和支持

192

者之间如此受欢迎呢？不幸的是，克鲁格曼的批评将这个问题归结于政策支持者，也就是所谓的知识分子的失误与无能。然而，正如迪肯（1998：88）所警告的，

> 不管克鲁格曼的分析是正确还是错误的，实际上决策者似乎并未听从他的警告，也没有重改书面和实际中的竞争性政策措施。只要国家（或地区）竞争力这一概念存在，就没有一个国家（或市）可能会退出。

克鲁格曼和其他人的批评将会严重误导人们拒绝热切的政策，它所关切的仅仅是把"竞争力"作为一种概念上的错谬或意识形态幻想。我们宁可认为区域竞争力政策的增多表现了一种更一般意义上的当代国家、各种类型跨国经济竞争体制的重组，向有些作者称之为"竞争型国家"（Cerny，1990；Jessop，2002）的形式发出了信号。尽管新自由主义是这种国家权力多标量、生产率再定位的一个特别重要的表现形式，但它仅仅是此类竞争型国家合并在一起的政治形式中的一种。

但是，区域竞争力出现了第二个主要的问题。它把其归因于城市代理性质，并把它们的竞争相互作用作为统一的区域竞争力，但是地方可能变为代理性并采用指向其他地方的竞争导向的政治制度条件通常是假设的而非询问的。正如哈维（1989a：5）解释的那样，作为"活性剂"的城市化必须避免资本主义都市化，是"一个广义的、有基础的社会进程，在这个过程中有着各自目标的各类不同的活动者，以及通过一个特定的连锁空间实践形态相互作用的不同议题"。城市是区域性的社会结构，其中出现和再现大量高度敌对的空间实践（Cox，1995）——

包括阶层关系、累计策略和不同的政治意识形态计划。相应地，巴德（1998：670）解释道："提议城市或区域的相互竞争，假设了两者之间的构成经济和社会利益目标一致，并且城市治理拥有一种自治操纵自由。"

　　然而，问题不是否认居住城市中不同的人在特定条件下会组织起来共同促进公共利益或议题，而是强调这样的集体活动是不符合理论假设的。如考克斯和梅尔（1991：198）解释的，

> 如果人们使用明确的地方性词汇解释本地化社会结构，以观察他们的利益并认同"本地人"身份，然后根据这些观察通过动员地方性组织以一种他们从前各自行动不可能的方式来促进他们的利益，这样看来视"地方为代理"是十分合理的。

194

　　由此类动员产生的当地区域联盟在资本主义都市化的历史地理学中扮演着重要角色。例如，城市增长机器——为实现当地财产价值最大化而组织起来的以土地为基础的精英联盟——长期在美国都市发展中扮演着塑造性角色，并代表了此类联盟的范例（Logan & Molotch，1987）。以公私合作、跨阶层结盟和基于位置的联合等不同机制为基础的其他形式联盟，在其他不同国家背景下通过资本主义都市化的历史地理学也已经出现（Harvey，1989；Markusen，1987；Stone & Sanders，1987）。

　　根据哈维（1982：419—420）在《资本的限制》中对此问题的经典分析，地方区域联盟形成的根本原因是：

> 　　社会总资本中的一部分必须作为不动资本，以为剩余的资本提供更大的流动性。如果它不会贬值，则需要防范曾经锁定在不

可移动物理和社会基础设施中的资本的价值。

因此，促进特定城市或城市区域内经济增长的区域联盟，通常存在于资本和劳动力的不同派系之间，他们的资源和利益紧密地系于本城市内的大规模不可移动基础设施和投资，例如房地产、固定基建投资、公共事业、基础设施。哈维（1982：420）对于在资本主义条件下"阶层和派系斗争地域化"的基本和最近趋势的解释值得详细引用：

> 一些资本派系比其他派系更乐意固定投资。房地产的所有人、开发商、建设商以及其他持有抵押债券的人，有优势从建立一个保护和促进地方利益和避免区域性、特定地方减值威胁的地方联盟中获益。很难移动的生产资本可能用来支持联盟，并被诱使通过薪酬和工作环境妥协来为劳工和平和技术买单，从而从劳动力和对当地市场工资商品上升的有效需求中获得合作利益。通过斗争或者历史上的偶然，劳动力派系已经设法在剥削的海洋中创建一个特权的安全岛，也可能成为联盟的原因。此外，如果资本和劳动力之间地方性的妥协对当地积累有帮助，总的来说资产阶级可能会支持。基础在于不同资本派系、当地政府，甚至所有阶级之间以区域为基础的联盟的增长，将保证在特定区域内的社会再生产过程（包括劳动力的积累和再生产两方面）。必须强调联盟的基础在于其视需要使一部分资本不可移动而为剩下的资产提供更大的流动性。

结合的区域联盟是以各种地方机构和人员之间的正式合伙关系为基础的，包括商会、工会、地方规划局、市政府，最重要的是资本和劳动力的不同派系（Cheshire & Gordon，1996；Stone & Sanders，1987）。正如哈维（1989b：148）在别处的注释，此类区域联盟的首要目的是，"保持或增强已有的生产和消费模式、优势技术混合和社会关系模式、利润和工资水平、劳动力素质和企业家治理水平、社会和物理基础设施、生活和工作的文化素质"（Harvey，1989b：148—155）。为实现这些广泛的目标，区域联盟通常执行特定规模的积累策略，在此策略中特定的、植根于当地的资产将会被筛选出来积极提升（Jessop，1998）。

因此，我们得到了下面的结果：城市和城市区域可以说是旨在建立的区域联盟的范围内进行区域内竞争——无论是地方的或超地方的联盟——其明确的目标是在此类竞争中促进特定的区域成为一个整体。在没有此类联盟的情况下，讨论城市作为代理是不合逻辑的，在没有此类联盟批准的全部城市系统的情况下，讨论地方间竞争也是不合逻辑的。因此，地方间竞争或区域竞争最好被理解为增长导向和投资导向区域联盟之间的横向关系，而不是固定位置和移动资本流，或传统意义上的资本与商品、资金流与地点、全球化和本地化之间的纵向关系。从这点看，这是描述以当地或区域为基础的区域联盟竞争之间"战略互动的宏观地理领域"的简便记法。

从这个角度看，区域竞争政策不能被简单地理解为对加强的地方间竞争强加的限制的一种本地化回应。首先，它们必须被视为此类竞争的创造者，这一竞争同时使它自然化并看上去不可避免。随着从事此类竞争相互作用的区域联盟数量的扩张，采纳竞争导向城市政策的有效刺激，以及因此加入竞争的磨损，正在强加于那些过去想要退出的区域（Leitner & Sheppard，1998）。但是，如果仅仅将区域竞争政策解释为对外部强加压力的反应，那么在地方竞争中扮演生成力角色的

196

区域竞争政策将得不到充分利用。对于区域竞争政策的转移，最好不要仅仅视为一种个别城市经历的转变，而应视为有多重地方区域联盟的城市因为加强的竞争相互作用而发生的大规模城市等级体系的相关转化。

区域竞争政策治理失效

区域竞争政策在世界经济范围内的城市和区域中十分普遍，但是它们的普遍存在却很少告诉我们它们在实践中的效率。事实上，尽管此政策的支持者代表声称没有经验型的证据表明它们没有效果，但对于此政策的大量社会科学批判分析表明，无论是在经济、治理或政治领域，它们的主要作用是退化的和失调的（Leitner & Sheppard, 1998；Cheshire & Gordon, 2005）。

正如我们已经讨论过的，强化的地方间竞争会加强地方行政单位向潜在投资者提供优惠政策的竞争压力。随着区域竞争政策随后的扩散，潜在的失败和拒绝介绍它们的危险正在扩大（Leitner & Sheppard, 1998）。尽管如此，当前没有证据表明区域竞争策略为地方经济产生正和的、供给端的利益，例如通过提升地方的内嵌式工业资本。更多的是，这种举措已经使国家补贴流向民营企业，导致竞争位置间资本投资的零和分配（Cheshire & Gordon, 1996）。如此，区域竞争策略可能导致对公共资源的无效分配，随着纳税人收入用于促进私人积累而不是用于生产的一般条件或社会开支。因此，柴舍尔和戈登（1995：122）总结道："[城市间]很多区域竞争纯粹是浪费。"

此外，区域竞争政策的扩散，鼓励"寻求短期收益，以城市的健康和居民的福祉这些更重要的长期投资为代价"（Leitner & Sheppard,

1998：305）。虽然一些城市已获得短期的竞争优势，通过腐蚀区域竞争力优势的早期采用，但是因为在相似定位城市间扩散类似政策，定位城市内劳动力进行了更广泛的空间划分。从这个意义上说，虽然区域竞争政策帮助一些城市和地区促进了短期的经济增长，但是证明它们在维持中期或长期经济增长中没有那么好的效果（Peck & Tickell，1994）。

进一步的问题包括区域竞争力策略所能达到的地理范围有限，这通常需要将战略目标、全球性连接城市区域或位置特定化，作为国家经济活力的引擎。这样的政策是基于增强城市区域竞争力的假设，将有益于更广泛的地区性和国家性空间经济体，包括其中的城市。然而在实践中，区域竞争政策促进了先进技术的发展，全球性城市飞地对周边地区产生的辐射效应有限。在局部规模，这种趋势对于"全球化经济"具有关联性，因为先进的基础设施中心和高科技生产中心脱离邻近的街区，且在超局部规模，因为在同一个国家地域内具有全球竞争力的城市群脱离老工业区和其他边缘化空间（Graham & Marvin，2001）。社会空间极化的激烈化程度可能破坏宏观经济稳定；它也可能使种族分裂，使政治冲突混乱化。

尤其是他们的防御以新自由主义的形式，区域竞争政策鼓励社会服务底层的种族提供必需品，因为国家、地区和地方政府试图在它们的领土管辖权减少资本投资的成本。该监管剥削过程是制度障碍，表现在以下多个级别：它会加剧矛盾而不是缓解地方财政和监管问题，它会恶化地方和国家人口的重要部分相关的生活机会，这更加剧了国家城市阶层的不平等性（Eisenschitz & Gough，1998）。

198

上述监管问题可以假设为更温和的形式，结合区域竞争政策的攻击性社会民主形式。尽管如此，区域竞争政策的攻击形式同样具

有重大危机趋势。首先，就像区域竞争政策的防御方法，进攻方法
"操作……作为策略来使一些地区相对其他地区和其他国家更强"
(Leborgne & Lipietz, 1991：47)，因此会强化发展不平衡，除了部署的
地域空间。宏观经济不稳定，随之而来可能破坏区域竞争政策依赖的
局部社会经济资产(Leborgne & Lipietz, 1991)。其次，相比区域竞争
政策的防御形式，进攻方法能使城市经济发展遭受更严重的政治化问
题。它们的有效性取决于局部地区的局限性；然而，这些策略在地方
层面取得的明显成功会产生强烈的再分配压力，尤其是当同一国家地
域的其他地方和地区努力复制该"配方"或获得一些经济利益的时候
(Eisenschitz & Gough, 1996)。

在国家、地区和地方的政府机构内，区域竞争力的特定战略扩散会
加剧协调问题。首先，因为区域竞争政策加强了国家监管活动的地理
分化，而在国家政策框架内没有融入地方性竞争策略，它们破坏了组织
的一致性和国家机构的功能集成。其次，这种超国家治理或国家监管与
城市政策领域协调的缺乏可能加剧经济危机趋势，正如上面所讨论的，
它能增强相同或类似的增长战略在更广阔的城市系统中连续复制的可
能性，从而加速区域间竞争的零和形式扩散(Amin & Malmberg, 1994)。

最后，区域竞争政策扩散导致民主问责制和政治合法化有关的新
冲突。由非选举政府官僚主导，技术专家、房地产开发商和企业精英建
立许多新的、高度分散的机构形式实施区域竞争政策，他们对于他们
199 的活动使人群产生最直接的影响不负责任(Swyngedouw, Moulaert &
Rodriguez, 2002)。虽然缺乏政治问责制能使监管机构更有效地执行该
政策，但它系统性削弱了解决更广泛的社会需求和维护地域凝聚力的
能力。它也可能产生严重的合法化赤字，一旦对抗的社会力量能政治

化区域竞争政策或不民主体制的负面社会经济影响。

这些考虑描绘出一幅更悲观的区域竞争实践的画面，而不是在地方经济发展中发现的主流文学，或就此而言，通过区域联盟动员周边具体的项目获得进步，以促进城市和城市区域的区位政策。我们的分析表明，区域竞争的核心就是意识形态，它可以使机构退化、转变政治因素，破坏地方经济发展的先天条件，动摇城市和地区治理组织结构，并导致所继承民主责任制的腐蚀。无疑，我们无意暗示意识形态或区域竞争的实践本身就是以上所勾勒的发展原因，但这显然是地缘经济、地缘政治的转换与机构主张之间的复杂交织。相反，我们的目标已经暴露出一些支撑这一概念有问题的假设，概述了一些已提出过的应用问题，并强调了其政治形态的本质特性。

超越竞争陷阱？

矛盾的是，尽管上面概括了大量功能失调的后果，但是这种导向地方区域竞争力的政策仍得以广泛采用，对任何想要改变此政策的地方治理机构都有很强的限制性。在民族国家、区域以及城市范围内，想要退出这种竞争政策或者其他企业战略，可能会面临投资损失、失业以及税收减少等严重的经济影响。"鼓励……尝试依附其他国家（及城市）来营利，保持其强劲势头。"(Dicken, 1998：88) 正如哈维（1989：10）的企业型城市政策也有类似的说法（引用马克思关于资本主义内部竞争的著名描述，对个别资本家实行"外部强制力"）：

200

确实，在某种程度上，城市间的竞争加强，它几乎必然将作为一种"外部强制力"起作用，使个别的城市靠近并与资本主义发展的原则和逻辑一致。

这些争论指向一个刻不容缓的问题：地方经济发展能不能用另一种方式阐释和实践呢？地方能够逃离"竞争陷阱"吗？在过去三十年的世界范围内地缘经济和地缘政治的重组中，地方已被交付给它了。

目前，区域竞争政策的失调和退化结果，是否将为地方和区域经济发展提供更加进取、激进民主的方法提供空缺——勒罗伊（2007）列出了在美国背景下规制改革的一份清单，将缩减地方间竞争的动力——或者相比之下，是否在城市和区域治理的基本制度结构下竞争导向议题仍然不在近期的考虑中尚未可知。可能后者会发生，我们有充分理由预测更加贫乏和恶劣城市地理的结晶，在此地理范围内城市实施侵略性的、相互破坏性的区域营销策略，此策略允许跨国资本从支持地方社会再生产中退出，城市居民影响他们最基本的每日生活条件的能力正在渐渐遭到破坏。当我们注视这残酷的剧本时，哈维对都市企业主义的分析再次被证明十分有先见之明。他解释道：

> 问题是建立一个以城市间联系减缓城市间竞争的区域地理策略，使政治关注从地区转向更一般性的资本发展不均衡的挑战……[A]对都市企业主义的批判观点表明不仅其产生消极影响，同时也表明其转化为进步都市社团主义的可能性，它对如何以此种方式建立联盟和跨空间联系有敏锐的地理政治学意识，若没有挑战，则用以缓和控制社会生活的历史地理学的资本积累的霸权动力。（1989a: 16）

什么时候、在什么地方以及以何种方式采纳此类地理政治学策略，什么口号又是最能表达其精神——"城市的权力"提供了一个最可能的例子（Marcuse，2009；Lefebvre，1996）——这都是我们需要在城市、城市区域和其他治理空间范围内探索答案的问题。

201

参考文献

Amin, A., and A. Malmberg. 1994. Competing Structural and Institutional Influences on the Geography of Production in Europe. In *Post-Fordism: A Reader*, ed. A. Amin, 227–248. Cambridge, MA: Blackwell.

Arrighi, G. 2010. *The Long Twentieth Century*, 2nd ed. London: Verso.

Begg, I. 1999. Cities and Competitiveness. *Urban Studies* 36 (5/6): 795–810.

Brenner, N. 2004. *New State Spaces: Urban Governance and the Rescaling of Statehood*. Oxford: Oxford University Press.

Bristow, G. 2005. Everyone's a "Winner": Problematizing the Discourse of Regional Competitiveness. *Journal of Economic Geography* 5 (3): 285–304.

Budd, L. 1998. Territorial Competition and Globalisation: Scylla and Charybdis of European Cities. *Urban Studies* 35 (4): 663–685.

Carlquist, T. 2006. Revision of the Larger Urban Zones in the Urban Audit Data Collection. Paper presented at the conference, "Defining and Measuring Metropolitan Regions," Paris, November 27.

Castells, M. 1996. *The Rise of the Network Society*. Cambridge, MA: Blackwell.

Cerny, P. 1990. *The Changing Architecture of Politics*. London: Sage.

Cheshire, P., and I. Gordon, eds. 1995. *Territorial Competition in an Integrating Europe*. Aldershot, UK: Avebury.

Cheshire, P., and I. Gordon. 1996. Territorial Competition and the Predictability of Collective (In)Action. *International Journal of Urban and Regional Research* 20 (3): 383–399.

Cooke, P., and K. Morgan. 1998. *The Associational Economy*. New York: Oxford University Press.

Cox, K. 1995. Globalisation, Competition and the Politics of Local Economic Development. *Urban Studies* 32 (2): 213–224.

Cox, K., and A. Mair. 1991. From Localised Social Structures to Localities as Agents. *Environment & Planning A* 23 (2): 197–214.

Dicken, P. 1998. *Global Shift*. 3rd ed. New York: Guilford Press.

Eisenschitz, A., and J. Gough. 1993. *The Politics of Local Economic Develop-

ment. New York: Macmillan.

Eisenschitz, A., and J. Gough. 1996. The Contradictions of Neo-Keynesian Local Economic Strategy. *Review of International Political Economy* 3 (3): 434–458.

Eisenschitz, A., and J. Gough. 1998. Theorizing the State in Local Economic Governance. *Regional Studies* 32 (8): 759–768.

Europe Economics. 2008. *The Competitiveness of London*. Policy report to the London Chamber of Commerce and Industry. April 2008. London: Europe Economics.

Florida, R. 2002. *The Rise of the Creative Class*. New York: Basic Books.

Fougner, Tore. 2006. The State, International Competitiveness and Neoliberal Globalization. *Review of International Studies* 32:165–185.

Fougner, T. 2008. Neoliberal Governance of States: The Role of Competitiveness Indexing and Country Benchmarking. *Millennium—Journal of International Studies* 37 (2): 303–326.

Freeman, A., and P. Cheshire. 2006. Defining and Measuring Metropolitan Regions. Paper presented at the conference, "Defining and Measuring Metropolitan Regions." Paris, November 27.

Friedmann, J., and G. Wolff. 1982. World City Formation: An Agenda for Research and Action. *International Journal of Urban and Regional Research* 6:309–344.

Gordon, I. 1999. Internationalization and Urban Competition. *Urban Studies* (Edinburgh, Scotland) 36:5–6, 1001–1016.

Graham, S., and S. Marvin. 2001. *Splintering Urbanism*. New York: Routledge.

Harvey, D. 1982. *The Limits to Capital*. Chicago: University of Chicago Press.

Harvey, D. 1989a. From Managerialism to Entrepreneurialism: The Transformation in Urban Governance in Late Capitalism. *Geografiska Annaler, B*, 71 (1): 3–18.

Harvey, D. 1989b. *The Urban Experience*. Baltimore, MD: Johns Hopkins University Press.

Jessop, B. 1998. The Narrative of Enterprise and the Enterprise of Narrative: Place-marketing and the Entrepreneurial City. In *The Entrepreneurial City*, ed. T. Hall and P. Hubbard, 77–102. London: Wiley.

Jessop, B. 2002. *The Future of the Capitalist State*. Cambridge: Polity Press.

Krätke, S. 1995. *Stadt, Raum, Ökonomie*. Basel: Birkhäuser Verlag.

Krugman, P. 1994. Competitiveness: A Dangerous Obsession. *Foreign Affairs* (March–April):28–44.

Leborgne, D., and A. Lipietz. 1991. Two Social Strategies in the Production of

New Industrial Spaces. In *Industrial Change and Regional Development*, ed. G. Benko and M. Dunford, 27–49. London: Belhaven.

Lefebvre, H. 1996. Right to the City. In *Writings on Cities*. Trans. E. Kofman and E. Lebas, 61–181. Malden, MA: Blackwell.

Leitner, H., and E. Sheppard. 1998. Economic Uncertainty, Inter-urban Competition and the Efficacy of Entrepreneurialism. In *The Entrepreneurial City*, ed. T. Hall and P. Hubbard, 285–308. Chichester: Wiley.

LeRoy, G. 2007. Nine Concrete Ways to Curtail the Economic War among the States. In *Reining in the Competition for Capital*, ed. A. Markusen. Kalamazoo, MI: Upjohn Institute.

Logan, J., and H. Molotch. 1987. *Urban Fortunes*. Berkeley: University of California Press.

Lovering, J. 1995. Creating Discourses Rather Than Jobs. In *Managing Cities*, ed. Patsy Healey et al., 109–126. London: Wiley.

Marcuse, P. 2009. From Critical Urban Theory to the Right to the City. *City* 13 (2–3): 185–197.

Markusen, A. 1987. *Regions*. Totawa, NJ: Rowman & Littlefield.

Ohmae, K. 1990. *The End of the Nation State*. New York: Free Press.

Peck, J. 2005. Struggling with the Creative Class. *International Journal of Urban and Regional Research* 29 (4): 740–770.

Peck, J., and A. Tickell. 1994. Searching for a New Institutional Fix. In *Post-Fordism: A Reader*, ed. A. Amin, 280–315. Cambridge, MA: Blackwell.

Porter, M. 1990. *The Competitive Advantage of Nations*. London: Macmillan.

Sánchez, J.-E. 1996. Barcelona: The Olympic City. In *European Cities in Competition*, ed. C. Jensen-Butler, A. Shachar, and J. van Weesep. Surrey, UK: Avebury.

Sassen, S. 2001. *The Global City*. 2nd ed. Princeton, NJ: Princeton University Press.

Scott, A. J. 1998. *Regions and the World Economy*. London: Oxford University Press.

Scott, A. J., ed. 2001. *Global City-Regions*. Oxford: Oxford University Press.

Stone, C., and H. T. Sanders, eds. 1987. *The Politics of Urban Development*. Lawrence: University Press of Kansas.

Storper, M. 1996. *The Regional World*. New York: Guilford.

Storper, M., and A. J. Scott. 1989. The Geographical Foundations and Social Regulation of Flexible Production Complexes. In *The Power of Geography*, ed. J. Wolch and M. Dear, 19–40. Boston: Unwin Hyman.

Storper, M., and R. Walker. 1989. *The Capitalist Imperative*. Cambridge, MA: Blackwell.

Strange, S. 1986. *Casino Capitalism*. Oxford: Basil Blackwell.

203

Swyngedouw, E., F. Moulaert, and A. Rodriguez. 2002. Neoliberal Urbanization in Europe. *Antipode* 34 (3): 542–577.

Taylor, P. J., and M. Hoyler. 2000. The Spatial Order of European Cities under Conditions of Contemporary Globalization. *Tijdschrift voor Economische en Sociale Geografie* 91 (2): 176–189.

Toronto Board of Trade. 2009. *Toronto as a Global City*. Policy report. March 2009. Toronto: Toronto Board of Trade.

Van den Berg, L., and E. Braun. 1999. Urban Competitiveness, Marketing and the Need for Organising Capacity. *Urban Studies* (Edinburgh, Scotland) 36 (5/6): 987–999.

Veltz, P. 1997. The Dynamics of Production Systems, Territories and Cities. In *Cities, Enterprises and Society on the Eve of the 21st Century*, ed. F. Moulaert and A. J. Scott, 78–96. London: Pinter.

204

第三篇

治理的理念

第八章
城市发展

穆罕默德·A.卡迪尔

城市语境下的发展

本章实质上是一个关于城市发展在20世纪,特别是第二次世界大战后逐步形成的一些理念的历史调查。哪些城市发展的理念引导了来自第一和第三世界的不同时期的城市规划者和开发者?城市发展的概念和模式如何在这两种世界交互?这些理念从何而来,又是如何随着时间的推移演进?本章将对这些问题进行探索。

城市发展是人类居所有组织发展和重建的过程。他以两种方式发生。第一种,项目级别中发生,新的或更新的活动在特定场地的发展。特定场地规模是指设计规划规制、环境影响评价等领域。第二种,城市或区域级别中发生。这种空间结构通过区域性政策和项目以及特定场地发展的积累效果被重组。城市或区域规模是指被不同地称为一般、综合、社区或总体规划的范围。这样的区域性规划曾经被命名为"发展构成"(洛杉矶市，2007)。

尽管场地级和区域级的发展在建筑形式、公共事业、设施、服务这些方面都是明显可见的，但这些物理表达反映了一个社区的社会经济目标。例如，在分区制章程中，发展被特定定义为"地段上新建筑物或其他构造物的建设，其他地段上对已存建筑的重新安置或一个大片土地的新使用用途"(纽约市城市规划委员会，2007)。然而，土地改进和物理环境的变化都总是为了满足人类活动和目的。因此，城市语境下发展的更广泛含义超出了建造的过程，延伸到为这些人类活动提供服务的功能和目的。

因此，我在本章主要关注城市发展的广泛规模，即框出一般人类居所和特定城市发展框架的理念和模型。发生于场地尺度，通过分区或其他规制的发展控制不是我们在此关注的。然而，有助于实施的区域型目标和政策会被关注。

随着大部分世界人口生活在城市和城镇，社会发展取决于城市系统的效率与公平。基础设施、住房、工商业、交通和社区服务的提供，已经成为发展理念不可或缺的一部分(世界银行，2000)。因此，城市发展是被嵌入国家发展中的。

关于城市发展的理念与发展模式一同兴起。他们成长于相同意识形态的沃土。城市发展的理念是如何演进的？要回答这个问题，我们必须追踪连续性阶段中城市发展理念的发展。

关于城市发展的图绘理念

城市发展的理念和愿景像接替的波浪一样涌现，它们的进化模式并非线性的。然而有一个这些理念随时间发展的列表。表格8.1列出了城市作为一个整体或其中某一部分可以如何变得更宜居、更高效有序或更美丽的愿景。这些意向和观念出现在连续的时间段并响应其各自时间段的城市挑战。此外,每个时期的政治记叙也塑造了这些理念。

关于表8.1需要有几点声明:第一,这些时间段最好被理解为联系成链而非离散的时间跨度;第二,这些按时段列出的理念不一定随着时段终止,但以某种形式在随后的时期生效;第三,大多数理念的起源不能固定在同一个时间点,因此它们被分配到它们开始获益的时期。有了这些告诫,表8.1就可以作为城市发展理念的演进图来阅读了。 208

城市发展论述的三个阶段

城市发展的现代理念可以被划为三个历史时期,每个时期都代表着一种独特的范例。每个时期也都对应着主要是盎格鲁—撒克逊式的西方社会政治意识形态的不同阶段。

第一个阶段从12世纪早期延续到第二次世界大战结束。这个阶段为现代城市规划奠定了基础,同时建立了这样一种观点——城市是一个集体性实体,所以其必须是在公众指导下有秩序地、高效地发展。第二个阶段从20世纪50年代开始,一直持续到20世纪70年代中期。这个阶段见证了公众角色在城市发展中的扩展,见证了城市发展概念从对秩序、效率或实体空间的美的考虑,转变为把实现公共福利和社会正义作为发展目标。第三阶段从20世纪70年代中期开始,一直延续到现在。这个阶段反映了里根—撒切尔时代的保守派思想。这种思想一方面减弱了国家的角色,一方面通过把环保和节能加入城市发展目标扩大了城市发展议程。接下来,我们会讨论是什么力量塑造了这些阶段以及它们的最初理念。 209

表8.1：城市发展理念和政策

年　份	第一世界	第三世界
第一阶段 第二次世界 大战前	公共健康与卫生 美与舒适 便捷与功能 花园城市 塔楼的辐射城市 分区与建筑规范	故乡和殖民城市 卫生 防御和军事基地 不朽的城市
第二阶段 1945—1959	廉租房和战后重建 园林化郊区 绿化带 国家高速公路计划和城市路网 城市更新和贫民窟清除 新城镇 区域经济 土地用途隔离 购物中心 市区重建	国家五年计划和住房计划 流离失所者的重新安置 卫星城镇 总体规划 乡村发展 土地发展计划和城市核心 住房
1960—1975	城市是人 综合计划和政策 拥护规划和市民参与 城市复原与保护 城市爆炸和市郊化 城市容量和区域规划 社区规划 社区改善 城市土地使用和交通模型 环境标准 公共空间走廊发展的楔形 中心城市和卫星中心城市格局	过度城市化的主题 二元城市：正式与非正式 次级城市战略 寮屋的升级 供水和排水方案 新首都 城市发展和投资计划 土地权证和规范

210

（续表）

年　份	第一世界	第三世界
第三阶段 1976—1990	节能的发展 沟通式规划 增长管理 历史保护 经济开发区 地方经济发展 住房保护 士绅化 滨水区复兴 海岸区管理 公私合作 治理改革 公平规划 无计划扩张和集约发展 女性与规划	贫民区改善 场地和服务 自助 城市行动计划 增长中心 中级城市战略 国家城市战略 城市基建计划 城市管理 可实现方案 大城市 国家保护政策 国家住房战略 城市改革 服务私有化
1991—2010	城市理性增长 新城市主义 可持续发展 全球城市 全球化	可持续城市 自由贸易和海外投资 住房金融 城市治理

211

　　表8.1展示了实践理念和出现在不同阶段的整体愿景。这个表格也将第一世界（主要是盎格鲁—撒克逊式的）的城市发展指导理念和在第三世界（主要是英语国家）流行的理念进行区分。在初步介绍后，让我们进入每个阶段的考察。

阶段一：现代城市视角的出现

第一世界

在第一世界，现代城市发展理念的出现是应对传染病、贫穷和工业城市的拥挤。例如城市供水和排水系统、消防和建筑规范、控制土地使用的基本分区等公共卫生措施奠定了城市功能理念的基础。与这些理念平行存在的还有城市美化和花园城市的观念，它们将便捷、美丽的质量与便利设施和秩序结合起来构成城市发展的目标（Hall，1988）。我们也不应忘记勒·柯布西耶的清除"垂死的"工业城市并建立辐射城市（1933）——摩天大楼处在开放空间的公园，外围是高架桥（Hoged，1998；Hall，1988）。

然而，第二次世界大战前所奠定的现代城市发展观念，直到今天还持续影响着城市规划，也使城市规划制度化为一种公共活动。这些观点是怎样在第三世界传播的呢？让我们现在来探讨这个问题。

第三世界

在第三世界，第二次世界大战前是殖民主义的时代。当然，许多第三世界国家有文可考的历史和有关城市的理念都可以追溯到古代。这些观念并非都灭绝了，它们依然通过历经磨炼的社区建设传统在施以影响。既然主要关注点是现代甚至当代，我将直接跳讲到20世纪。

20世纪的前半段是殖民主义时期。亚洲或北美洲的本土城市由种姓、宗族或职业行会的住所组织起来，周围有几何分布的宫殿，常居住在河边的高地。拥挤的集市和狭窄的居住区街道聚在作为焦点的主要的庙宇或清真寺旁边。

殖民统治者把欧洲卫生的概念、种族优越感以及空间挪用到本土的城市蓝图中。其造成的结果就是所谓的拥有二元城市结构的殖民城市，在其中，本土城市之外的空间——一个低密度平房区，有拱廊的市场，办公区，宽阔马路旁排布的公园等——为了殖民地的建立而得以发展（King，1990；Abu-Lughod，1980）。在首都和其他大型城市，陆军基地、所谓的兵营以欧洲的习语作为第三世界殖民城市的组成部分而得以建设。毋庸置疑，这些理念大部分都是为了服务于殖民利益，并且受限于第三世界城市的"欧洲的"部分。

殖民城市是关于城市发展、资本主义经济，以及阶级分层的西方观念的宣传通道（King，1990）。有些当时的新技术和城市发展意识形态几乎在介绍给欧洲城市的同时被介绍给殖民城市。例如，卡拉奇在1885年有一个将商业中心和海港连接起来的电车轨道；孟买在1850年就有用来规范建造活动的建筑立法，以及城镇改善信托（the Town Improvement Trust）计划发展方案；拉各斯在1863年有一项城镇发展条例。甚至帕特里克·格迪斯——城镇发展之父，从1914年起，在印度也花费了几年时间来宣传他为本土城市提出的"保守手术"的方法。关键在于，有些在欧洲刚刚出现的城市规划理念和实践与在殖民城市的出现没有时间间隔。

总而言之，在第一世界，战前时期出现了一些规范化的城市发展的例子也见证了规划理念的形成。在第三世界，这个时期让前工业化城市分解为现代的和传统的城镇，导致了发展各类的愿景。然而，尽管城市发展的现代习语还不能被大部分城市居民所知，却也在殖民城市被挑选的部分十分明显可得。跳出这段时期，两个主题奠定了现代城市发展的基础。公共投资和集体行动促发了城市发展的框架，有序平衡的发展变成了城市成长的典范。

212

阶段二：城市论述的社会生产

第一世界

第二阶段从第二次世界大战结束开始，持续到70年代中期。在这个阶段，城市规划从以建筑和工程为基础的实践逐步发展成社会科学驱动的政策规范。[1] 经济学、地理、政治和社会学转变了我们思考城市的方式。这些规范引入了一种经验主义的和人道主义的展望，其中生活体验的权重比想象的城市秩序这种浮夸的观点更大了。城市发展成为一种推销经济适用房，改善交通设施，以及使种族贫民区一体化的战略，而非否定诸如城市美化运动或广亩城市（Frank Lloyd Wright）概念的愿景。

公共福利的观念开始影响城市发展的特征。国家为陷入苦日子的穷人承担提供基本需要的责任，包括住房和社会服务。在美国，1949年的楼市法案制定了"为每个美国家庭提供得体的家和舒适居住环境"的目标。战后重建，冷战的政治必要性和为人道社会建立资本主义替213代品，以及建立小康社会基础设施的需要，是产生社会福利主义观的关键点。

表8.1列出了第二阶段主要的城市发展项目。第二阶段是城市发展和规划理念的高产时期。这些理念包括从住房融资政策和公民参与的城市规划，到新城镇项目和区域高速公路发展。一个典型的案例就

1　以社会学学位毕业之后，我在1960年于希腊参与了人类聚居学（道萨迪亚斯的城市规划版本）的学习，此时社会学家在那时依然被看作规划专业的"闯入者"。直到我在1964年来到美国进行博士学位的学习，我才确定我之后的研究是城市规划。到我在1970年开始教规划的时候，建筑师和工程师已经减少为年轻规划者中的小部分群体了。

是，将住宅产业彻底改变并为城市郊区化奠定根基的抵押贷款保险和次级抵押贷款市场日趋成熟和扩大。类似的，在20世纪50年代，本意是为了美国退伍军人而建立的公共住宅项目延展到了穷人和福利享受者。在英国，由工党在战后时期建造的议会住房成为福利国家的标志。这些社会经济措施激发了欧洲和北美洲的城市爆发。

第二阶段的理念可以被并入三种政策主题：(1) 旧城的现代化，(2) 城市扩张和大都市的容量，(3) 城市发展进程的民主化。

旧城的现代化

欧洲和北美的战后城市是拥挤的，并遍布着贫民窟，尤其是在城中心。意在重建贫民窟，更新中心商业区，而将旧城带入当前时代的城市更新计划（1954年在美国，1955年在英国）是大胆的创新。中心城市的大部分片区都被清除了，并卖给商业开发者以建造多层的办公楼和公寓建筑。新兴的城市形象是精神上的柯布西耶式的（Hall，1988：226）。

城市更新的故事并不令人安心。这是个社会灾难，它从外表上枯萎而实际充满活力的社区里根除了大量的穷人，尤其是黑人。许多住在市区的贫困居民经历了高速公路和"城市推土机"（Anderson，1964）的城市更新项目。美国1964—1967年著名的暴动点燃了城市发展理念的名副其实的革命。

为了促进社区和住房的保护和复原，城市更新被修订。约翰逊总统的样板城市计划（1965）强调了城市发展不断转换的视角。这个计划旨在通过保护和增加住房，改善商业，提供健康、福利、教育服务，连同当地主要机构的同步进步来提升社区质量，从而消除城市贫困。所有要达成的目标都不是来自市政厅的命令，而是来自居民的参与。计划

214

将社会政策措施与物理发展结合起来，虽然并未完全实现它的承诺，但从城市发展理念的角度来看，是非常重要的。它强调了城市发展概念的变化，它开始被看作既是物理重构的问题，也是社会经济发展的政策。

20世纪70年代后期公共计划的脱落导致了公众为基建项目和社区发展而建立的公私合作（在下一个章节会进一步探讨）。20世纪80年代的私有化信托将这种主动权转变为社区中产化的过程。这个时期对应了简·雅各布斯的宜居社区和作为城市构建街区的有生机的街道的理念（Jacobs，1962）。雅各布斯表明，只要关注社区，城市就被关注了。这是城市发展的自下而上的观点，来源于对全面城市更新的应对。

城市扩张和大都市的容量

人口增长和人们对拥有自己的家并想要居住在绿色环境中的欲望，促进了郊区的发展，也促发了城市向乡村的无计划扩张。这样的状态锻造了城市发展的新风格。随着为车辆而建设了宽阔的马路，商业活动被"打包"进恒温的购物中心，以及沿着处在花园式环境中的蜿蜒街道线性排列的独立式或半独立式住宅，工作场所和零售商店分开，城郊成为城市发展的模板。这些新的现实带来了大都市有序成长和容量问题的挑战。

在第一世界，许多关于城市外围发展的理念都在第二阶段有所表达（参见表8.1）。英国率先在伦敦周围的新市镇进行种植以阻止都市大爆炸。美国尝试用私有的新城镇来阻消城市无计划的扩张，例如在弗吉尼亚州的雷斯顿、马里兰州的哥伦比亚，以及加利福尼亚州的尔湾大牧场。但这些尝试太少了，以至于没有带来多少改变。大都市外围

自治新城镇的格调,依然是这个时期所能表现的另一种城市发展理念。　215

区域城市作为发展走廊的憧憬,与交替着公共空间的公路和铁路沿线联系起来,在20世纪60年代晚期和20世纪70年代早期开始广泛传播。区域规划是为华盛顿特区、巴尔的摩、哥本哈根、渥太华,以及其他大都市的区域准备的。正如加里·哈克在第二章指出的一样,在城市周边设置绿化带的理念在伦敦、渥太华和多伦多等其他很多地区都有尝试。[2] 然而在美国,这类愿景被20世纪50年代中期的州际高速公路项目抢占了。美国州际高速公路将城市交叉相连,使城市开拓延展并锻造了汽车化城市的典范。

城市发展过程的民主化

针对城市更新的普遍的躁动反对行为的结果之一是对决策和城市发展的再次考虑。精英和专家受到怀疑,公民被赋予参与当地发展决定的权利。保罗·戴维多夫在1965年的一篇具有重大影响的文章中提出了作为城市决策的可供选择的模式,即"倡导式规划"(Davidoff,1965)。这个模式通过促进公民参与的实践来重组城市发展理念和社区决策结果的过程。基于《斯凯芬顿报告》所说的,"公民应该知道他们可以影响社区的形态这一点非常重要",英国遵从其国家强制性的公共参与(引自Rydin,2000:185)。

城市论述开始更多地注重发展的进程,减少关于未来最终状态和大规划的讨论。在规划论述中,进程而非实质成为城市理论形成的关注重心。这个主题深深吸引了规划专业学者,他们已经总结了各种公民驱动规划进程的理论,例如交往式规划(Friedmann,1973)、沟通式规

2　偶然的,这一理念最近在精明增长的条目下得以复兴。

划（Inneds，1995），以及在本书第十二章和第十三章会讨论到的协作式规划（Healey，1997）。

城市发展已经从形态环境规划进化到提高生活质量的策略。社区建设通过社会政策、住房治理、公共交通、娱乐契机和福利服务成为受人喜欢的城市发展理念。社会规划和当地经济发展改进了战略上的城市形象。这是城市概念里一个非常关键的转变。

环境保护和能源节约在20世纪70年代中期出现在社会议程上。城市项目的环境影响评定，开始被并入特定城市和地区发展的进程中。相同的，高能效发展的概念激发了一些兴趣，环境保护和能源节约的理念被应用于城市发展中。这是在20世纪90年代出现的可持续城市理念的先驱。

第三世界的第二阶段

第三世界因第二次世界大战的余波，迎来了革命性的时代。殖民帝国一个接一个垮台，而独立的民主国家在整个亚洲、非洲、拉丁美洲涌现。印度和巴基斯坦的独立（1947）是标志着开启第三世界独立民主国家时代的历史转折点。对于大多数国家来说，与独立相伴随的是殖民时期遗留的贫困、文盲和经济停滞。然而，独立点燃了人们对好生活的期待。这些情况为城市发展和其解决相关问题而生的理念的发展做了准备。

如上所诉，第三世界城市已经被分成两种不同的部分，即传统本土城市和现代殖民城市。独立之后，这两个部分开始在居民的社会阶级和行业关系上有所不同。一个城市的现代部分是被计划的（正式提议）和被基本服务装配的，而本土的部分则大多数是递增生长，几乎是房子挨着房子，街靠着街，严重缺少基础设施。城市的两个部分的发展理念来源不同,尽管在实践上它们相互影响。现代发展基于对西方理念的适应。本土城市的生长基于历史实践、宗教和文化规范的混合,以及经济和技术的当代指令。

在第二阶段,二元城市进一步在现代性、合法性和传统的不同等级的组成上有所分别。我在这里一方面暗指非正式部分,尤其是以寮屋形式的殖民的出现,另一方面指出现在现代部分的有规划的郊区。这两者之间有我所说的新本土社区(NIC),即中产阶级下层的住宅区一般按照当地的标准和清晰的未被发展当局认证的地契而正式规划(Qadeer, 1983:181—184)。NIC的范围可以从印度德里的一些事实中观察得知,2000套开发的殖民房产就有1300套未被认证,尽管它们是多层建筑。问题是,城市形态的多样性在第三世界已经出现了。

表8.1列出了一系列在1950年至1975年间横扫第三世界的一些城市发展理念。第三世界城市理念的扩张是国际机构发展理念的产物的直接结果。从联合国、世界银行、美国国际开发署(USAID)及其他地方周期性地出现一波又一波发展理念并席卷第三世界国家。这些理念的扩散对第三世界国家在城市发展的论述上造成了重大影响。它们带着权威与力量的光环,正如它们的出现都带着国际援助。在某种意义上,发展理念的产物的过程,相比于第一世界,在第三世界里更系统和集中,因为国际机构已经承担起了第三世界的智囊团的角色。

因为空间限制,我在此并不能讨论到在第二阶段和列在表8.1中的所有有关第三世界的理念,但为了方便讨论,我设立了两个组,重点强调:(1)作为城市发展驱动力的住房问题;(2)失控的城市化。在下文对此会有更详细的讨论。

作为城市发展驱动力的住房问题

在新独立国家，人们因寻求安全和机会而聚集在城市。除了从郊区到城市的迁徙，许多国家不得不通过重新描绘政治界限来安顿难民。寮屋聚居地在许多城市涌现。因此，难民的重新安置、移民和正在扩张的中产阶级住房问题成为紧迫的问题。早期城市发展有条理的努力，由建立住宅区和新的聚落构成。这些努力包括20世纪50年代和60年代早期的规划和建设城郊、卫星城镇和新的首都（如昌迪加尔、巴西利亚和伊斯兰堡），以及为穷人和无居所的人提供住房聚居地等活动。城市发展可以通过土地发展和住宅建设项目得以显现。

到了20世纪70年代，第三世界的城市发展已经成为由市场和人们的非正式计划驱使的自主过程。有组织的知识体系、规划思想和国际理念极大地影响了城市中的正式片段。然而，哪怕是这些输入的理念都会有组织或无组织地经过当地实践而有所变化。例如，尽管规划的郊区中的土地使用意味着被隔离，但一旦被建设起来，学校、办公和诊所都会出现在居住区附近的平房里。

到20世纪60年代，为中产和上等阶级规划的郊区社区成为现代发展的特点。在未被规划的范围，被土地交易商和土地掠夺者组织起来的寮屋在城市递增性地扩张。

第三世界城市的寮屋已经成为城市发展的一大挑战。它们也被许多来自西方的学者、城市规划人员和政策指导者关注。第三世界城市被分割成正式与非正式部分的情况激发了一系列有关这些城市双重性的想法。最初被拉丁美洲学者定义的双重性概念被格尔茨（1963）、艾布拉姆斯（1964）和国际劳工组织（1972）延展运用到城市中。然而，第三世界城市的实际情况要比所提出的双重性模型复杂多了。它是从物质上、社会上和文化上分段的社区。

寮屋升级或寮屋治理成为20世纪80年代最受欢迎的解决方式,并继而成为第三世界城市安排郊区移民的首要方式。被称为"授权方法"的寮屋治理,也吸引了用市场解决方案处理城市问题的支持者,他们开始在20世纪80年代和90年代凸显出来。这个情况也减少了公众对于安顿贫穷移民者的责任。

控制和引导城市增长

另一个在第二阶段突出的主题是,第三世界城市在城市大小和密度上快速增长。第三世界城市的人口增长促使第一世界担心"都市大爆炸"。到20世纪70年代,第三世界的主要城市在大小和增长率上与欧洲和美国历史上的大城市都不同。怎样控制它们是所要考虑的。

控制城市发展的理念的提出,很大程度上是概括了在第一世界尝试过的策略。创建独立的边缘社区,或是可以起到移民"可接受区域"作用的卫星城市是很流行的理念。新孟买和卡拉奇就是这种发展的两个例子。在一个大的区域范围内(省级),通过工业和基础设施的发展加强次级城市(二级或三级城市)的理念,在20世纪70年代晚期广泛传播。到第三阶段,即20世纪80年代至90年代,这些理念合成为国际城市策略概念。这种概念在联合国开发计划署和世界银行的赞助下在第三世界传播开来。

219

总体规划

紧随苏联为国家发展制订五年计划的实践,许多第三世界国家将"住房和城市发展"囊括为国家级规划的一部分。因此,第三世界国家在20世纪50年代开始为住房和城市发展制订国家计划,在这一方面比第一世界超前一些。例如,印度从1951年开始有十个五年计划,住房和城市发展项目在每一个五年计划中都占了相当的比例。在其第三个五年计划中（1961—1966），城市化与经济发展就联系了起来。

这些国家城市发展项目的组成之一是，为指导个别城市有序发展而准备的总体规划。当地的规划者把总体规划的理念作为控制和引导城市增长的工具。这也吸引了第三世界的规划者将总体规划作为规划发展和公共控制的工具。

然而，总体规划一般来讲是无效的工具。它主要采取了为预计的土地使用、密度、设施、公共机构描绘的蓝图形式和城市中已建片段和未发展片段的影响因子的形式。它概括着城市成长的路径以及一些项目土地需求。总的来说，一个常见的总体规划被证明是城市未来发展的静态图像，其最原始的用途已变成确定未来土地发展区域。一些系统的策略或政策很少被用于总体规划愿景的实施中。然而，它对未来发展的土地的定义让私宅的开发者派上了用场。

这种城市发展的规划观点的普遍程度由在印度的一些事实体现出来。至1995年，879个城市总体规划被认可，而其他的319个在准备过程中的不同阶段（Bhargava，2001：169）。印度不是唯一一个采取总体规划的国家，第三世界的诸如尼日利亚（Braimah，1993）等其他国家也遵循着相似的路径。

220　　在我总结城市发展理念第二个历史阶段的讨论前，简略地回顾一下国际机构在第三世界形成这些概念和政策的角色。除了资助一些咨询任务和水利及污水处理项目，城市发展直到20世纪60年代晚期才进入援助机构的议程。[3] 世界银行在1972年开始资助城市项目。城市发

3　国际援助机构起初把城市发展和住房看作一个消耗部分并不值得被投资融资。在20世纪50年代和60年代，他们主要关注给予建议而非财政援助。例如，美国国际开发署（接下页）

展被看作建立制度能力和资助基础设施以及"场地和服务"项目的任务。在1972年到1981年间,世界银行为62个项目提供了46亿美元资金(世界银行,1983:表1,第11—12页)。城市发展成为基础设施和土地发展的项目与程序开发的问题。

第三阶段:后工业城市叙述的构造,1975—2010

到20世纪70年代早期,城市发展的概念范围又开始改变了。1973年的石油危机和1975年的越南战争,标志着国际事务新阶段的开始。在第一世界,这些事件使国家陷入财政危机;在第三世界,它们引发了债务危机。左翼意识形态开始被质问,并且右翼的思想开始普及。

从1969年到1993年,除了吉米·卡特短暂的任期(1977—1981),共和党持续占据美国白宫。美国的里根总统(1981—1989)和英国的首相撒切尔夫人(1979—1990)努力取消福利国家和大力倡导自由市场,放松管制和私有化。城市发展的论述不可能不受影响。

在关于城市发展第三阶段的理念里,重点逐渐转移向市场导向和环境敏感的叙述的结合。诸如公共住房、城市更新、大城市容量及总体规划等20世纪60年代的项目的成果,没有达到它们本身的承诺。左翼和右翼都批判了城市方法。从右翼的角度,批判指向了城市设置操作上的大量利益,以及它们竞争需求上的递增的和边际的平衡。这样一种复杂的境况不能充分通过政府的要求和计划来治理,市场和政治交

(接上页)在20世纪50年代后期和60年代派查尔斯·艾布拉姆斯去做14个住房咨询任务。多克西亚斯被福特基金会资助于传播其人类聚居学和动态都市,在巴基斯坦、加纳、伊拉克、黎巴嫩及其他国家,城市线性扩展且中心也能够扩展。英国因科伦坡规划为英联邦国家的城镇发展和住房问题资以专家服务。

易在这个方面做得更好 (Altshuler, 1965; Banfield, 1970)。右翼认为，基于市场的发展模式不仅有效且给予人们更多的选择和自由。

221

左翼的批判囊括了从精英统治到城市问题的马克思主义分析。马克思主义学者认为，城市危机是嵌入在资本主义城市的结构中的。对利益的追求使得国家介入解决商品生产的困难，以及通过住房和其他公共福利措施来确保劳动力的再生产 (Harvey, 1973; Massey & Megan, 1982; Dear & Scott, 1981)。[4]

考虑到20世纪60年代这样广泛的批判思想及实践，关于城市发展的一些新的叙述开始迎接尤其是第一世界的后工业城市的挑战。最有特点的是，这个时代愈渐向基于市场的城市问题解决方案靠拢，甚至成为了城市发展论述上的环境与能源节约理念及实践的第二个高潮。如表8.1所示，这两个理念的轨迹已经在第三阶段的城市叙述中交织，并合并在三个主题里。

第一世界城市：治理城市发展

在1975年至2010年间，城市发展开始就部门和项目进行构思。城市的整体构想开始让位于改善小一些的街区、当地经济或滨水区。20世纪70年代的口号便是"不要再有更多规划"。这个阶段没有提供任何与花园城市或新城镇可比的整体构想。相反，这种涌现的部门驱动的方法可以被描绘为城市治理主义。

城市治理主义改善了城市发展的物理发展和空间组织。治理者把物理空间看作有社会与经济活动印记的母板。在第三阶段，概念性的斗争已变成城市发展物理规划与政策方法的平衡。

---

4 这里所概括的马克思主义立场是从霍尔所谓的他的"不充分总结" (Hall, 1988: 336) 中得来的。

以市场为驱动的城市发展的工具

意识形态向市场导向方法的转变,促生了一系列有关城市发展治理的概念与模型。到20世纪70年代后期,对城市发展费用的担忧引发了治理的合理化和私人开发商治理限制的减少。建立治理和税收比较少的经济开发区,成为吸引投资和建立城市经济基础的很流行的策略(Hall,1988:355—357)。为发展废弃地区的公私合作关系和大型项目在20世纪70年代和80年代获得了收益,可以由伦敦的达克兰港区和纽约的炮台公园城概括体现。 222

或许20世纪70年代引导城市发展最具创新性基于市场的工具是发展权的转让(TDR)。这种在美国发展起来的机制断绝了物理土地的发展潜力,而把它作为商品对待。英国数十年都在抢夺私人土地的发展权以使之掌握在大众手中,而美国的决策者把这种权利转为易销商品。总的来说,以市场为导向的城市发展在大西洋两岸都成为优势。

可持续城市

环境意识的提升和国际范围内对平衡发展的权利和保护环境的责任的普遍认识,导致了一系列有关可持续城市发展理念的出现。这些理念来自两种不同的浪潮。第一个浪潮出现在大约是联合国人类环境会议举办期间(1972),并且导致了主要城市项目的环境影响评估的制度化。在美国,影响评估被接受得很慢,但预计财政的影响和发展的服务需求与构建城市增长治理的策略结合了起来。一个城市发展的提议,不仅仅是由其与分区、规划法规的一致性而被评估,也由其是否强调一个社区的技术资金能力的需求而被评估。因此,一个提议对管辖权和成本收益平衡的影响成为可行发展的价值尺度。

第二个环境主义的浪潮发生在20世纪80年代，主要关注节能、精明增长、密集发展和绿色城市这些方面，并且在20世纪90年代并入可持续发展的概念（在第四章蒂莫西·比特利评价的概念）中。结果，环境与能源的可持续使用被融入有关城市发展的叙述和执行中。

可持续发展作为一个包含着城市规划基本理念的概念，即密集发展和城市容量，在第二章由加里·哈克详细讨论了。正如罗伯特·菲什曼在第三章所表明的，在20世纪90年代和21世纪向新城市主义运动转化的新传统城镇规划，旨在通过混合使用土地、建设密集街区以及保护土地和市郊绿地等措施，来容纳扩张和设计减少对车辆依赖的社区（Duany, 2003）。新城市主义使简·雅各布斯的街区设计和结构化城市的理念得以复兴。城市发展是自下而上而非自上而下的。这也引发了关于项目尺度的讨论。

整体来说，第一世界的第三阶段是以城市发展论述的转化为特征的，即从结构化转向功能化，从物理的转向社会经济的，且在尺度上从广泛向项目尺寸转化。当然，这个论述中提到的元素可以追溯至第二阶段，但它们在第三阶段是更成熟的理论，有许多可以把一个时期和下一个时期连接起来的共同思想脉络。例如，紧凑城市或多功能社区的理念在20世纪50年代出现；而到20世纪80年代，它被重新诠释为经济和社会措施的结果，而不是最初物理布局的问题。结局并未彻底修订，但意义已经发生改变。

第三世界在第三阶段的城市发展论述

第三世界城市有多种叙述在同时影响着它们的发展，例如正式的、非正式的、国际的和本土的。第三世界的城市叙述常常反映了西方的主流观点，第三世界非正式的城市片段很少碰触到这些叙述，并且这些非正式的城市片段差不多有55%用来做家园(在印度),或者居住了96%的城市人口(在塞拉利昂)。

世界银行在20世纪70年代早期开始资助城市基础设施的项目。其金融影响力给予了其在以政策决定为目标的国际机构中的卓越地位。在1978年,联合国人居署(UN-HABITAT),成为联合国的一个机构。国际机构和双边援助组织及西方高校和研究机构形成了第三世界城市发展的理念成果网。第三世界城市发展中国际参与的规模,可以从1980年到1991年间的一些事实体现。此间,世界银行和其附属机构以11.56亿美元的优惠条件(低利率和赠款)和56.75亿美元(1985年的定值美元)的非优惠条件(市场利率)进行了贷款(Satterthwaite,1993:表1,第4页)。

第三世界的政治和经济精英们频繁地从西方的"著名"城市图景得到灵感。第三世界的领导者表明他们想把城市变成巴黎或伦敦的意愿并不罕有。他们想象城市发展就是建设摩天大楼、立交桥和高速公路、购物中心的问题。迪拜或上海的围墙地产综合征与玻璃塔楼,就是这个叙述的生动表达。第三世界许多城市的精英也持续被影响着。[5]

这些多样的叙述已经促生了第三世界城市发展的各种理念和政策。从表8.1可以观察到,大部分理念都有西方的感觉。例如,有关国家保护战略问题的理念、中型城市、城市经济发展,以及混合用途的社区,都反映了相应的西方观念。西方概念的反映和第三世界理念的模型是第三世界知识依赖的象征,但这也是承认了城市问题是全球范围的。一个全球性的论述似乎已经在城市发展的范围涌现。这个阶段第

224

---

5 当前在吉隆坡、迪拜、上海建立最高建筑的比赛就是这个观点的体现,通过构建房基和安装照明来频繁公告要美化城市也是体现之一。

三世界流行的理念可以被概括总结为以下五个主题。

对穷人自助建房的资助

寮屋和贫民窟迅速发展的问题，在20世纪70年代初吸引了太多概念性的精力在上面（Turner，1967）。通过提供"场地和服务"条款，从而为低收入户主提供住房机会的策略一度处在城市叙述的最前沿。相似的，通过提供服务和使用期保障让已有寮屋和贫民窟升级的做法博得了更多关注。这些模型是基于动员私人储蓄和自我帮助来诱导穷人装备他们自己的住房需求，同时政府规划了基本的土地和基础设施规定。这个方法被用来合理解决第三世界城市的住房需求，彼得·沃德在第十一章会详细论述。

这些理念在20世纪70年代传遍了第三世界，但到20世纪80年代中期，它们开始从城市论述中消失。国际化兴趣转向了其他主题。例如，世界银行优惠或非优惠条件的贷款，当时在1972年至1981年间，有12.5亿美元用在场地和服务条款和升级项目中（世界银行，1983：15），但在后来1980年至1989年间，以1985年美元计世界银行只贷款了5.7亿美元。

有批判认为，场地和服务策略是在生产贫民窟，但与此同时，自我帮助的方法刺激了许多社区行动来改善生活条件。土地入侵和非正式细分的不正常过程，已持续与低收入人群有规划的社区发展共存了（Badashah，1996）。

尽管关注着寮屋和贫民窟，但这两种发展形势都持续地在第三世界城市无计划的扩张。南非城市的贫民窟人口几乎以与总城市人口的比率一样在增长，各自是每年2.2%和2.89%。在撒哈拉以南地区的城市贫民窟人口的增长率几乎是城市人口增长率的两倍。

城市行动计划

在20世纪70年代，有关全市性规划的理念开始改变。英国市区发展结构纲领的模型对第三世界总体规划的尝试有一定的影响。这也符合在美国出现的新兴构思方法，即把整体规划作为政策文档而不是某个区域具体的发展蓝图。

在第三世界，福特基金会通过支持加尔各答（印度城市）大都市区的基本发展计划展示了这些理念（1966）。这是一项提供城市行动的部门投资计划和政策的社会、经济及物理发展战略。马德拉斯（1978）、马尼拉（1982）、卡拉奇（1976）和拉合尔（1981）以及其他城市跟随加尔各答的城市行动，在世界银行、联合国开发计划署或英国、美国的机构援助下为住房、交通、社区服务和土地使用的发展做规划。

这些运用通过将城市规划视为设置基础设施、交通、废物处理和土地使用目标的问题，通过发展投资标准以及提出为之实现而做的有组织的安排建立了新的风格。这个方法把城市重新构思为社会经济系统和机构网络——十足的第一世界理念。国际治理咨询公司加入准备城市发展计划的行为一点也不让人吃惊。

市场导向的城市政策

许多第三阶段的理念支持市场来引导第三世界的城市发展。由世界银行的"授权方案"引导，国际机构以依赖市场力量、提供服务的社区项目来完善它们的政策指示，这些政策也在公共政策框架内简化了法规，提升了大众参与，并把用公共投资来确保效率和公平作为目标（联合国人居署，1996：337—338）。授权方案把20世纪80年代城市项目实施中迅速产生的理念合在了一起。世界银行的策略把项目融资限制于负担能力、成本回收和增值三个元素，这些观点强调了城市典范的

226

转变。城市发展现在可以被看作释放和引导专用资源的过程，而公共部分则起着刺激、监管和支持的作用。

尽管有这些新的策略，第三世界的城市危机还是一直未间断过。即使于20世纪80年代间，在供水、排水、电力和寮屋升级这些领域有了公共投资，许多国家和城市当局也未能为其增长的人口提供足够的住房和基础设施。

大型城市

到20世纪90年代，第三世界的大型城市已超过了西方的大城市。在1950年，纽约是唯一一个超过千万人口的大城市。到1985年，有包括加尔各答、孟买、墨西哥城和圣保罗在内的9个大型城市。到2005年，有25个大型城市，多数是第三世界的。这种第三世界城市的庞大导致对国家人口空间聚集的关注，继而是有关怎样优化城市发展和重新分配人口的政策观点。此外，第三世界外的规划者对第三世界大城市的内在结构开始感兴趣。

对大城市的担忧引起了对国家经济活动和人口空间分布的关注兴趣，反过来，这也引起了在许多国家关于国家城市与居住政策的一连串的提案。例如，哈利·理查森教授建议巴基斯坦、埃及、泰国、肯尼亚、秘鲁和印度尼西亚在20世纪90年代代表世界银行和美国国际开发署，因为这些国家准备了它们的国家城市战略。如许多研究所示，西方提议的战略假设当地和国家政府的能力不能承担现实。

相似的，将活动和人口吸引到远离大城市的"反向吸引"的理念，体现在"中间城市"战略中，并吸引了一些文献与政策顾问的关注。总的来说，大城市唤起了规划者的兴趣，而没有政策措施可以合理化大城市的发展。

227

在21世纪,全球化的进程几乎使大城市的论述消声了。全球市场力量限制了国家空间经济决策的规模,进而减少了影响城市增长和规模的可能性。没有人找到控制大城市发展的方法,除了注意大城市在发展壮大的同时也开始分散发展。

自下而上的城市发展

由当地针对根除了长期居民和商业的高速交通、贫民窟再开发或环境治理项目的抗议活动引起,有关城市发展的社区导向、低成本方法的理念在第三世界作为一种新的城市发展模式而涌现。国际的和国家的非政府营利组织和当地社区组织为之做出了贡献。巴西库里蒂巴的现状表明了,交通、废物处理和基础设施可以通过低成本技术和基于社区的行动有所改善。这个模式包含许多元素,包括快速公交系统、社区医疗和废物处理项目(例如卡拉奇市的奥兰吉镇);运用当地材料进行房屋建造;与土地交易商合作发展低成本的住宅和建筑用地;以及促进小企业和环境友好的技术。在这种项目导向的方法中,全市的发展都来自城市系统相关元素的累积改进(Hasan, 1999; Badshah, 1996)。最典型的是,地方团体发起只关注一种问题的小项目,而随着它们的成功,这种努力就会延伸到其他的问题。即使这种方法缺乏一个系统的复杂模型,可选择和功能模式的出现也值得关注。其中的一些理念,例如库里蒂巴模型还上升到了第一世界。

解释和结论

城市规划中的发展理念在过去的六十年循着一条螺旋路径前进。它们从一个聚焦物理发展的近乎一维的概念演化成有关城市变化的多维概念。从简单向复杂的观点进化,从结构向功能进化,而且从设计向　228

政策进化。这里提出的结论源自上述三个阶段理念的分析和最近使人居发展更具特征的模型。

在理念的进化中，或许最显著的变化在于城市结构的概念变化。城市已经被认为是物理空间很重要但不是定义因子的社会经济系统。这个观点也转化到了城市规划的实践中。然而事情的变化越多，它们越保持不变的谚语，也在城市发展论述中有一些共鸣。

城市发展仍然是就土地使用、交通、基础设施、住房、社区服务和环境的构想，尽管这些元素是如何组织的已经被大幅修正。例如，为穷人提供住房对城市规划来说一直是有兴趣的，但其实质已经成为土地政策、服务战略、抵押融资和社区组织的问题，而不仅仅是建设公共住房的问题。城市发展的目标在范围上几乎没有什么变化，但其为实现这样的目标而存在的工具已有了相当的进化。

这一章沿着两条平行的轨迹展开，检验了第一世界和第三世界在相同时期的发展理念。在第一世界，城市发展理念强调了战前公共福利理想而聚焦在公共住房、城市更新、基建工程、整体规划和分区法规的问题上。然而，对这些理念的应对则转换到了决策过程、社会规划、政策论述的焦点上。到20世纪70年代中期（第三阶段），右倾的意识形态在操纵规划，导致了市场导向的工具，它强调带有环境敏感性的城市管理策略。许多创新的想法，例如新城市主义、精明增长和当地经济发展成为这个时期的前沿观点。然而这些并不是全市性的、综合的观点，而是强调了特殊城市问题部分概念。

第三世界的城市发展理念有多轨迹发展的倾向，而并未显示出整齐的演化。第三世界分散的结构阻碍了一个紧密结合的城市发展论述的出现。然而，因为它们的殖民地遗产，第三世界城市受到西方规划发

展理念的影响。独立之后,第三世界国家开始受到国际机构援助和建 229
议的影响,因而发展观仍旧主要是来自国外。

周期性地,国际机构会出现一些在第三世界流行的思想和政策浪
潮。在一种浪潮可以通过经验教训顺利发展之前,一个新的浪潮就会
出现并淹没它。一个十年,是场地和服务及地契支配着城市叙述;下
一个十年,又变成制度建设、地方治理和私有化在解决城市问题。这
些周期性的思想浪潮已经取代了从国际经验学习的过程和当地知识
的系统化。

城市发展叙述的根本在于公共福利、集体财产和社会互助的观点。
有趣的是,向市场导向方法的转换通常被起作用的范围证明合理,即人
类福利将会通过依赖市场措施而被更好地提供,而非依靠公共行动和
干预措置。这些理论的倡导者并非在争论公共福利的目标,他们只是
预想用更有效的方式实现公共福利。这是在撒切尔—里根时代第一次
出现的新保守主义意识形态的推动力。

城市发展理念将来可能会经历另一个周期。它们的演化还没有
并且现在也不太可能成为线性的。世界上的大部分人口已经生活在
城市里,其中的多数都是在第三世界。第三世界城市尚有待于弄明白
怎样提供基础的设施和服务,更不用说为正在扩张的年轻人口提供工
作和住房。第三世界广阔的农村地区也正在达到要求城市服务和市
政府的城市密度临界值(Qadeer,2004)。与第三世界城市挑战相伴随
的是顽固的贫富差距问题,以及第一世界城市同样存在的基础设施不
足的恶化。全球变暖是另一个需要及时回应的问题。综上,这些因素
或许会带来有关全球城市发展公共投资的复兴,导致另一个城市叙述
的转换。

230

参考文献

Abrams, Charles. 1964. *Man's Struggle for Shelter in an Urbanizing World.* Cambridge, MA: MIT Press.

Abu-Lughod, Janet. 1980. *Rabat.* Princeton, NJ: Princeton University Press.

Altshuler, Alan. 1965. *The City Planning Process.* Ithaca, NY: Cornell University Press.

Anderson, Martin. 1964. *The Federal Bulldozer: A Critical Analysis of Urban Renewal, 1949–1962.* Cambridge, MA: MIT Press.

Auboyer, Jeannine. 1962. *Daily Life in Ancient India.* London: Phoenix Press.

Badshah, Akhtar A. 1996. *Our Urban Future.* London: Zed Books.

Banfield, Edward C. 1970. *The Unheavenly City: The Nature and Future of Our Urban Crisis.* Boston: Little, Brown.

Bhargava, Gopal. 2001. *Development of India's Urban, Rural and Regional Planning in 21st Century.* New Delhi: Gyan Publishing House.

Braimah, Aaron Aruna. 1993. Urban Planning and development. In *Urban Development in Nigeria,* ed. Robert W. Taylor. Aldershot, UK: Ashgate.

City of Los Angeles. 2007. Los Angeles General Plan Elements. http://cityplanning.lacity.org/complan/gen_plan/Generalplan.htm.

City of New York, City Planning Commission. 2007. Zoning Resolution. www.nyc.gov.html/dcp/pdf/zone/art01c02/pdf.

Davidoff, Paul. 1965. Advocacy and Pluralism in Planning. *Journal of the American Institute of Planners* 31 (November): 331–338.

Dear, Michael, and Allen Scott, eds. 1981. *Urbanization and Urban Planning in Capitalist Society.* London: Methuen.

Duany, Andres. 2003. *The New Civic Art: Elements of Town Planning.* New York: Rizzoli.

Fainstein, Susan S. 1994. *The City Builders.* Cambridge: Blackwell.

Friedmann, John. 1973. *Retracking America.* New York: Anchor Books.

Geertz, Clifford. 1963. *Peddlers and Princes: Social Development and Economic Change in Two Indonesian Towns.* Chicago: University of Chicago Press.

Hall, Peter. 1988. *Cities of Tomorrow.* Oxford: Basil Blackwell.

Hasan, Arif. 1999. *Understanding Karachi.* Karachi: City Press.

Harvey, David. 1973. *Social Justice and the City.* London: Edward Arnold.

Healey, Patsy. 1997. *Collaborative Planning.* Vancouver: University of British Columbia Press.

231

Hodge, Gerald. 1998. *Planning Canadian Communities*. Toronto: ITP Nelson.

Innes, Judith. 1995. Planning Theory's Emerging Paradigm: Communicative Action and Interactive Practice. *Journal of Planning Education and Research* 14 (3): 183–190.

International Labour Organization (ILO). 1972. *Employment, Incomes and Equality: A Strategy for Increasing Productive Employment in Kenya*. Geneva: ILO.

Jacobs, Jane. 1962. *The Death and Life of Great American cities*. London: Jonathan Cape.

King, Anthony D. 1990. *Urbanism, Colonialism and the World Economy*. London: Routledge.

Massey, Doreen, and Megan, R. 1982. *The Anatomy of Job Loss: The How, Where and Why of Employment Decline*. London: Methuen.

Qadeer, Mohammad A. 1983. *Urban Development in the Third World: New York*. Frederick: Praeger.

Qadeer, Mohammad A. 2004. Urbanization by Implosion. *Habitat International* 28.

Rydin, Yvonne. 2000. *Urban and Environmental Planning in the UK*. London: Palgrave Macmillan.

Satterthwaite, David. 1993. Financial and Other Assistance Provided to and among Developing Countries for Human Settlements. London: International Institute for Environment and Development. Prepared for UNCHS (Habitat). Manuscript.

Turner, John. 1967. Barriers and Channels for Housing Development in Modernizing Countries. *Journal of the American Institute of Planners* 33:167–181.

UN-HABITAT. 1996. *An Urbanizing World: Global Report on Human Settlement, 1996*. Oxford: Oxford University Press.

World Bank. 1983. *Lending for Urban Development 1972–1982*. Washington, DC: World Bank.

World Bank. 2000. *Entering the 21st Century: World Development Report 1999/2000*. Oxford: Oxford University Press.

232

第九章

公私合作参与：承诺与实践

琳内·B.萨加林

　　来自全球各地不同背景的政府官员、政策分析者、从业者和院校，对利用公私合作来解决压力日益增加的公共政策问题表示强烈支持。这种支持通常是为政策改变或盛行政策体系的改革所发出的口号，例如"进步的合作伙伴"、"基础设施的新结构"、"经济现代化的工具"、"帮助强调城市环境危机"或"应对投资挑战"，都是典型的公私合作口号。公私合作的真实含义通常是模糊不清的，它用了修辞的策略来延伸政策战略的政治要求。公私合作的标志可以意味不同的东西：非正式的合作、正式的有组织的联盟，以及合同性的商业创业，不同于通常意义上的具有完全对等风险与回报的"合伙"。无论在实践中是哪一种制度形式比较流行，公私合作的方法都将关注点从部门间常见的对抗关系，转为强调和解决由利益顺序构建起来的互补关系的问题。

　　公私合作关系（PPP）的理念在理论和实践上都模糊了传统意义上所

认为的合适的公共角色和行为与私人角色和行为的区别。放宽这些区别，已经促成了有创意的解决恼人的城市问题的方式，然而随着公私合作政策向更多公共产品及服务领域发展，政策制定者和分析者对传统公共部门价值的丢失也越来越不安，且这种价值似乎在通过亲密合作而实现互利中被丢弃。规划者对公私合作关系与规划世界中已发表的准则、已有的方法、制定规章的工具之间的联系或缺乏联系有所担忧。对传统的公私合作特点的模糊使公共机构的价值受到挑战，而其特点的丢失使政策的核心问题浮出水面：新的公私合作模式下有哪些参与准则？谁设立了这些准则？并且是为了怎样的效果？是经济上的、政治上的，还是规划范围的？这些恼人的问题在公私合作关系的三十年后仍困扰着相关专家。

233

在这一章我讨论到公私合作关系的承诺与实践之间所存在的很麻烦的缺口。公私合作模式调用了一个强大的公共利益清单：合作优势、智谋、财政实用主义、风险分担、市场主导的效率、生产率提升、设计创新和公共事业治理。然而，策略有效性的证明在表现方面并不广泛，并且已有的证明显示出一个混合的记录（Daniels & Trebilcock，1996；Boarse，2000；Public Citizen，2003；HM Treasury，2003；Flinders，2005；Siemiatycki，2006；Koppenjan，2005；Murray，2006；Cambridge Systematics，2006；U.S. Department of Transportation，Federal Highway Administration［USFHWA］，2007a，2007b）。[1]此外，这些证明的单薄也

---

1 我能提供针对这种事态的几种解释。第一，一项公私合作项目在数据可以被整理以进行评论之前需要时间来执行，而且绩效的全部含义可能在项目完成之前好几年都不被完全理解。第二，在法定或行政的委任或是重新购买特许权或提供补贴的政策决定缺乏时，政府的利益相关者没有强烈的自主性来承担评估中可能揭露出令人失望的结果，或者令人尴尬又昂贵的建设超支的情况。第三，用来评估公私合作伙伴关系绩效的评估通常更加机密。第四，由于每个项目都有几乎独特的复杂性，很难得到普遍的结论（Sagalyn，1990，2007），尤其是从新兴市场经济的经验中。

极少能抵消越来越紧迫的公私合作关系治理的问题。这些问题在政策记录卡的治理方面是让人不安的。尽管这种政策担忧在公私合作模型上几乎是独一无二的，来自合作部门关系的政治修辞和被提升的表现期待，凸显了责任问题，并放大了采用公私合作模型作为治理改革工具的政治危机。

在几十年的实践过程中，与专家顾问合作的公共行政人员已经实施了治理公私合作进程特别部分的新的程序。作为规划实践的一个特殊领域，当今的公私合作关系要比我在20世纪80年代中期开始研究这项活动时更完善。然而，有选择的进程和程序依然达不到公共治理最佳实践的基准。这种不足在财政和治理问责制领域是最明显的。缺少治理，就会暴露政府在技术和财政危机之上的政治危机。换句话说，强有力的治理控制和程序的缺乏，为公私合作方法提出了更高的要求，因而不必要地增加了政策成功的障碍。

我早期关于城市建筑的文章（Sagalyn，1990，2001）强调了这种问责制因素。然而，当今美国公私合作关系的政治环境实质上已经不同234 了。因为当代公私合作方法的目标——飞机场、收费公路、桥梁与隧道、市政基础设备和环境项目——直接触及了与复杂的城市再开发项目相比更多的日常生活。仅此原因，更新的公私合作举措就更明显，并且其预计的成本和收益对于所有选民（公民整体、民间团体、利益团体、当选官员和政策社群）也更容易理解。除此之外，通过大幅增加对专业化信息的获取和扩大公民参与机会，互联网已经从根本上重塑了我们从当选官员问责而竭力争取的途径，并且戏剧化地加速了期望反应的时机。

为了形成我的论述，我首先描述了引起公私合作策略的力量和其日益扩大的实践范围。在这个部分，我也讨论了随附于公私合作项目复杂性的挑战和它们是怎样刺激治理问题的。公私合作安排对设计和谈判在法律上是很困难的，而且当选官员转移到公私合作政策的雄心勃勃的政策目标也增加了更多的复杂性。此外，政府作为合作者的状态也特别地增强了对契约的复杂要求。这些情况极大地限定了公私合作的运用，也强调了特殊的成功的先决条件：公共参与者需要制度上和政策上的技巧，以及技术知识来有效地治理这个领域。尽管公私合作策略通过利用市场力量和分解公共与私有活动范围之间正式的和已有的区别而有更强生产率承诺的把握，这种效率期望的获得对公私合作项目中的政策性任务和监管约束都是有价值的。为了保证政治成功，需要参与的规则为这个有价值的城市策略提供最佳的实践路线图，这些规则同样也在本章的第二个部分有所讨论。治理协议、能力建设、对性能的比较研究形成了我的结论的基础，即公私合作战略的理论家和实践家都应该强调一个建立公私合作政策绩效的日程。

实践中的公私合作关系

全球的公职人员都已经接纳了公私合作关系的理念，以响应三个强有力的调动积极性的境况：在美国，它作为房地产战略来重新开发正在衰退的城市中心，改造海滨区，以及复兴平民区（在英国被称为"更新"的方法）；在发展中国家，它作为解决日益增加的基础设施和因迅速现代化而增加的城市服务问题的财政方案；而在加拿大、英国和其他欧洲国家，它作为将责任从中央向地方政府的移交方式。对公私合作安排日益增长的政策偏好，标志着经济力量及不断变化的政治范式的广泛的全球趋同。对公共部分来说，公私合作象征着对更高的城市服务提供效率的追求，以及私人资本的资源丰富的动员，因为世界范围内

235

的政府都面临着日益增长的源自有限预算（或资金匮乏）和对税收不断提高的选民敏感性的财政紧缩。对私人部分来说，公私合作关系代表着已有的和正在涌现的全球范围的城市市场中投资机会的潜在富饶。

基于范式的逻辑，公私合作关系的倡导者通过联盟、协作和合作关系为公共和私人部门提出令人信服的论据。他们将这些安排作为处理日益增强的城市化需求和经济发展的批判性需要的创新和睿智的方式而抛出。引用经济和制度力量的结合，基础设施政策专家特别强调了公私合作关系的核心角色，即满足日益增加的新的大规模投资的需要，以及同样迫切的翻新现有系统的需要。国家政府和国际捐赠组织渴望提高生产率和刺激经济增长，公私合作关系代表一种扩大其发展投资的范围和同时利用先进技术经验的有效方法。

公私合作解决方案的世界性势头已经从广泛而多样的联合中涌现，这种联合视战略为治理改革的工具和实际的财政需求。这些政策改革者认为，复杂的城市问题和较好质量的城市服务不再由政府干预的传统形式来异常解决。多面手的方式方法是需要的，包括从国家中心到当地政府机构转移权力的新的制度安排，和通过使私人市场以合作或与公共机构竞争的方式参与到实现城市服务的方式彻底改造政府的地域化模式（Osborne & Gaebler，1993；Moore & Pierre，1998；Engberg，2002）。如世界银行、亚洲开发银行、日本国际协力银行和美洲开发银行这类国际基金组织，已经加入了公私合作关系倡导的寻求促进和扩大全世界基础设施需求的发展的"大篷车"（USFHWA，2007a）。最近，欧盟也把公私合作关系视为"互补的实施工具"，以将公私合作关系的使用与其经济发展和竞争力的提案结合起来（European Commission［EC］，2003，2004；Newman & Verpraet，1999；Elander

2002；Grimsey & Lewis，2004）。通过这样做，欧盟委员会就建立在许多已经实施项目的经合组织国家的经验之上。英国于1992年开始的私人融资计划（PFI）是最出名的，其他拥有重要公私合作项目的国家包括芬兰、德国、希腊、意大利、荷兰、葡萄牙（IMF，2004）。在美国，交通部通过其地面运输治理旨在通过鼓励国家和当地交通机构考虑公私合作方法的"可选择使用"来促进城市交通项目，并且已经提供了支持这种情况的实质性材料（USFHWA，2007b：4—2）。美国在交通运输方面的公私合作关系的广泛范围在图9.1里是很明显的。一些杰出的政治家已经将公私合作关系纳入执政党的广泛的"现代化"议程中，当工党的托尼·布莱尔在1997年成为英国首相时就是这样做的（Flinders，2005）。

机会与实验

除了交付过程中对城市服务提高效率的追求，以及用于为基础设施投资而动员可替代的私人资本的财政压力之外，公私合作安排的势头代表了私人市场专业人士——开发人员、施工治理公司，以及基础设施的财团和投资银行家、律师和专业顾问公司——在全球城市市场下新的经济机会中意识提升的回应。这种相对新兴的现象有两个不同但相辅相成的力量。在旨在把私人投资资本吸引到城市社区和商业区的几十年的公共部门激励之后，美国变化的人口模式正在将私募股权投资引入之前资本缺乏的城市市场——被新标记为"新兴市场"。人口统计学专家预计，在全球范围内快速增加的人口和经济机会的前景前所未有地吸引着人们拥向城市，这将会产生一个20世纪的"城市巨人症"，因为发展中国家创造了迅速增长而达到前所未有数量的100万到500万人口的城市（Montgomery，2007）。

237

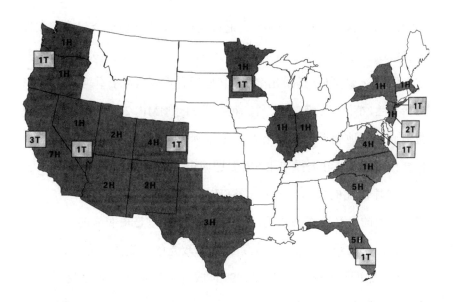

截至 1991 年有通告记录的拥有超过 5300 万美元以上公私合作关系的州
有主要公私合作关系的州（高速公路项目数量）
#H 每州有公私合作关系的主要高速公路基本工程项目的数量
有主要公私合作关系的州（高速公路项目数量）
#T 每州有公私合作关系的主要交通基本工程项目的数量

图 9.1：1991 年以来美国的主要地面交通公私合作关系（来源：
USFHWA，2007b）

　　实践的全球趋同反映了在公私合作战略中内在的特殊的政治柔
韧性。在某些国家，公私合作关系已经成为一种实验创新（荷兰、西班
牙、芬兰）；在另外一些国家，它是一种意识形态力量（英国、加拿大、澳
大利亚）；还有一些国家，它是历史上混合企业的变体（美国、法国、新
加坡）。公务员们已经把公私合作模型运用到日益扩大的城市服务需
求中，尽管一些服务，如监狱，仍存在着争议（Grimsey & Lewis，2004；
Verkuil，2007）。在城市服务设施领域，公私合作项目包括废水和污水
处理厂、发电厂、管道、电信基础设施、公用高速公路、收费公路、收费

桥、隧道、道路升级与维护、铁路、轻轨系统、机场设施、海港、经济适用
房、学生公寓、校园建筑、政府办公楼、消防和警察局、医院和其他医疗
服务设施、公益住房、监狱和安全培训中心、停车站、博物馆、娱乐和旅
游等项目（详见表9.1的公私合作项目说明清单）。在城市更新领域，
市中心发展的创新现如今包括滨水区的转换、历史保护、棕地开发、社
区商业中心的振兴、社区发展贷款、军事基地转换。无论是城市更新、
交通和环境基础设施还是经济发展，公私合作模型及其各种变体都
已经成为美国市政府和欧洲及亚洲越来越多的政府的政策选择。例
如，在1985年到2004年间，超过两亿美元的世界范围的公私合作基
建项目已被计划和资助，其中的53%在2004年均已完成（USFHWA，
2007a：2—2）。

　　开放的特性、灵活的形式和项目特定商业条款的客户化，以及公私
合作所伴随的危机和责任，使公私合作模型有极高的自适性（Sagalyn，
2006，2007）。所有权和金融的精确机制、城市货物及劳务的生产和递
送都可以被重新安排，以产生不同的公共和私人责任的分配，这也是公
务人员在英国、北美、欧洲和亚洲于过去的三十年里所经历的。他们
的经历促进了制度形式更广的范围，在表9.2中有列出。纯粹的私有
化——其中，政府通过把所有权向私人公司转化而完全脱离出来，接管
资产并承担服务交付的责任——与合同外包的许多形式都不同，这在
法律和财政上与合资企业也不同。合同外包的形式是指采购的方式，
而且他们通常把公私合作关系的本质限制为合同里特定的部分。相比
之下，合资企业或开发协议的公私合作关系通常用于再生和经济发展
项目，其中通常牵涉的相互承诺要大于开发协议的传输。在实践中，这
些协议隐含了不能参与的部分，即处理若发生不可预期的危害项目的

238

239

表9.1：北美公私合作项目的说明性案例

项 目 类 型	公私合作形式*	开始时间**
开发		
阿波斯福特医院 (加拿大不列颠哥伦比亚省)	BDFOM	1987
炮台公园城 (纽约曼哈顿)	DDA	1969
比弗利山庄和蒙太奇花园 (加利福尼亚州)	DDA	2000
加利福尼亚广场 (洛杉矶)	DDA	1981
城市广场 (佛罗里达州西棕榈滩)	DDA	2002
银城温泉市中心 (马里兰州)	DDA	1999
埃塞克西奥项目 (明尼苏达州明尼阿波利斯市圣路易斯公园)	DDA	2001
罗尔斯码头 (波士顿)	DDA	1985
南沿工程 (宾夕法尼亚州匹兹堡)	DDA	2000
芳草地艺术中心 (加利福尼亚州旧金山)	DDA	1980
再开发42街/时代广场 (纽约曼哈顿)	DDA	1980
大西洋城奥特莱斯店 (新泽西州)	DDA	2002
贝尔玛 (科罗拉多州莱克伍德)	DDA	2002
信托大厦的伯尔尼汉姆 (芝加哥)	DDA	1998
弗鲁特维尔村 (加利福尼亚州奥克兰)	DDA	2002
詹姆斯·F.奥斯特学校 (华盛顿特区)	DDA	1999
荷顿广场 (加利福尼亚州圣迭戈)	DDA	1977
联合车站 (华盛顿特区)	DDA	1985
交通		
阿莱恩斯机场 (得克萨斯州)	DDA	1989
加利福尼亚州91号公路共享车道	BTO	1995

240

(续表)

项 目 类 型	公私合作形式*	开始时间**
查尔斯伍德大桥(加拿大曼尼托巴省温尼泊)	DBFO	1993
芝加哥高架公路租约(伊利诺伊州)	特许	2004
杜勒斯绿道(弗吉尼亚州)	DBFO	1988
E-470收费公路(科罗拉多州)	DBO	1985
肯尼迪国际机场4号航站楼	DDA	1995
407高速公路(加拿大曼尼托巴省)	DBO	1993
休斯敦—卑尔根轻轨(新泽西州)	BOT/DBOM	1994
印第安纳州高速公路租约	特许	2005
拉斯维加斯单轨铁路(内华达州)	BOT/DBOM	1993
波卡洪塔斯林荫道895(弗吉尼亚州)	DBFO	2004
皮尔森国际机场3号航站楼(加拿大曼尼托巴省多伦多)	DBFO	1986
爱德华王子岛大桥(PEI)	DBFOT	1985
里士满—温哥华机场线(加拿大不列颠哥伦比亚省)	DBFO	2001
28路线(弗吉尼亚州)	DBT	2002
南湾125高速公路(加利福尼亚州)	DTO特权	1991
30号国道(得克萨斯州)	SBFO特许	2006
给排水基础设施		
亚特兰大供水服务(佐治亚州)	O&M合同	1998
富兰克林污水处理厂(俄亥俄州)	DBFOT	1995
凤凰城水处理设备	DBO	2000

注释:*DDA,处置与发展协议。其他缩写参考表9.2。

**项目开始时间一般指公共部门规划开始的日期。部分不能从网上获取到开始时间的案例，241
开始时间则代表私人供应商被选取的日期。

表9.2：公私合作项目实施范式

公私合作模型类型	首字母缩写	公 共 联 系
私有化		资产出售
售后回租		资产出售和合同
特许经营权/特许经营		许可协议
外包/合同		广义的采购
服务提供合同		服务采购
设计和建造	D&C	
设计—建设—运营	DBO	
设计—建设—统筹资金—运营	DBFO	
设计—建造—管理—统筹资金	DCMF	
设计—建设—统筹资金—运营—管理	DBFOM	
运营和维护	O&M	
运营、维护和管理	OM&M	
建设—拥有—运营	BOO	
建设—拥有—运营—维护	BOOM	
建设—拥有—运营—移除	BOOR	
恢复—拥有—运营	ROO	
资本供应合同		服务采购和固定资产
建设—移交—运营	BTO	
建设—运营—移交	BOT	
建设—出租—移交	BLT	
建设—出租—移交—维护	BLTM	

(续表)

公私合作模型类型	首字母缩写	公 共 联 系
建设—拥有—运营—移交	BOOT	
建设—拥有—运营—培训—移交	BOOTT	
设计—运营—移交	DOT	
出租—更新—运营—移交	LROT	
恢复—运营—移交	ROT	
经济开发区	BID	特殊征税和协同决策
社区发展银行	CDB	协同资本化的贷款创业
再开发伙伴关系		具体项目的联合决策
合资协议	JV	合作投资的"混合型企业"

注释:

　　外包或合同外包(Outsourcing or contracting out):公共部门用来维护一项功能的所有权或政策调控(例如生产率调整),但与私人运营商合作签订协议,以达成在合约所定的一段时间内通过某种类型的采购流程来履行其功能的目的。

　　采购流程(Procurement process):公共部门在合约所定的一段时间内决选一项服务的权利与责任,包括分配、运营、统筹资金、绩效的协议。

　　特许经营(Franchise):私营公司在合约所定的一段时间内在特定领域获得经营许可或提供服务许可的协议。

　　特许经营权(Concession):私营公司在合约所定的一段时间内因特定目的(提供水和电)被授予土地或房产的法律协议以获得服务回报,在此之后将基础设施还给公共机构。

　　经济开发区(Business Improvement District):关于城市中商业开创领域的协议。其中所有的业主或商人受支配于额外的被用来在这个区域内资助服务和改进的税收评估,以及用来支付投标业务的行政成本(Briffault,2000:368)。

　　社区发展银行(Community development bank):由政府和私营部门基金共同资助的贷款企业(小型商业银行,译者注),设立是为了充分利用私人资本来获得贷款、担保、风险投资、赠款和弱势社区内的小型企业的技术支持。以美国政府在1995年建立的洛杉矶社区发展银行为例,这个银行就从美国住房和城市发展部获得了43.5亿美元的资金,并从当地商业银行获得了21亿美元的资金(Rubin and Stankiewicz,2002)。

　　再开发伙伴关系(Redevelopment partnership):通常涉及公共部门合作投资的基于项目的协议。公共投资可能涉及各种各样的直接和非直接财政支持,以及政策救济、官僚催缴和其他形式的项目协助。

　　合资企业(Joint venture):公共和私营结构共同承担提供服务的设施开发(以及可能的运营和维护)的协议。

242

危机时的相互承诺，这也意味着为了保证项目的成功实行，重新协商协议可能是必要的（Frieden & Sagalyn，1989；Bovaird，2004；Sagalyn，2001）。除了具体制度格式的细节，所有的公私合作协议都有同种属性：公共的和私人的合作者之间协商分配风险、责任和控制。这在理论和实践中都是公私合作商业关系的核心，以至于它塑造了合作关系的潜力（van Ham & Koppenjan，2002）。

合同外包的不同协议代表着首字母缩写的大杂烩（参见图9.2中的"项目交付方法"）。政府官员可以从中选择许多专家认为是官僚低效和昂贵的公共部门采购模型的替代品。这些替代品捆绑着以不同方式或以我所说的"潜在组合"方式，在法律与合同规模上传递城市商品和服务——所有权、金融、建设、经营和维护。这些组合在图9.3中生动地描绘为一个连续集合——百分之百公共部分对百分之百私人部分——对提供城市服务、城市和社区重建，以及促进经济发展的角色的组合。

对于基础设施项目，其交付方法因三个核心因素而不同：捆绑的服务（私营部门控制服务交付的程度和由公共机构保留的策略控制程度），私人部门的财务承诺（投资风险），以及公共部门分担金融风险的能力与意愿（公共风险承担）。无论公务人员选择哪种形式，服务提供都从单向机构转向公私合作生产和决策，也正是这种制度转变挑战了公共部门机构的结构和价值（Engberg，2002）。政治上的重点也转变了："重要的是什么在起作用。"前英国首相托尼·布莱尔的这句话经常被引用（《金融时报》，1998，转引自 Newman & Verpraet，1994：489）。[2]

简短来说，公私合作策略的采用意味着政治体制改革。

243

---

[2] 直到1992年，当新的规范取代私人借贷机构时，英国政府才在严格规范下禁止了私人部门资本对公共部门项目的资助（Flinders，2005：220）。

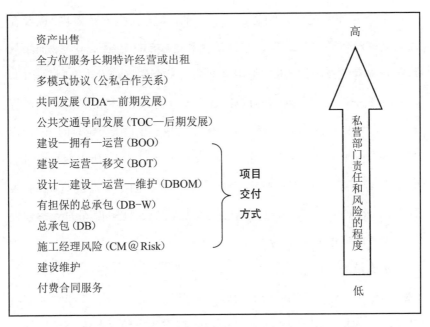

图9.2：项目交付方法（来源：USDHWA，2007b）

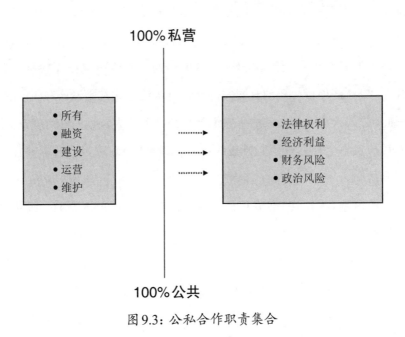

图9.3：公私合作职责集合

244

对合同外包进行归纳是意义不大的，因为在世界范围内（以及在联邦制政府体系中，如美国）采购法律和程序的区别很微小。然而不只是私企本身的参与，捆绑才是用来区分公私合作基础设施合同安排的。捆绑将传统意义上不连续的设计、融资、建造、运营和维护的采购过程合在一起。由于私营公司有财务动因来考虑，可能在一定时间，即他们的服务合同期间，产生更高生产率和成本效益的方法，所以捆绑通过纵向整合部分或全部的功能，为更高的经济效益创造了潜能（Daniels & Trebilcock，1996）。捆绑也可以向之前从这个过程中排除的一系列经济活动开放竞争（Grimsey & Lewis，2004）。

实施挑战

理论上，基于市场的公私合作关系逻辑承诺交付设计和管理创新以及经济效益。实践上，公共机构的建筑需要执行这些多个目标仍是复杂的。实施障碍的清单可能是令人畏缩的。合作关系的案例表明，选择有意愿和能力基于公共利益运营的特许权获得者、服务供应商或房地产开发商的必要过程和程序给现有的公共专家提出了挑战。此外，完成这些项目必要的合同安排和合资协议是非常难设计和商议的。因此，公共人员必须在政治上熟练处理公共和私人领域的多个赞助者，以及在技术上精通提供基础设施服务或重建/更新项目到底需要什么细节。

特定项目情况的细节和公共目标的野心也是很重要的。政治文化改变和塑造了合同的体制脉络。成本回收或利润，特别的程序化公共利益，或其他政策性任务的利率设置限制，可能造成经济效益上的潜在损失并减少私人投资价值（Daniels & Trebilcock，1996）。由于投标人范围通过高水平性能或技术专长，或公共提案申请过程（RFP）需要的法规限制缩小了，因而造成的较低竞争水平就会造成公私合作项目复杂的经济问题。投标人很可能会把风险溢价附加在一系列可能的情况中：合同价格保证的要求，潜在的因延迟而做的合同惩罚，以及对反复无常的政府行动的担心。当公私合作项目由大量且数量在增加的独立公共机构执行时，政策协调的不体系化也会呈现出其他的政策问题（Flinders，2005）。另外，当中央政府主导时，例如澳大利亚的机场私有化，这个过程可能会"隔离"国家审查的相邻的经济开发和当地规划过程（Freestone，Williams & Bowden，2006）。正如几乎所有基于案例经验的评论者所指出的，公私合作关系会蒙蔽责任。

政府分遣队是私有化语言学上的虚构。也就是说，在公私合作项目的分析中非常明显的政策现实并不令人意外。公私合作范式中角色的重新分配，造成了合法权益、经济利益及金融风险的复杂组合，而这些也使得公私合作方法的理论承诺复杂（并妥协）。在公私合作协议中为公共实体创建或有负债是不寻常的；毕竟实现复杂的重建或基础设施项目伴随着巨大的金融风险。这些风险包括预计使用不足、市场需求下降、成本超支、授权失败，因发展需求而带来的成本计划的变动，不成熟的资产流失或租赁终止，公共赞助的竞争，以及低于预期的剩余价值。由于政府行为创造私人部门的资产价值和嵌入的经济权利——长期收费为基础的收益流，特别的开发激励，以及从相邻房地产开发捕捉价值的机会——公私合作协议容易招致"过多"潜在交易的政治风险，即使行政官员遵循行政治理的最佳实践。

从细节上对公私合作关系进行研究的研究者提出了有说服力的证据，来说明合同外包可能牵涉政府支持的投资、监管制约和持续的津贴，或者涉及其他包含持续监控治理的公共政策。丹尼尔斯和特

246

雷比尔科克（1996）评论了三个备受瞩目的加拿大基础设施项目：大多伦多地区北部的407号高速公路收费公路，横跨诺森伯兰海峡的爱德华王子岛跨海大桥，以及皮尔森国际机场的重建（分两期，第一期为一号航站楼和二号航站楼，第二期为三号航站楼）。尽管描述了政府经济效益来自私人部门效率和风险承担，但他们发现每个项目在项目融资或长期补助金上都包含政府的显著作用。通过公私合作关系开发项目的决定，并未消除敏感的公共政策、通行权和土地征用权问题，尤其是垄断定价问题。更确切地说，回应那些政策问题的需求，使得与为开发者/操作者提供可靠保证的需求变得紧张，那些开发者认为"企业的特许价值"不会事后由政府直接操作而降低（出处同上：388）。

和许多政府的投资一样，公私合作关系面临一套固定的政治风险列表。首先，无法形成合作关系和无法完成项目的问题对任何政府官员来说都可能是困扰。范德汉姆和科彭扬在他们对荷兰九个运输工程的分析中逐个分析了其形成风险。他们发现，成功并非是既定事实，而更像是发生在要求合作伙伴积极参与的决策过程中。

复杂性是第二个因素（Sagalyn, 2007）。无论是由财政实用主义还是体制改革驱使，公私合作策略在政策野心和财务可行性方面都要求苛刻。重建（再生）和基础设施项目的产物在技术规范上也是复杂的。例如，随着基础设施捆绑，招投标的私人合作伙伴通常形成联盟（"虚拟企业"），因为"所涉及的功能是高度专业化的，且需要部署超出单个企业能力的、有互补的专业知识和资源的相当不同的机构"，除非一个公司是垂直一体化的（Daniels & Trebilcock, 1996：390）。对重建项目来说，国家与地方政府企业定期合作以促进融资，引领强大的经济激励，

247

或加快审批资格(Sagalyn, 2001)。整体进入一个受制于商业条款和条件的合同协议、特许权或特许经营协议、长期续约权或配置与开发协议支配特定项目的组织网络。

协调关系是第三个因素。这种关系的每一面都主要由多种部分组成,公共和私营企业自身常常代表着基建部门的合作。负责治理公私合作项目谈判的公职官员面临着很大的障碍,即保障政府人员之间的协议不止一个而是一系列连锁的协议,细节到每一个参与者在实施公私合作项目时的权利和义务。公私合作项目受到许多其他政治危机的威胁,包括股东阻力、积极公民和社区的反对、合同的错误定价、过于慷慨的经济激励措施,以及可能导致偏袒和腐败的来自政府官员的干涉。所有这些都可能生成诉讼(当然也有项目延迟),且可能导致项目失败——即使项目已经赢得了司法挑战。因为公私合作关系代表了一种范式转换,针对公私合作的政策危机——最主要的有恢复公共收购或买断的财务失败——是能够诱导政治压力和阻力的潜在不利因素。这就是与传统治理规范一致的和被设计为强调特殊的公私合作问题的过程与进程(表9.3详述)可以帮助公私合作策略免于被过早放弃的地方。

表9.3:治理规范

规　范	公私合作问题
问责	程序公正
利益冲突的禁令	透明度
行政与司法上诉	机密性/所有权
披露	机密协议

（续表）

规　　范	公私合作问题
权利保护	信息失衡
股东参与	规范的政权更替 权力下放/政策的分裂 中央集权治理
社会公平	社会公平

248

走向约定规则

公私合作运动背后的理论和修辞，为这些项目设立了高性能的障碍。倡导者们把这个策略推进为一个多维工具：一个提供更多合算的城市服务，刺激技术创新和复杂的物理基础设施项目设计创新，转移公共资本投资非常重大的危机到私人所有权，减少使项目通过审批系统的官僚主义障碍，以及加快实施城市建设、重建或经济发展的大规模公共倡议的时间。这些公私合作的论点代表了，当政府的直接行动既需要一个新的政治乐观的幌子，又需要资本融资的深层根源的时候，改革城市治理满载的承诺。

然而，有限的雄心勃勃却又复杂的公私合作伙伴项目详细的案例研究（大多为实体基础设施），一致揭示了结果远少于理论和修辞说法。例如，在风险转移和成本效益上，绩效结果到目前为止呈现的是苍白无力的故事线。对于大部分已出版的研究中的案例，学者认为，政府或以长期公共补助金的形式，或以收购的形式，或是整个项目由政府支持融资，或是政府为合同取消提供财政补偿，来分担主要财务风险。

我们从个案研究中学到契约的实际利益，并非自动从公私合作的基础设施项目的捆绑形式中产生。相比起来，这与前期开发者选择、设计和发展中，技术上更不具体、程序上更不流畅的公私合作再开发项目并没有太大区别。在每种项目里，公共部门都是这样的角色，他们不得不获得或者很快习得复杂的体制技能，以及用来执行议程设定、合同调节和复杂公私合作项目的政策监督的政治才干。这是公共部门的责任，政府官员不能正式委托私人部门和专家执政。政治治理的授权意味着处理对透明度的需求、机密性的困境，以及与大范围股东进行协商的政策。基于亚洲公私合作关系基建项目的经验，库玛拉斯瓦米和莫里斯（2002）发现政治技巧的首要性是很必要的。

在公共和私营之间界限模糊的情况下，我们应该怎样定义每种部门合适的角色呢？或者说，在没有清晰的规范下，我们应该如何定义私人部门合适的作用范围、合理的金融水平和亲身实践的承诺？当公职人员在这种模糊环境下没有清晰的操作蓝图时，我们应该如何思考公私协议的"约定规则"呢？（图9.4）

对于回答这些问题，我们并非始于空白。公职人员可以利用一些被广泛运用的治理框架中的行政协议。其中包括由法规设立的并通过正规化进程以及专业机构治理的规制方案（例如，土地使用和环境控制的规制方案），附属与资金来源于其他层级政府或补助基金会的纲领性原则和进程（例如整体拨款基金或经济发展项目），以及通过额外信任和影响力建立的非正式咨询法规（例如在有力的利益和社区团体中审查）。公共行政的最佳实践法规已经在过去几十年中由几个方面体现：政治传统、程序公平概念和公开对话的融合；经常使得媒体介入，以强调在自由辩论中什么缺失了、什么还不是透明决策的政策争论；以及有趣却又棘手的公共利益的概念。无论这个概念看似多么含糊不明，"公

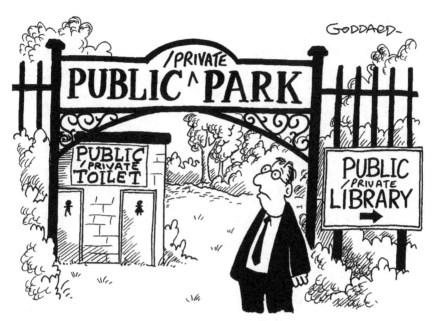

250　图 9.4：公共/私人公园（来源：©Clive Goddard，www.cartoonstock.com）

共利益"反映了一个根本的公共与私有的区别：我们不能期许追求利润的私有部门毫无动机地在公共利益上有所行为，但我们可以期待公职人员超越他们的个人利益而行事。

　　关于公私合作企业应该加入怎样的行业规范的完整讨论，不在本章叙述范围之内。然而，被普遍接受的最佳公共实践的规范一般包括治理责任、程序公平（包括行政条文和来自政府权力的司法上诉的决定）、利益冲突的禁止、透明性和披露准则、公民和业主的权益保护、股东的参与性，以及在特定领域下用来调节市场导向结果的社会公平。

　　公私合作进程中市场导向基准的引入，会挑战已发布的政策法规，也必定引发政治争论。公共部门有盈利野心吗？公共利益有何用呢？以 2005 年美国芝加哥第一个私有化的收费高速公路为例，私有利益以18.3亿美元的价钱买断芝加哥高速公路九十九年的经营租赁权。不久之后，印第安纳州以38.5亿美元出手了157英里的东西向高速公路。在评估这些交易的金融影响时，更大的公共利益在哪里呢？在（像芝加哥那样）其中一小部分为社区改善基金流出的用来弥补预算缺口和建立储备的收益中，还是在（像印第安纳州那样）为了广泛的公共利益，百分之百资助与州内收费高速公路县的特定交通项目的收益中呢？

在公私合作协议中起核心作用的风险分担十分强调机密性，尤其是当商业术语和协议条件被讨论协商的时候。苦心设计的复杂协议的细节需要满足隐私权。重建项目交易私下协商的问题自我从一开始写关于问责的两难困境的时候就没有变化（Sagalyn, 1990）。对于基础设施项目来说，嵌入在机密的合作协议中的问责难题造成了包括所有权在内的特别的和挑战智力的问题。例如，吉尔（Ghere, 2001：444）让我们思考，就大规模市政供水运营或者州立监狱设施的情况而言，这种所有权意味着什么：

251

第一，合作关系可能包含已有的固定资产的售卖（如净水厂），或者可能为私营伙伴提供资助并拥有新的设施。第二，一个论量计酬的伙伴关系可能将资金链转入私营企业中。在这类协议里，私营合伙企业可以被看作"拥有"顾客基础而且也确实可能运用利率设置权利。第三，控制运营——包括公共雇员劳动力的设想——也可能组成资产创造的形式。第四，在某种情况下（例如在公园系统、收费高速公路或监狱）合作关系可能使房地产交易归于私营企业。

不难理解，在市场状况下牟利的私营企业想要保护其有竞争力的地位。由于表现稳定，私营企业将有能力涉足投标和协商某些类型的机密性协议，这类协议限制专有技术、商业、财务或合法信息的分享。尽管这种限制可能不会涵盖一个长期协议的每个阶段，但投标者会以尽可能长的时间为目标，而且一定会强调与项目敏感期相关的特定时期，包括规划和合同谈判。

以温哥华的 RAV 项目为例，西米亚迪基（Siemiatycki, 2006）解释道，"保密屏障"可能使城市治理者避免与市政当局分享关于供应商联合体的有争议的挖填施工法的信息，"即便规划的某部分可能有不利的成分"，因为这种信息是专利投标的一部分。"要求用来维护公私合作关系交付形式完整性的保密程度，"他写道，"使人质疑 RAV 项目的治理结构是否威胁到了行政部门的受托责任，或者是否为有责任决定是否通过项目的当选官员提供了必要的问责。"（出处同上：148）[3] 严格的机密性协议也可能隐藏这些项目的完全成本，并且有可能使评价从私有化合同所得的实际效率高低的任务变得困难。

但和公私合作协议其他方面一样，实践中程序上的变化塑造了治理内涵（Briffault, 2001）。没必要保持完全机密。公职官员可以发表清晰的标准来确定什么样的信息必须是机密的（Siemiatycki, 2006, 2007）。机密性也不需要与合同期限相关联。如果机密性的规模与时

---

3 这篇文献呈现了其他失败的问责制的逸事证据。例如，罗塞瑙（Rosenau, 1999）引用了美国矫正公司（CCA）被报道"明显误传了"城市和州立官员关于关在俄亥俄州扬斯敦私人监狱里囚犯的安全风险问题的情况。当五个杀人犯逃走时 CCA 未能"及时通知"官员，而是试图掩盖事实。"如果这种情况在公共监狱发生，"她问道，"问责制的动力会不同吗？"她也引用决策层的伙伴关系在电力服务行业的问责制问题，以及不难得到的失败的政府责任的例子。简而言之，没有任何行业对失误能事先更有责任或避免"没有确凿的证据"，她写道，"而且每一面都能产生令人信服的情况"（出处同上：20）。

机受限，那么可以在公私合作过程中建立更多的透明性。例如，2003年，在得克萨斯州通过综合开发协议（CDAs）授权公私合作伙伴关系的进程中，直到最后一个与中标人签订合同，投标人提交的信息才公开。更确切地说，得州的交通部可以因为使用了投标书中的知识产权而为失败的投标者提供适度的补偿（最多100万美元）（Durbin Associates，2005，引自Ortiz & Buxbaum，2007：19）。

在几十年间，政府官员及其咨询顾问为了选择私人开发商、经营商家、检查和评价对RFP的响应、记录交易以及开公众听证会，正式化了发展的过程和进程。一些官员制作了公私合作项目的经营审计，甚至财务审计。然而，公私合作交易的进程是特殊的，而且它们不太可能和公共审查常规程序一样常见、一样易懂或者一样透明。除此之外，由于私人部门参与了公共产品和服务的供给，这些公私合作企业特别产生了复杂的经济问题，我们只有很少的最佳实践先例。机密性问题就是一个恰当的例证。大型基础设施项目里机密性与透明性之间的紧张局势并非受限于公私合作项目，也不可能通过恢复传统的项目交付模式而被解决。这样的情况也可以类推到公私合作策略相关的更广的政策问题上。

走向政策绩效的议程

美国、欧洲以及亚洲的公私合作行为的经验带来了常见治理问题，且不论运行的结果如何。公私合作伙伴关系代表了对公共部门机构结构和价值的政治挑战。它们包括与传统的政府采购模式相比更为困难的契约问题。并且，由于协议（隐性而非显性）包含风险分担，公私合作伙伴关系十分强调机密性，而机密性又强调了披露和立法机构的角色。

253

因为政策战略利用私人资本，公私合作伙伴关系则偏向基于市场的投资，其次（如果发生的话）才强调社会公平的问题。

另一方面，公私合作关系的强有力案例使其得到了广泛的支持，因为概念上令人信服的论据不容易消失，尤其是在财政压力的环境下，更容易在不久的将来占主导地位。公私合作伙伴关系刺激了在全球范围内城市基础建设和规划项目中的加速应用。基于案例的结果选择性地表达了相当高的效率和创新。通过它们保证城市服务供给的能力和通过私人投资刺激经济生产力的能力，公私合作伙伴关系已经成为政策制定者的工具箱中一种强有力的和必要的工具。它们最大的承诺在于未来，因为公共和私人主体的合作需要理顺复杂的风险分担协议的问题，而且政策分析员需要挖掘在实践中提高效率的经验。

利益相关者如何回应公私合作关系的治理问题，毫无疑问取决于文化传统和不同国家公私合作行为的政策环境，但公私合作伙伴关系的政策绩效议程里最中心的任务是全球化的：治理协议、公职人员的能力建设，以及有竞争力的研究结果。

254

参考文献

Boarse, J. P. 2000. Beyond Government? The Appeal of Public-Private Partnerships. *Canadian Public Administration* 43 (1): 75–92.

Bovaird, T. 2004. Public-Private Partnerships: From Contested Concepts to Prevalent Practice. *International Review of Administrative Sciences* 70 (2): 199–215.

Briffault, R. 2001. Public Oversight of Public/Private Partnerships. *Fordham Urban Law Journal* 28:1357.

Cambridge Systematics, Inc. 2006. Background Paper No. 1: National Perspective: Uses of Tolling and Related Issues. *Washington State Comprehensive Tolling Study, Final Report,* vol. 2 (September): 20.

Daniels, R. J., and M. J. Trebilcock. 1996. Private Provision of Public Infrastructure: An Organizational Analysis of the Next Privatization Frontier. *University of Toronto Law Journal* 46 (3): 375–426.

Durbin Associates. 2005. A Study of Innovations in the Funding and Delivery of Transportation Infrastructure Using Tolls. Final Report of the Pennsylvania House of Representatives Select Committee on Toll Roads. November; http://www.pahouse.com/yourturnpike/documents/FINAL%20.PDF.

Elander, I. 2002. Partnerships and Urban Governance. *International Social Science Journal* 54 (2): 191–204.

Engberg, L. A. 2002. Reviews: Public-Private partnerships. Theory and Practice in International Perspective. *Public Administration* 80 (3): 601–614.

European Commission. 2003. Directorate-General Regional Policy. *Guidelines for Successful Public-Private Partnerships*. March. Brussels: European Commission, Directorate-General Regional Policy. http://europa.eu.int/comm/regional-policy/sources/docgener/guides/PPPguide.htm.

European Commission. 2004. Directorate-General Regional Policy. *Resource Book on PPP Case Studies*. June. Brussels: European Commission, Directorate-General Regional Policy. http://europa.eu.int/comm/regional-policy/sources/docgener/guides/PPPguide.htm.

Financial Times. 1998. Perplexed by Blair's *je ne sais quoi*. June 15, 17.

Flinders, M. 2005. The Politics of Public-Private Partnerships. *British Journal of Politics and International Relations* 7 (2): 215–239.

Freestone, R., P. Williams, and A. Bowden. 2006. Fly Buy Cities: Some Planning Aspects of Airport Privatization in Australia. *Urban Policy and Research* 24 (4): 491–508.

Frieden, B. J., and L. Sagalyn. 1989. *Downtown, Inc: How American Rebuilds Cities*. Cambridge, MA: MIT Press.

Ghere, R. K. 2001. Probing the Strategic Intricacies of Public-Private Partnership: The Patent as a Comparative Reference. *Public Administration Review* 61 (4): 441–451.

Grimsey, D., and M. K. Lewis. 2004. *Public Private Partnerships: The Worldwide Revolution in Infrastructure Provision and Project Finance*. Cheltenham, UK: Edward Elgar.

HM Treasury. 2003. *PFI: Meeting the Investment Challenge*. London: The Stationery Office.

International Monetary Fund. 2004. Public-Private Partnerships. Report prepared by the Fiscal Affairs Department, in consultation with other departments, the World Bank, and the Inter-American Development Bank. March 12. http://www.imf.org/external/np/fad/2004/pifp/eng/031204.htm.

Koppenjan, J. F.M. 2005. The Formation of Public-Private Partnerships: Lessons from Nine Transport Infrastructure Projects in the Netherlands. *Public Admin-*

255

istration 83 (1): 135–157.

Kumaraswamy, M. M., and D. A. Morris. 2002. Build-Operate-Transfer-Type Procurement in Asian Megaprojects. *Journal of Construction Engineering and Management* 128 (2): 93–102.

Montgomery, M. R. 2007. Estimating and Forecasting City Growth in the Developing World. Presentation to the Stony Brook University and Population Council, June 6.

Moore, C., and J. Pierre. 1998. Partnership or Privatization? The Political Economy of Local Economic Restructuring. *Policy and Politics* 16 (3): 169–173.

Murray, S. 2006. Value for Money? Cautionary Lessons about P3s from British Columbia. June. Canadian Centre for Policy Alternatives—BC office, Ottawa.

Newman, P., and G. Verpraet. 1999. The Impacts of Partnerships on Urban Governance: Conclusions from Recent European Research. *Regional Studies* 33 (5): 487–491.

Osborne, D., and T. Gaebler. 1993. *Reinventing Government: How Entrepreneurial Spirit Is Transforming the Public Sector.* New York: Plume, Penguin Group.

Ortiz, I. N., and J. N. Buxbaum. 2007. *Protecting the Public Interest: The Role of Long-Term Concession Agreements for Providing Transportation Infrastructure.* USC Keston Institute for Public Finance and Infrastructure Policy, Research Paper 07-02. June. Los Angeles: University of Southern California, Keston Institute.

Public Citizen. 2003. Water Privitization Fiascos: Broken Promises and Social Turmoil. March. www.wateractivist.gov.

Rosenau, P. V. 1999. Introduction: The Strengths and Weaknesses of Public-Private Policy Partnerships. *American Behavioral Scientist* 43 (1): 10–34.

Rubin, J. S., and G. M. Stankiewicz. 2002. The Los Angeles Community Development Bank: The Possible Pitfalls of Public-Private Partnerships. *Journal of Urban Affairs* 23 (2): 133–153.

Sagalyn, L. B. 1990. Explaining the Improbable: Local Redevelopment in the Wake of Federal Cutbacks. *Journal of the American Planning Association* 56 (4): 429–441.

Sagalyn, L. B. 2001. *Times Square Roulette: Remaking the City Icon.* Cambridge, MA: MIT Press.

Sagalyn, L. B. 2006. Meshing Public & Private Roles in the Development Process. In *Real Estate Development: Principles and Process*, rev. ed., ed. M. Miles, G. Berens, and M. A. Weiss. Washington, DC: Urban Land Institute.

Sagalyn, L. B. 2007. Public/Private Development: Lessons from History, Research, and Practice. *Journal of the American Planning Association. American Planning*

256

Association 73 (1): 7–22.

Siemiatycki, M. 2006. Implications of Private-Public Partnerships on the Development of Urban Public Transit Infrastructure: The Case of Vancouver, Canada. *Journal of Planning Education and Research* 26:137–151.

Siemiatycki, M. 2007. What's the Secret? *Journal of the American Planning Association* 73 (4): 388–403.

U.S. Department of Transportation, Federal Highway Administration. 2007a. Case Studies of Transportation Public-Private Partnerships around the World. Final Report, Work Order 05–002. Prepared for the Office of Policy and Governmental Affairs by AECOM Consult Team. July 7. www.fhwa.dot.gov.

U.S. Department of Transportation, Federal Highway Administration. 2007b. Case Studies of Transportation Public-Private Partnerships in the United States. Final Report ,Work Order 05–002. Prepared for the Office of Policy and Governmental Affairs by AECOM Consult Team. July 7.

van Ham, H., and J. Koppenjan. 2002. Building Public-Private Partnerships. Assessing and Managing Risks in Port Development. *Public Management Review* 4 (1): 593–616.

Verkuil, P. R. 2007. *Outsourcing Sovereignty: Why Privatization of Government Functions Threatens Democracy and What We Can Do About It.* New York: Cambridge University Press.

257

第十章
善治：理念的膨胀

梅尔里·格林德尔

　　善治是一个很好的理念。如果公众生活是通过公平、周全、透明、负责任的、参与式的、有求必应的、经营有方的、高效的机构引导的，那么我们都能富裕，并且许多发展中国家的国民将会更加富裕。对于生活在公共环境不安全又不稳定、贪污、法律滥用、公共服务失败、贫穷和不公平境况下的全世界亿万人口来说，善治可能是应当如何治理的强大指引。

　　由于受这种直觉的吸引，善治迅速成为分析为经济和政治发展而奋斗的国家中缺失什么的主要部分。研究者以一种探索制度失败和经济增长限制的方式接纳这个概念。提出治理的权利已经成为发展援助的一个主要方面。倡导者将各种各样问题的进步与改进的治理联系了起来。到2000年代，发展议程的重要部分与善治关联了起来；国际发展机构建立了治理部门，雇用了一小部分顾问和研究人员，包括他们援助计划中的治理组成,以及对善治措施日益增加的投资。

直观地并从研究的角度,善治是一个诱人的概念:毕竟,谁能合理地避免恶政劣治呢?然而,善治理念的普及远超过其实行的能力。善治也混淆了起因与结果、目的与手段、必要与期望,让人对发展过程的思考感到糊涂。这个理念的轨迹——引进新能量于研究和实践,随着学者和实践者的采用而越来越受欢迎,而后由于其对发展的最终目标越来越关键而膨胀——在发展的领域并非不常见。的确,这个领域可以归功于对新的理念和问题的追求,而该理念又因承诺有效处理繁荣与公平的各种限制而被过度束缚。社区发展、基本需求、参与性、可持续性、合适的技术,以及其他一些理念——发展思想的历史布满了在包容性下随着它们的流行而发展的易变通的理念。其中没有任何一个是不好的理念,并且有些可能还是非常好的理念,但这些理念都因为不能满足其支持者过高的期望而被推翻。

这些理念在普通的轨迹下发展,即一个有规范性吸引力的理念被研究者或一些组织广泛采纳,并成为每个人都看重的特定问题的保护伞。这个概念通常解决眼前面临的问题:怎样解释是什么以简明的、有吸引力的直观方式被研究、完成或倡导。把某人的工作与这个概念联系起来可以作为建立研究声誉,使一个组织参与到一次共同使命,建立变革联盟或为将来的工作吸引资金的依据或基础。尽管概念上的庇护思想通常对它们处理的问题的底层复杂性都有较好的理解,理解讨论它们的过程则被简化。并且,随着时间的推移和消耗,可能与城市发展理念自身合并起来,成为一种针对历史、社会、政治和经济上复杂而困难的问题的意识形态"灵丹妙药"。但愿真的有"善治"、"参与性"或"可持续性",被很多人信服,这些问题可以被高效地解决,而且无论怎

259

样定义的发展都可以获得。这种轨迹是可以避免的；然而，无论出于什么原因，一些理念被证明尤其吸引研究人员、组织和倡议者，并且扩大使用和膨胀的期望是普遍的结果。

随着时间的推移，一个使多方面行为合法化的标准概念的扩张导致了失望的结果：这个概念并没有"实现"发展。由于未能满足很高的期许，或发掘出新的约束，这种概念通常随着这个领域有承诺时限的新理念的出现而贬值。这很有可能是善治概念的未来。但抛开辜负期望的理念是极少被批准的，并且善治是一个有用的概念。它引起了人们对有效的经济制度基础和政治治理必要的注意。然而，这一值得赞赏的理念已经与促成增长、减少贫困，以及给贫穷国家的人们带来有效的民主混为一谈。与其因为已经发展成为包罗万象的且对任何城市发展理念都很必要的理念而抛弃善治的理念，学者和从业者不如寻找一个合理的说明来解释为实现善治可以或不可以付出什么样的努力。学者和从业者也应该针对贫穷国家可以对善治抱以怎样的期待假设些更为现实的期望，因为那些国家困于它们对追求变化的能力有过多的需求。在本章，我探索了善治理念怎样和为何出现并发展壮大，并建议了学者与从业者如何对新风尚的限制和对观念膨胀趋势的抑制变得更敏感。[1]

善治：发展论述的新理念

当用于政府和公共部门时，治理指的是公共权力与制定决策的制度基础。因而，治理包含机构、体制、游戏规则，以及其他决定政治互动和经济互动怎样建构、决策如何作出、资源如何分配的因素（世界银

1　本文吸收利用两本早期的出版物，参见格林德尔 (2004, 2007)。

行，2007：i；UNDP，1997：12；DFID，2001：9；Hyden，Court & Mease，2004；Kaufmann，2003：5）。[2] 善治是政治体制中一个积极的特征，且恶政劣治是国家需要克服的问题的想法，明显暗含在总体概念里。

善治一般代表一系列关于政府应怎样执政的值得赞扬的特点，正如马特·安德鲁斯（2008）写过的，"可能像丹麦或瑞典的好社会"。的确，许多概念的普及可能与它所体现的欣欣向荣的景象有关。例如，对世界银行来说，善治吸引人的特点是其问责制和透明性、公共部门的工作效率、法律规范，以及有序的政治互动。联合国开发计划署对善治的推广促进有极大的兴趣，他们挑选并认为参与性、透明性、问责制、效力和平等等特点是最重要的。海登、考特、米斯（2004）指出，善治的因素——参与性、公平、得体性、效率、问责制及透明性——是同等重要的。

261

善治有时也被用来特指政府为了减少贫困或保持宏观经济稳定或提供基础服务而应该做些什么的规范问题。例如，英国国际发展部（关注国际捐助社会治理问题的公认领头者）定义了一系列政府应该有的能力（其中多数是预期）——确保发言权，促进宏观经济稳定，促进可扶贫的发展，倡导对穷人有积极影响的政策；保证基础服务的广泛提供，保证个人和国家安全，并努力实现责任政府（DFID，2001：9）。在其他地方，善治的指标还包含财产权、教育和医疗保健这样的"优点"。考夫曼将有何特征并如何发挥功能也包含其中了，比如责任制、政治稳定、效力、法治和腐败控制。因此，在被理解为是善治的一系列好的事物中，机构的质量常与对促进特定种类的政策的期望联系起来。

尽管定义上不尽相同，但善治的理念已经引起了政界的共鸣，并

2　关于最常用的治理指标的讨论，参见凡·德·沃勒（2006）。

可适应多元诠释。对政治右派而言，善治意味着秩序、法律规则，以及让自由市场蓬勃发展的制度条件。对政治左派而言，善治体现了平等公正的概念，对穷人、少数民族和女性的保护，以及对政府的积极作用。对于其他在左派与右派之间的部分来说，善治的概念因其强调秩序、得体性、正义和问责制而引人注目。

然而，善治理念的涌现和流行更应归功于其吸引人的特点和极好的政策目标。的确，直到20世纪80年代后期，智识和经验趋势的汇合赋予这一理念越来越高的能见度。[3]政治学领域，以及实践者和权益组织中，这个概念是承认政府在发展中的重要角色的一种有用方式。它把更美好的生活作为发展实践者所面临的政治困境的解决方案：如何以表现得无政治意义的方式来构建政治互动。由于研究实践优待大样本国家而非深入的个案研究，也使其在影响力上有所增长。并且，当各种原因的倡导者发现它是展现和证明特别关注的有用掩盖时，善治的概念变得更加流行。善治理念因此被证明是有用的，且从20世纪80年代到2000年以后一直蓬勃发展。

起源：国家改造

善治的理念应主要归因于作为经济和政治发展中活跃角色的国家的智识复兴。当然，国家一直处在发展实践的核心位置；从16世纪欧洲的重商主义，到20世纪中期后发展国家的进口替代，国家在投资决策和刺激经济增长的倡议中都起主导作用。同样的，20世纪50年代到

3　善治是治理议程中相对较新的概念，虽然它对连接20世纪后期的善治的需求和19世纪末20世纪初美国的"良好政府"运动是很有诱惑力的，因为这时，改革者试图削减党的赞助和公职腐败的影响。比较善治议程的规范性基调与先前良好政府运动的道德色彩尤其吸引人。

70年代的学术论文里也意识到了发展过程中国家的重要性。经济学家指出，在贫穷的国家，国家需要提供可能刺激经济发展的投资，而且政治学家发现，中央集权国家对国家建设和政治现代化来说是非常重要的。[4]

尽管这是漫长的历史，但到20世纪70年代中期，研究人员已经开始提出一系列关于国家主导的经济增长和国家主导的政治社会的问题。他们的考虑反映了对国家在发展过程中失职可能性的意识的提高。到20世纪80年代，对国家之于发展的积极贡献的质疑，已经转变为理念与实践的深刻批判，并且生成了发展文献中反集权研究的分水岭。[5]随着日渐增加的规范性，自由市场的优点被认为远远好于中央集权主义的恶习，并且高度中央集权的国家必须承担取缔当地社区和对民主和有限政府至关重要的社团生活的责任。由国际发展机构领导的发展实践者采纳了减少国家在发展中的作用和提倡加强公民社会作用的建议和援助。

在理论和实践中，这种强烈的反集权的观点相对来说比较短暂，尽管对国家的怀疑持续在研究和实践中有所表现。由于20世纪80年代让位于20世纪90年代，发展经济学的专家们对作为经验和理论构建方案之结果的市场经济中的机构角色更感兴趣（Killick, 1989）。在实践   263

4　劳尔·普雷维什（Raúl Prebisch, 1950）和汉斯·辛格（Hans Singer, 1991）的工作非常重要，他们说明了发展中国家经济与那些发达国家相比的截然不同。为了克服固有的不平等贸易，他们认为，"外围"国家需要激进的政府。在政治学中，一系列的比较政治学著作在社会科学研究委员会的支持下得以出版，对探索发展中国家政府的国家和州的建设活动富有影响力，尤其参见阿普特（Apter, 1965）。

5　这项工作的例子，见贝茨（1981）、科兰德（1984）、克鲁格（1974）、斯里尼瓦森（1985）、世界银行（1984）、桑德布鲁克（1986），以及乌恩施和奥罗乌（Wunsch & Olowu, 1990）。对这类文献的批判，参见格林德尔（1991）。

中，苏联的垮台，紧随其后的是在俄罗斯非常快速混乱地向市场经济的转型——对大多数人口来说的灾难性后果——强调诸如产权、合同法、运转正常的市场和监管规则等制度的作用（Goldman，2003）。这些重要的制度反过来又是国家的产物；而后，一个有效的国家被改造为有效市场的构成要件。

在更多的学术方面，道格拉斯·诺斯在1990年发表了他的被广泛阅读的著作——《制度、制度变迁与经济绩效》。这部著作，连同不断增加的对于"新制度经济学"的兴趣，重点关注了"游戏规则"的长期演变，以及它们如何塑造了发展轨迹（Williamson，1991）。同时，一个讨论东亚"四小虎"的生动文献中生成了两个重要的发现：在其中的某些国家中，国家已经承担了一个极其重要的角色——强调国家在发展中的积极作用，并且它们充满活力的经济并不依赖于类似的各种政府行为，这表明国家可以就国家在其发展中的作用追求不同的战略（Amsden，1989；Wade，1990）。越来越多的研究人员声称，国家的大小并非最要紧的，更重要的是其质量，而质量是指国家机构的作用能力及其可信度。[6]

有关政治学的讨论，表明了理论和实践有相同的重叠的部分。20世纪80年代和90年代初，特别是在拉丁美洲和东欧，向民主制度的过渡鼓励政治科学家更加关注表征不同种类制度的基础性制度建设（Huntington，1991；O'Donnell，Schmitter & Whitehead，1989；Lipjhart & Waisman，1996）。实践从而刺激了理论的进步。相似的，为了对一些非洲国家发展的不足进行探索，同时因有关专制和野蛮政府的担忧越来越多，研究人员把关注的重点放在了政治发展中机构的作用（Rothchild &

6　有关这个方法最近的讨论，参见福山（Fukuyama，2004）。

Chazan，1988；Chabal，1986；Wunsch & Olowu，1990）。与此同时，研究人员在宪政体制、选举和政党制度、政治腐败以及国家治理的分析问题上进行了扎实的工作。在理论层面，国家自主性及其局限性的概念是值得考虑的有趣的主题。正如一本有影响力的书籍所讨论的，这一趋势承担了把国家带回运动中的作用（Evans，Rueschemeyer & Skocpol，1985）。 **264**

从20世纪80年代中期开始，在90年代加速发展，学术文献和发展论述中越来越普遍地讨论机构在发展中的作用，以及假使市场经济和民主国家更有效地工作，政府应在其中有怎样的积极贡献。到1991年，作为领头羊的《世界发展报告》新增了标题为"反思政府"的章节；1997年，《世界发展报告》年度报告的副标题为"变革世界中的政府"（世界银行，1991，1997）。[8]这表明，虽然经常有发展的障碍，政府已经以十分重要的方式复兴了；政府在某种程度上代表了机构，或为经济和政治生活设立了游戏规则，其活动是发展过程的中心。毫不奇怪，那些能很好地处理这些任务的政府都归为善治。

普及：提供"遮羞布"

善治理念的普及一定程度上归功于"遮羞布"。由于机构的利益和政府的作用在20世纪90年代的数十年里有所增加，不久之后多边和双边发展机构开始积极讨论任何不良治理典型的象征——腐败。事实上，世界银行声称，腐败是"经济和社会发展的最大障碍"（引自Brinkerhoff & Goldsmith，2005：209）。而且，在世界银行部分研究者的刺激下，对腐败产生原因的探索成为发展经济学家的一大焦

7　一年一度的《世界发展报告》是目前发展的领头羊思维，他们探讨发展的专题问题，并总结有关这些问题的主流研究。

点。[8]同样，在许多情况下意味着治理者和被治理者之间关系的问责和透明度等问题中出现了强有力的武器以对抗腐败。随着许多国家拥有更多民主政权，公民、选举以及社会组织在迫使政府变好的作用上获得了赞誉（Putnam，1993）。

这种讨论为研究人员研究发展中的新问题和制约提供了契机，也为他们深入研究一个模棱两可的世界并试图使机构、政治家、政府官员、决策、领导和资源分配的行为和相互作用更加清晰。它引起人们注意到公民与政府互动的方式。这种新的利益的后果在整个社会科学领域可见一斑。例如，对于一些经济学家而言，市场操作在不同的国家有不同的方式可以理解为不同机构的产物及它们所体现的激励机制。在政治学和历史的角度，政客们作决策的市场化倾向理性行为主体模型，被那些主张在国家的不同历史轨迹中机构和路径依赖的学者所质疑（Steinmo，Thelen & Longstreth，1992；Pierson，2004）。在经济学等领域，新制度主义专注于包含在不同的游戏规则中的行为动机。治理科学采用了"新公共治理"来鼓励制度性工程更有效地治理公共事务。[9]尤其是对研究非洲发展的学生来说，领导失败成为突出的问题。政权过渡、民主化、民主巩固，都成了重新产生兴趣的话题。

如果像专家认为的，国内因素是发展成功和失败的核心解释，如果政府和游戏规则可以被证明对经济和政治发展很重要，如果诸如腐败和领导失败等问题对限制发展至关重要，如果国家权力的合法领域意

8　尤其参见丹尼尔·考夫曼在世界银行和国际透明组织所做的工作。扩展的社会科学引文索引中列出了1003篇在2000年至2007年的七年间有关腐败的文献。在此十多年之前，有804篇与这个话题有关的文章出现在学术性社会科学期刊上。

9　参见彼得斯新公共治理的讨论（1996）。

味着与公民社会的必要契约，那么发展需要积极参与政府的实践以及与统治者之间的合约。政府干预——建立新的机构来调整长期存在的机构，建设一个具有可以免疫腐败的制度系统，给决策制定带来公民的声音——把理论和实践带入政府的核心，在此由政治设置什么能够出现的主题与界限。

这种构想尽管为研究人员生成了一系列有趣的问题，却为国际发展机构的从业人员创造了一个重要的难题。创建、加强或改变机构和承认公民社会的作用的努力，变成更加积极地致力于政府的内部工作机制。这些活动意味着适宜的政策不仅仅是做设计和建议。这意味着在公共事务中倡导反腐行动，鼓励组织的发展以监督政府行为和政治活动，增加在政治决策中相关的公民的声音，公开反对领导的失败，以及其他使纯技术咨询和援助的概念难以维持的活动。这样的国际组织可能有效地以"非政治性的"方式参与到国家和公民社会中吗？它们会不会与诸如国家主权这样的想法发生冲突呢？毕竟，其章程是它们致力于政治事务的重要约束。

善治的概念证明是一块解决这一难题的重要的遮羞布。它允许国际机构讨论和更多地参与政治。如休伊特·德·阿尔坎塔拉（1998）所建议的，治理是处理后来被看作阻碍发展和有效利用发展援助的政治体制和互动（如腐败、问责制和领导能力）的健康方式。善治的理念提供了处理这个微妙问题的技术方法，避免直接提及政治互动的一种方式。这个概念帮助它们逃脱先前被推动的极端依赖自由市场理念的理论上和实践上的死胡同（出处同上：106）。[10]

266

---

10 以并行的方式，"公民社会"成为讨论表面上没有"政治"的、公民动员和政治参与问题一个健康的方式。

当然，善治的讨论捕获到了国际发展组织中极大的利益；它们都采取或支持对这个问题的研究，而且它们都具有表明这个概念之于发展的重要性的主要出版物。例如，在2002年至2007年间，世界银行为有关公共部门治理和法律规则的项目提供了227亿美元，而联合国开发计划署于2004年和2007年间，在民主治理倡议上花了51.8亿美元（世界银行，2007；UNDP，2008：12）。虽然有些资金毫无疑问重新用于长时间的计划和项目，但在对过去来说似乎过于政治性的新举措可能在善治的框架下被建立。

普及：提供广阔的涵盖性

探索增长与发展来源的large-*N*的研究，对于在研究人员和从业者之间提高善治理念的价值和知名度也非常重要。由于这个概念会使人对学术文献产生兴趣，越来越多的研究人员问道，"善治和发展之间的关系是什么？"从20世纪90年代开始，并在21世纪加速，研究人员使用复杂的计量经济学来衡量和评估影响发展的治理的各种条件。他们研究了腐败如何限制增长，独立的中央银行如何致力于宏观经济的稳定，产权如何刺激经济增长，以及议会机构怎样比总统更有利于政治稳定。这些和各种其他研究一致指出了善治和重要的目标（如增长、减少贫困、援助有效性、高效的官僚机构，以及更高的外国和私人投资）之间意义非凡的关系（世界银行，未标注日期）。

一些研究也利用计量经济学分析来解决因果关系。例如，丹尼尔·考夫曼和其他研究人员证明了发展和治理之间的关系不仅仅是相关性（Kaufmann & Kraay, 2002）。正如世界银行在四十项研究的回顾中所总结的，通过高人均收入衡量，有"压倒性的证据表明，善治是成功发展的关键。人均收入是贫困率、婴儿死亡率和文盲的一个强有力的

267

预测，这表明善治改善穷人的福祉"（世界银行，1999：1）。于是，善治的理念越来越多地成为一种不仅可以评估政府在发展中的作用和安全地侵犯国内政治雷区的方式，它也成为一种发展的典型品质及其必要条件。善治定义的规范成分被以经验为主地证明为不仅有利于发展，也是发展的必要。[11]尽管定义不同，围绕如何衡量善治也有相当大的争议，但这些情况都没有限制其对发展本质属性的承诺。

以类似的方式，善治理念作为一个总括的概念来描述各种各样的好东西是有用的。因此，例如，人权界用相当大的力量和理性声称，善治的国家尊重人权。环保主义者认为，善治意味着环境和可持续性开发实践的有效治理。赋予妇女权利、森林的社区治理、选择性的平权行动、土地使用规划、为穷人提供法律援助、反腐败措施，以及各种其他情况都变得与善治联系起来。一旦产生了善治是发展的基础的信念——甚至是先决条件——那么倡导者把自己的主张列入善治的特点中肯定是有利的。在某种程度上，国际开发机构、基金会和其他组织增加了对善治活动的资助，成为善治运动一部分的吸引力有所增长。

因此，善治的概念证明其广泛性足以接受多方面的原因。所有这些原因无疑是好的，是值得支持和承诺的。然而，通过把善治作为发展的前提，每一项公益事业都被转化成为刺激经济增长和政治稳定的举措的必要组成部分。随着越来越多的先决条件被加入议程中，发展变得越来 268 越艰巨。这是一个危险的情况。危险的不是宣传或各种团体提倡的好东西。危险是指使发展议程超负荷，夸大了大多数国家什么"必须做"的能力，并使善治成为发展的先决条件（而不是结果或辅助程序）。

11　有关批评，参见布林克霍夫和戈德史密斯（Brinkerhoff & Goldsmith, 2005）。

研究、实践和倡导：创建一个弹性议程

由此，善治的议程得以扩张。几年前，我回顾了从1997年（在这一年中出版物充分认可国家的"复兴"是一个发展的积极贡献者）至2002年的年度《世界发展报告》，想要努力理解治理是如何在往往为已经被应用的发展思想及行动定下基调和议程的出版物中被使用的。结果是有启发性的理念膨胀的过程（Grindle，2004）。从1997年与这个概念相关的45个不同的问题看出，到2002年，《世界发展报告》建议了116种发展中国家需要拥有的善治特性的方式。这个概念被用来指代特定的政策、法律、制度和发展战略。需要投入善治的一系列事情顺利地进行着。

研究、发展实践和倡导从而结合起来，以创造对善治重要性更强烈的共识。作为一个弹性的概念，并且是直观的概念，它是很难以抵挡的。在学术研究中，我们有统计证明，善治是发展的关键。在发展实践中，我们有许多不好的做法和制约发展潜力的薄弱机构的证据。在倡导中，我们有众多的组织——国际和国内的——有它们"自己"的问题的需求——无论是环境、人权还是公平交易。性别平等或其他都被包括在发展议程中。所有这些来源都有成为善治核心的好的论点，而且有逻辑地解释了为什么国家需要它。每个方面中，概念都更成为发展的必须。尽管如此，鉴于理念的扩大和普及，提出一些关于善治在发展中的关键问题是有用的，促使研究人员、从业人员和倡导者后退一步，从现实上和历史上评估其承诺。

因解释太多而寄予过高期望？

269   好的理念在发展过程中往往被赋予比它们实际上更高的重要性。

它们甚至可能会在发展中被随便对待，因此需要设定一项议程，国家必须在发展前完成的未必合理或未必在历史上有效特定事情。理念在发展中的作用甚至可以揭示某种倾向，认为发展中国家是试验解决复杂的和历史性约束问题的一张白纸。这些动态助长了长期议程和浑浊思维。最后，把善治与发展混为一谈的倡导者提出这样的建议："发展的方向就是成为发达国家。"（Andrews，2008：9）如果我们回到与善治有关的研究和实践中，我们可以看到，概念通胀以某些方式导致了浑浊思维，可能不恰当的模式的演变，以及长期和弹性议程的现实意义。

有关发展的含混思考

Large-N项目的跨国家分析都非常一致表明，善治是发展的重要组成部分；正如我们所见，一些研究表明善治是先于发展，和发展是有因果关系的。这类研究的进行是为了搜索因不同国家而不同的且体现了其中特定变量重要性的规律和模式。例如，在治理的研究中，研究人员可以评估机构的"货真价实"，如可靠的产权或在不同国家做出经济增长贡献的独立的中央银行，或全国性政治稳定中竞争性选举的作用。

不可避免地，由于模式除了在平庸的层面以外都是不普遍的，一些国家可能在因变量上表现很好，例如经济发展，却在自变量上表现较差，例如产权或低腐败，即使大部分国家符合预测的关系。典型来讲，研究人员忽略这些异常值并专注于符合回归直线情况的解释性价值。然而，重要的见解和问题可以通过观察异常值而生成，不单单解释为什么这些特殊情况下是异常值，而且就这些被研究的关系提出问题（Osborne & Overbay，2004）。那么，深入研究特定国家的经验，可以阐明条件、关系和因Large-N研究而变得含糊的过程。

例如，对于任何多样的善治的合理措施而言，中国和越南有可能表
现不佳。[12]然而，就中国过去三十年的情况来说，这些国家已经对持续
的高增长率和减少贫困积累了非常令人印象深刻的记录。它们也都是
非常大的国家——中国是世界上最大的国家——它们的表现很可能不
该忽视了什么对善治来说是重要方面的问题。如果中国和其他国家可
以以有意义的却不同时展现明确的善治的方式发展，难道研究人员不
应该认为这种情况与治理和发展之间的理论关系同等重要吗？

一种类似的警示随着对孟加拉国（一个有时被认为几乎没有国家
政府，且在透明国际清廉指数中排在最低排名的十四个国家中间）的
关注而出现。尽管如此，这个国家取得了连续数年都超过5%的增长
率，比自这个国家获得独立以来的其他时间都更长的显著增长的历史
（World Bank，未标注日期）。秘鲁、巴拿马、坦桑尼亚、阿尔及利亚、印
度也可能成为表现不可预料的异常值，因为治理和经济增长的不同指
标假定的关系没有一个可以是值得模仿的治理的标准指标。同样，先
进工业国家常常在它们有任何接近善治的方法之前都显著地发展着
（Chang，2002）。

民主和善治之间的关系在实践中也是复杂的。例如许多拉美国家
拥有民主制度却表现出很高的腐败率、较低水平的透明度和善治的其
他方面的糟糕表现。有些东亚国家已经证明了可以在较少的民主下进
行善治。

善治也不能与良好的公共绩效始终如一地相关。例如，美国在大
多数治理措施中都表现很好。其宏观经济治理相对较好，政府行为在

---

12 2002年，中国与埃塞俄比亚在"透明国际"腐败感知指数排名并列。参见布林克霍夫和
　戈德史密斯（Brinkerhoff & Goldsmith，2005：209—210）。

大多数情况下是相当透明的，并且它的政府向公民负责。然而，对2005年的卡特里娜飓风的回应，不仅显示了从地方到州到国家层面的深刻的领导失败，也显然是治理的巨大失败。用来保护公民的系统并没有奏效，本应在不同级别政府之间分配权力和责任的机构没有工作，而且建立起来以应对突发事件的组织根本不能胜任这项任务。这些系统、机构和组织辜负了穷人、少数族裔和被边缘化群体的事实，只是强调了 271本被认为遇到了善治挑战的政治体系的治理失败。相比之下，就能够应付意料之外的要求而言，巴基斯坦政府迅速而有效地相对回应了也是在2005年发生的大地震，尽管巴基斯坦政府在治理方面整体排名较低。这些异常值表明，当研究人员把善治与发展的能力、民主的存在，或政府执行一贯良好的实际能力混为一谈的时候，他们可能过于简单化了非常复杂的关系。

在这里，我的观点不是说计量经济学是错误的，公式是错误指定的，或概念的落实和测量较差（虽然这可能是这种情况）。我宁愿建议这些特例可以迫使我们问，"这其中的关系到底有多重要？"或"可以在什么条件下有这种关系以及什么时候不能？"如果一个国家像中国这样可以在极差的治理情况下持续增长三十年——且肯定不像政治民主那样——似乎评估经济增长和善治之间的关系是否始终如一是有用的。既然美国可以表现出治理的大规模失败，这表明这个想法可能比想象的更不稳定。重要的国家在异常值大的地方更应该多关注它们的经验对在研究中发现的总体模式有什么用。在与增长和治理有关文献的批判中，库尔茨和施兰克（Kurtz & Schrank, 2007）通过总结"增长与治理之间多次断言的联系在于极其不稳定的经验主义基础"，表明了含混思想的结果。

标本及其复本

由于研究和实践表明善治对于发展来说至关重要，因此为达成一定成就的制度蓝图变得普遍起来。而后，便有了标本和为了达成良好议会民主制和有效制衡系统的"最佳实践"。有关如何监管环境危害以及股票和债券市场的蓝图，有关司法机构、税务机构和联邦制的蓝图，这样的例子不胜枚举。

然而，如果机构的结构和功能与它们产生和发展的环境是紧密联系的，那么寻找制度蓝图和实践就可能会产生误导。大量的研究人员对特定国家或地区进行了深入分析，并认为说，不同的发展道路可以归功于独特的经验，特定的国际环境，经济和政治精英之间或精英与大众之间关系的历史发展，或其他特定的经验。这些研究人员认为，关于政府忽视了国家和地区命运如何的广泛的一般化，是由特定的国际的、制度的、政策的，甚至领导经验塑造的（Hewko，2002）。如果的确是这种情况——正如文献着重路径依赖的建议——那么机构可能不会容易地或成功地从一个背景转移到另一个。

蓝图和标本也可能基于可疑的假设。例如，马特·安德鲁斯密切地关注经常被推荐的治理的"北欧模式"，并指出，瑞典、丹麦和挪威的政府以不同的方式组织起来，而且涉及一系列的游戏规则和制度关系（Andrews，2008）。既然如此，提出哪种模式的治理实际上是隐含在北欧情况下的疑问是很合适的。

同样，蓝图和最佳实践忽视了一种可能性，那就是机构是否像预期的那样运行可能会受到时间和背景的影响。一个很好的例子是在俄罗斯一个独立的中央银行在苏联解体后的发展。很少有经济学家对这样的观点——独立的中央银行对宏观经济的稳定和经济的善治非常重要——产生争议，但在俄罗斯，独立被割让了一段时间，那时中央银行被党务工作的保守派控制，而保守派对以经济改革者认为必要的方式规范银行活动并不是特别感兴趣（Johnson，1999）。很可能，许多经历过严重经济危机的总统或国家的财政部长，为了更有效和快速应对危机，都祈愿中央银行不那么独立。总体来说，独立性对良好的经济治理的重要性是合理的，但它不一定是普遍的，或与特定历史条件有关。

类似的特点可能就活动的历史顺序而言是愚蠢的。例如，有些研究人员将在引入民主之前就被专业化的和那些在竞争激烈的党派政治背景下出台的公务员系统的改革做了对比。在第一种情况下，公务员精英迅速到位；在后一种情况下，政府的立场长期是为他们的追随者和改革者提供就业机会的政客和要一个专业化公务员制度的政客之间的争论。系统的引入和发展可以是完全不同的，这取决于它们与其他重大历史变革的关系。

长议程的实际负担

善治的议程在20世纪90年代的十年间有所拓展。因此，在21世纪初期，可以有这样的主张：

> 取得善治要求公共部门几乎所有方面的改进——从为经济和政治互动设置游戏规则的机构，到确定公共问题中的优先权和分配资源回应它们的决策结构，到治理行政系统和提供商品及服务于公民的组织，到为政府官僚机构提供人员的人力资源机制，官员和公民在政治和官僚舞台的联系……不出意料，善治的倡导引出了一大堆什么需要做，什么时候需要做，以及需要如何做的问题。（Grindle，2004：525—526）

当然，问题在于解决，尤其是在脆弱的、疲软的或失败的国家里大量治理赤字的挑战。任何一个参观发展中国家的游客，更不用说一个在组织治理、法律制度、经济发展、基础设施或其他领域的专家，都可以找到大量的证据证明这并不管用。政府工作方式的不足——总体来说，从机场的移民和海关官员的行为，到首都城市里坑坑洼洼的道路，到公民的明显的贫困，到公共服务的短缺，到农村地区基础设施建设的缺乏，再到对妇女儿童及穷人的剥削——通常比较明显。很明显，有很多需要修缮的地方，但这个观察并不远到建议如何解决任何有缺陷的问题。有这么多要做的，那么应优先考虑什么呢？需要解决的事情里有这么多需求，那么应把稀缺的金融、人力和组织资源集中在哪一点呢？

同时，大部分有关应被解决的问题的时机和序列是未知的。例如，在极少关注被视为有善治历史经验的国家的善治议程中，它们很少有这些问题，那么它们怎样变得更好呢？优先级、顺序、时机对所有机构都是同等重要的吗？它们相互独立发展吗？发展为善治需要多长时间？然而，即使没有很好地应对这些问题，"修复"恶劣政治的实际工作也已经得到迅猛发展，远远超过有关治理机构如何随着时间的推移而发展和治理创新结果的知识。在短期内，发展中国家的政府已成为生成善治的各种努力的"实验室"，许多都受到了过度关注。

阿查里雅、迪利马和摩尔（Acharya, de Lima & Moore, 2006）使用1999年到2001年间的以及53个双边和多边发展援助组织的名单中的数据，发现这些机构平均向107个国家提供了援助；受援国平均处理26个捐助者；40个国家被30个或更多的捐助者处理。此外，他们还发现，在80％的捐助者和接受者之间的个人资金转移中，不到1％的捐助者的援助总额预算危在旦夕。他们引用越南作为一个相当典型的例子："2002年，25个官方的双边捐助者，19个官方的多边捐助者，以及约350个国际非政府组织在越南经营。他们共同开展了超过8000个项目，约每9000人中就有一个项目。"(出处同上：2)据推测，每个项目及资金的每次转移都意味着一系列通信、会计、文书，以及时间和精力等投入的交易成本。尽管大多数发展援助被用到治理以外的项目中，数据本身表明，要处理大量捐助者和遥遥无期的议程的发展中国家的政府负担很重。不管是什么原因造成这样的捐助过载，但个别国家在特定问题领域或部门取得积极成果的能力都可能被削弱。

薄弱的正式治理机构是(有时与概念密不可分的)贫穷和发展中国家的象征。国家越贫穷，更有可能的是，负责作出公共决策、分配资源及保护公民的机构越薄弱或不存在。因此，在实践中善治议程的一个重要问题是，在最坏的立场回应这些问题的国家的负担的长度。主宰这样的政府的精英并不总是有意改善治理，因为这可以很容易地限制他们的权力，以及获得租金和资源的途径。即使是善意的政府确信有必要改善治理，在哪里集中资源和做什么都是难以捉摸的。但指定一个最终目标的议程——以如上面所指出的各种方式定义良好的性能——并不能说明如何到达那里。所有治理缺陷都应该马上解决吗？如果不是，哪些是最重要的？哪些在逻辑上先于其他？

当善治被认为是发展的必要条件时，这一点尤其重要。按这个推理，一个非常重要的事情——没有特定时间线的情况下——需要在一个国家可以保证其经济增长，以及公民被公平对待之前就完成。致力于作为发展的必要条件的善治议程，意味着资源和精力集中在实现这一非常困难的目标上，并且我们可能会问，资源和精力是否更能被关

275

注在发展的其他方面。争论并不在于善治是否重要，而更在于善治可能对经济增长、减贫和民主并不是必需的或必要的。有学者认为，事实上，善治甚至可以是发展的结果（Chang，2002）。同样，中国在过去三十年的例子也很有启发性。十有八九，大多数中国公民将受益于更好的治理，但很显然，经济增长、外国投资和减少贫困并不取决于这种进步。

对有关善治议程的关注得到外延的地方，有学者称，许多发展援助削弱了发展中国家的治理能力——议程被强制实行，改革思想的必要数量具有压倒性，公职人员的时间和精力分给许多捐助活动，而且外国专家承担起了治理政策、规划和项目的任务（Brautigam，2002）。发展援助机构不得不在一定程度上通过更加强调所有权和发展中国家政府和公民的参与来承认这种批评。然而，这些活动在实践中的工作方式，发展援助机构的影响力往往仍然势不可当，并且所有权和参与权可能是由别人发起和追求的变化的粉饰。发展中国家政府发现很难争辩有关承诺资金的理念的实用性和合理性，或解决有更多进行研究和分析的资源却不愿意或者没有能力做的捐赠者的优先级。

作为一种对治理议程的通胀的解药，几年前，我建议用"足够好的治理"的理念来质疑议程的长度及其本质信息。我指出，足够好的治理意味着，

276
> 并不是所有治理缺陷都需要或可以立刻解决，机构和能力建设是时间的产物；并且治理成果也可以逆转。足够好的治理意味着，对经济和政治发展的目标有贡献的干预需要被质疑、被优先化的，以及需要与每个国家的条件相关。他们需要从历史证据、序列和时机的观点进行评估，并且应该就其对特定诸如减贫和民主等目

标的贡献而谨慎挑选。足够好的治理引导人们考虑对政治和经济发展出现而言，必要的治理所需的最小条件。(Grindle, 2004: 525)[13]

怀疑论是理念膨胀的解药吗？

发展理论和实践之间有着紧密的联系。贯穿整个第二次世界大战后社会科学的历史，理论被发展实践者采纳和实施，而实践促使了对生成推进发展的理论的新兴趣，也解释了之前从理论到实践的应用失败。研究者和实践者会认识到，由学者讨论的和被从业者在现实世界实施的事情之间更一般的对应和交互的轨迹。理念有其重要性。

确实，理念在"现实世界"的作用——以及随后生成在新的理念中被采纳的见解的实践的观察——可能在面临着发展挑战的国家比在发达国家更有活力、更重要。在这些国家，正式的经济和政治治理机构比起已经发达的国家来说，往往较少是根深蒂固的，更多是不固定和多变的，因此，新的想法、新的做事方法的应用和采纳，至少在正式制度层面会面临更少的障碍。此外，许多发展中国家的经济和政治体系，容易出现各种危机和不稳定；经济和政治危机常常为创新开拓机会，但是以在商业和既有政治条件下更加困难的方式。于是，发展中国家以重要的方式为一个接一个的新理念提供"实验"。它们还在验证不符合预期的，或当他们抵制政治上不切实际的理念时改变这些理念时发挥作用。

这是一个要小心有吸引力的理念的很好的理由，尤其是那些有大

---

13 我最初在我2002年为世界银行准备的论文里介绍了足够好的治理的概念。在2004年的文章中，我认为一个足够好的治理议程会基于"对机构和政府能力演化的更细致入微的理解；在所有好的东西不能即刻被追求的世界里，清晰说明取舍和优先顺序；了解什么是可行的，而不只是强迫接受治理的缺口；严肃地运用政府在扶贫工作上的作用，在不同国家的现实情况下打好行动基础"(p.525)。

量承诺的理念。在此种情况下，怀疑论可能在阻止发展议程——如善治——的不必要膨胀是特别有用的。事实上，要遏制理念扩张，将以下箴言记在心间是很有用的：

277

- 发展——无论是经济上或政治上的——是一个长期和复杂的过程；研究还远未理解"变得越来越发达"的时机和复杂性。

- 对历史经验的探索可以为阐明时机和复杂性的问题贡献更多。

- 当像治理这样的概念采取强有力的规范性内容（善治）时，其重要性和影响可能反之又加入概念的膨胀中来，对研究者、实践者和倡导者都具有吸引力。

的确，善治理念的历史表明，怀疑是阐明为什么发展是这么一个艰难的过程，以及为什么它往往就是这么难以捉摸的好的求知工具。善治很重要，但和其他好的理念一样，它不是灵丹妙药。

278

参考文献

Acharya, Arnab, Ana Teresa Fuzzo de Lima, and Mick Moore. 2006. Proliferation and Fragmentation: Transactions Costs and the Value of Aid. *Journal of Development Studies* 42 (1): 1–21.

Amsden, Alice. 1989. *Asia's Next Giant: South Korea and Late Industrialization*. New York: Oxford University Press.

Andrews, Matt. 2008. Are Swedish Models of Effective Government Suitable in the Development Domain (Or) Do We Need a Theory of Government before We Measure Government Effectiveness? Manuscript, Kennedy School of Government, Cambridge, MA.

Apter, David E. 1965. *Political Modernization*. Chicago: University of Chicago Press.

Bates, Robert H. 1981. *States and Markets in Tropical Africa*. Berkeley: University of California Press.

Bräutigam, Deborah. 2000. *Aid Dependence and Governance*. Stockholm: Almqvist and Wiksell International.

Brinkerhoff, Derick, and Arthur Goldsmith. 2005. Institutional Dualism and

International Development: A Revisionist Interpretation of Good Governance. *Administration & Society* 37 (2): 553–566.

Chabal, Patrick, ed. 1986. *Political Domination in Africa*. Cambridge: Cambridge University Press.   279

Chang, Ha-Joon. 2002. *Kicking Away the Ladder: Development Strategy in Historical Perspective*. London: Anthem Press.

Colander, David C., ed. 1984. *Neoclassical Political Economy: The Analysis of Rent-Seeking and DUP Activities*. Cambridge, MA: Ballinger.

Department for International Development (DFID). 2001. Making Government Work for Poor People: Building State Capacity. Strategy Paper, DFID, London.

Evans, Peter, Dietrich Rueschemeyer, and Theda Skocpol, eds. 1985. *Bringing the State Back In*. New York: Cambridge University Press.

Fukuyama, Francis. 2004. *State-Building and World Order in the 21st Century*. Ithaca, NY: Cornell University Press.

Goldman, Marshall I. 2003. *The Privatization of Russia: Russian Reform Goes Awry*. New York: Routledge.

Grindle, Merilee S. 1991. The New Political Economy: Positive Economics and Negative Politics. In *Politics and Policy Making in Developing Countries: Perspectives on the New Political Economy*, ed. Gerald M. Meier. San Francisco: ICS Press.

Grindle, Merilee S. 2004. Good Enough Governance: Poverty Reduction and Reform in Developing Countries. *Governance: An International Journal of Policy, Administration, and Institutions* 17 (4): 525–548.

Grindle, Merilee S. 2007. Good Enough Governance Revisited. *Development Policy Review* 25 (5): 553–574.

Hewitt de Alcántara, Cynthia. 1998. Uses and Abuses of the Concept of Governance. *International Social Science Journal* 50 (155): 105–113.

Hewko, John. 2002. Foreign Direct Investment: Does the Rule of Law Matter? Working paper, Carnegie Endowment for International Peace, Washington, D.C.

Huntington, Samuel. 1991. *The Third Wave: Democratization in the Late Twentieth Century*. Norman: University of Oklahoma Press.

Hyden, Goran, Julius Court, and Kenneth Mease. 2004. *Making Sense of Governance: Empirical Evidence from Sixteen Countries*. Boulder, CO: Lynne Rienner.

Johnson, Juliet. 1999. Misguided Autonomy: Central Bank Independence in the Russian Transition. In *The Self Restraining State: Power and Accountability in New Democracies*, ed. Andreas Schedler, Larry Diamond, and Marc F. Plattner, 193–311. Boulder, CO: Lynne Rienner.

Kaufmann, Daniel. 2003. *Rethinking Governance: Empirical Lessons Challenge Orthodoxy*. Washington, DC: World Bank.

Kaufmann, Daniel, and Aart Kraay. 2002. Growth without Governance. World Bank Policy Research Working Paper No. 2928. Washington, DC: World Bank.

Killick, Tony. 1989. *A Reaction Too Far: Economic Theory and the Role of the State in Developing Countries*. London: Overseas Development Institute.

Krueger, Anne O. 1974. The Political Economy of the Rent-Seeking Society. *American Economic Review* 64 (3): 291–303.

Kurtz, Marcus J., and Andrew Schrank. 2007. Growth and Governance: Models, Measures, and Mechanisms. *Journal of Politics* 69 (2): 538–554.

Lipjhart, Arend, and Carlos Waisman, eds. 1996. *Institutional Design in New Democracies*. Boulder, CO: Westview Press.

North, Douglass. 1990. *Institutions, Institutional Change and Economic Performance*. London: Cambridge University Press.

O'Donnell, Guillermo, Philippe C. Schmitter, and Laurence Whitehead, eds. 1986. *Transitions from Authoritarian Rule: Comparative Perspectives*. Baltimore, MD: Johns Hopkins University Press.

Osborne, Jason W., and Amy Overbay. 2004. The Power of Outliers (And Why Researchers Should Always Check for Them). *Practical Assessment, Research & Evaluation* 9 (6): 1–12.

Peters, B. Guy. 1996. *The Future of Governing: Four Emerging Models*. Lawrence: University Press of Kansas.

Pierson, Paul. 2004. *Politics in Time: History, Institutions, and Social Analysis*. Princeton, NJ: Princeton University Press.

Prebisch, Raúl. 1950. *The Economic Development of Latin America and Its Principal Problems*. New York: United Nations.

Putnam, Robert. 1993. *Making Democracy Work: Civic Traditions in Modern Italy*. Princeton, NJ: Princeton University Press.

Rothchild, Donald, and Naomi Chazan, eds. 1988. *The Precarious Balance: State and Society in Africa*. Boulder, CO: Westview Press.

Sandbrook, Richard. 1986. The State and Economic Stagnation in Tropical Africa. *World Development* 14 (3): 319–332.

Singer, Hans. 1991. *Growth, Development and Trade: Selected Essays of Hans W. Singer*. Cheltenham, UK: Edward Elgar.

Srinivasan, T. N. 1985. Neoclassical Political Economy: The State and Economic Development. *Politics & Society* 17 (2): 115–162.

Steinmo, Sven, Kathleen Thelen, and Frank Longstreth, eds. 1992. *Structuring Politics: Historical Institutionalism in Comparative Politics*. Cambridge: Cambridge University Press.

United Nations Development Programme (UNDP). 1997. *Governance for Sustainable Human Development*. New York: UNDP.

280

United Nations Development Programme (UNDP). 2008. *Annual Report 2008: Capacity Development: Empowering People and Institutions.* New York: UNDP, 12.

Van de Walle, Steven. 2006. The State of the World's Bureaucracies. *Journal of Comparative Policy Analysis* 8 (4): 439–450.

Wade, Robert. 1990. *Governing the Market: Economic Theory and the Role of Government in East Asian Industrialization.* Princeton, NJ: Princeton University Press.   281

Williamson, Oliver. 1991. Economic Institutions: Spontaneous and Intentional Governance. *Journal of Law, Economics and Organization* 7:159–187.

World Bank. 1984. *Towards Sustained Development in Sub-Saharan Africa.* Washington, DC: World Bank.

World Bank. 1991. *World Development Report 1991.* Washington, DC: World Bank.

World Bank. 1997. *World Development Report 1997.* Washington, DC: World Bank.

World Bank. 1999. Findings on Governance, Institutions and Development: Empirical Studies of Governance and Development: An Annotated Bibliography. http://www1.worldbank.org/publicsector/findings.htm.

World Bank. 2007. Strengthening World Bank Group Engagement on Governance and Anti-Corruption. March 21.

World Bank. n.d. Good Governance and Its Benefits on Economic Development: An Overview of Current Trends. http://siteresources.worldbank.org/INTWBIG-OVANTCOR/resources/1740479-114911221008.

Wunsch, James S., and Dele Olowu, eds. 1990. *The Failure of the Centralized State: Institutions and Self Governance in Africa.* Boulder, CO: Westview Press.   282

第十一章
美洲的自助建房理念与实践

彼得·M. 沃德

19世纪60年代后期关于发展规划的一个范式转变正在进行，由于一些研究者开始发现大尺度、现代城市建筑规划所带来的无意识消极结果。丽莎·皮蒂的《来自巴里奥的观点》(1968) 对委内瑞拉圭亚那城经验的批判是其中的先行者。[1] 也有其他一些理论，如在麻省理工学

---

1 受邀参加为期一年在麻省理工学院的系列专题座谈会对我来说有特定的意义，因为我最初考虑自助就是受到马萨诸塞州坎布里奇和波士顿某些个人的影响。1973年，作为来自利物浦大学的一个地理学研究生，我飞往墨西哥城开始对后来被称为贫民窟的定居点进行我的博士课题研究。那年早些时候我已经会见了波士顿大学的人类学教授托尼·利兹，他和他的妻子莉兹·利兹当时正在牛津大学休假。利兹教授给我很多帮助，给我访问他的个人档案和文献材料，并共享他的许多关于他称为"贫民窟"的想法。这是托尼和莉兹曾敦促我停留波士顿以和他们的一些同事在坎布里奇会面的机缘，那些同事包括麻省理工学院政治学的韦恩·科尼利厄斯，哈佛大学的威廉·德贝尔；约翰·特纳、罗德温和丽莎·皮蒂一起组成了麻省理工学院建筑和规划系的"美女时代"，以及当时波士顿大学助理教授社会学家苏珊·埃克斯坦，现在她还在那里教书。现在回想起来，当时麻省理工学院对规划思想的影响是显著的。最著名的是项目协助委内瑞拉圭亚那城的城市规划。由劳埃德·罗德温和其他人来领导的这个项目，给教师和研究生提供机会参与政策制定和应用传统规划解决一个发展中国家的城市规划方案。

院和其他一些地方,已经开始推崇一种可供选择及自下而上的方法来处理城市建筑。在建筑学方面,约翰·特纳在麻省理工学院的本科课程向学生介绍城市居住区的种类,在1968年至1972年间,他发展了对"低收入住房系统"对比分析的框架结构,他指导的学生继承了他的思想,在后来不但把他的思想传播到他们的国家,同时也注入多边机构以及非政府组织中。在哈佛大学的威廉·德贝尔对哥伦比亚的调查研究中,生成了一种对非正式土地发展过程的新理解,他揭示了政策制定者如何使非正常的居民区合并到土地市场中。在人类学和社会学领域,托尼和莉兹·利兹去巴西和秘鲁调研出了两地非法定居点类型的微小差别。与此同时,波士顿大学的苏珊·埃克斯坦和麻省理工学院的韦恩·科尼利厄斯完成了他们的博士论文,考察低收入居住区的抗议,以及提供新的对贫民的政治认识的洞察。

　　回顾历史,我们可以看到这场研究的剧变是对城市日渐觉醒的一部分,它伴随着国家主导的现代化进程和支配式规划范式的输出。充满矛盾的是,对于正统模式的质疑同样来自坎布里奇—波士顿,在某些案例中甚至是曾经对正统观点有利的同一个研究组。在麻省理工学院依旧存在着两者的冲突,即那些信奉现代化理论和传统规划观点的学者,与那些批判它们及欣赏非常规定居点和草根发展努力之间的冲突,尽管当时劳埃德·罗德温的协调技术很高超,并请来了很多被他的概念所吸引的学者,如约翰·特纳,但最终在方法和哲学上的巨大分歧让他们分道扬镳。[2]

283

2　客座教授约翰·特纳当时的明星地位导致罗德温决定用一份短期合同招募他到麻省理工学院。然而,两个人持有非常不同的观点,在发展同时也都相当自负,所以并不奇怪他们后来发生了冲突,这也导致特纳在20世纪70年代中期回到英国。当时另一位明星级的终身教授是约翰·弗里德曼,其早期作品规划理论被罗德温无视。因而约翰·弗里德曼只得继续在加州大学洛杉矶分校任职规划项目负责人。

甚至四十年后的今天，当我在去往墨西哥城的途中，我在波士顿做了停留，那时我生动地回忆起与科尼利厄斯、特纳以及埃克斯坦的短暂会面，以及他们的建议和反馈，他们对我关于自下而上的自助式房屋供给过程的思考产生了巨大的影响，由此我也意识到应从多角度跨学科的方法去理解"自助"的重要性。尽管我被训练成为一个地理学家，但我现在涉猎了包括建筑学、规划、政治、社会、城市人类学、地理学以及公共政策等多个领域，因此，毫无意外的是，我现在同时教授社会学和公共关系两门学科的课程。尽管当时我并没有意识到，我在麻省理工学院和坎布里奇介绍的理论深刻地影响了我后来的职业生涯，同时也影响了自助式居住模式的专业论述；因此我很高兴能对规划理念作出自己的贡献。

在本章中，我调查了自助式房屋供给理念是如何从不同的发展思想范式中显露出来的，我也描述了学者和相关人士在其他领域对自助这一理念的进化和演变所做出的重要补充和影响（Ward, 2005）。尤其是我解决了这么一组矛盾，即那些信奉自助式发展的理念和政策是在发达国家进化出来，而后又被欣然地出口到发展中国家，今天这些理念对发达国家的相关性和适用性却被忽略了，这也是另外一个原因为什么对于我个人而言，论述自助式房屋供给规划的产生是非常迫切的。我在经过多年的对于规划、住房供给、社会政策和政府决策相关的写作以后，我个人的研究已经让我对于拉美及美国的自助式居住活动有了全面的了解，接下来我将会尝试去分析和解释美国本土的非正式及自发的居住行为重新出现的原因。

从20世纪50年代开始，我们看待非正式的自发房屋建造以及自助的居住区的观念发生了深刻的变化。直到20世纪60年代中期，相关的

研究和政策制定依旧大部分被现代化的理论所塑造。上文提及的圭亚 284
那城项目是最初开始这类思考的项目。但这样理想化的探索存在片面
性,一方面因为它没能与委内瑞拉首都加拉加斯的政权破坏者相接洽,
同时它也没有深入考虑穷人的现实情况和需要(Peattie,1987)。作为
结果,现代化理论被结构主义者批判,他们主要基于以下几个方面:马
克思独立理论、政治经济学、市场互补理论以及全球系统理论。讽刺的
是,新自由主义和全球化的模式在后来十年浮现,政府和政策操纵的萎
缩以使市场更加有效运作的推进,是通过对城市区域治理采取行政去
中心化以及"善治"实现的(Ward,2005)。

现如今对于可持续性的关注日益增长,遍及了环境、财政、司法以
及物质等方面。如果让我预测下一个范式的转变,我想对于可持续性
领域的广泛关注将会是先行者。我希望这也会导致自助式实践的可持
续发展。本土材料的使用、可持续的能源(太阳能和热水供暖)、低技
术及低能耗的废物清理和水回收利用系统、更好的隔热材料及适应气
候的模式等,在将来都会帮助自助式住房的使用者达到他们的需要
(Ward & Sullivan,2010)。在发达国家这套系统通常被认为是过于昂贵
以及不合规格的,但是作为"绿色居住"最初的发展以及在更加紧急的
情况下制度化的产物,我希望它们不要成为被输出到"别的地方"(发
展中国家)的下一代理论,而是也被美国和发达国家接纳为自助式住房
行动的一部分。

第一次实践:20世纪40年代补贴自助的大量未知经验

无论是概念还是实践,对于自助式房屋建造都是个当下的现象;
传统来讲,在农村领域的乡土居住区大多都是由家庭及同族人建造的。

在美国最早的拓荒者选择在村落或者农庄建造他们的家，建造的材料大多来自周围的树林、矿坑以及砂浆池，这些材料被用作修建小木屋、抹灰篱笆墙并用泥煤砌墙，用茅草做屋顶，用木头或大片树叶作为瓦片。这样的实践在乡村和热带地区一直延续到今（Brunham，1998）。

285

另外，自20世纪初开始，"非正式的"外来移民定居地在美国和加拿大迅速扩张的城市中心很常见，例子包括加拿大城市周边的英国移民社区（1900—1913），20世纪20年代南方移民到美国北部城市，20世纪30年代干旱风暴区移民到加州南部，以及20世纪40年代城乡接合处移民到工业中心（Harris，2001）。在加拿大新斯科舍的圣弗朗西斯·哈维尔大学在1938年赞助了煤矿工人的自助式居住项目，而同年在美国阿帕拉契亚地区，贫困的矿工在美国公谊服务委员会支持下实现了叫"Penn-Craft"的自助式居住建造项目。

从1942年到1975年，加拿大通过"建造属于你自己的家"计划为非专业的建造者提供包括资金、法律以及技术上的帮助（Schulist & Harris，2002）。第二次世界大战之前这些自助式的建房区依然处于经济主流之外，他们四处搜寻材料并很少贷款，然而自1945年以后自助建房剧增，而到1949年为止，三分之一的新房子是拥有者自己建的，而且拥有者完成了大部分体力活（Harris，2001）。放款人和建材商提供贷款、建议甚至是市场细分服务。在郊区，自助成为主流，同时在农村，这种形式仍旧是某种非正式的方式。加拿大的全国自助式居住委员会创立于2002年，这是发达国家中一个接受自助式住房供给的机构，其目的在于为那些经济上和社会状况不好的加拿大人提供可以承受的住房。但是在美国，自助式房屋供给只能勉强被社会接受，并且仅仅意味着对极端贫困者的帮助。换句话说，在美国，自助式房屋供给仍然很大程度上被认为是暂时的应急手段或者不得已而为之,而并没有被当作公共政策中重要的政纲条目;这也是为什么在20世纪50年代到60年代之间美国政府更加青睐由私人开发商提供低收入和中低收入的住房产品,这些由预制件构成的千篇一律的房子,也就产生了像莱维敦镇这样的城郊社区。

汉斯·哈姆斯(1982)描述了在资本主义下求助于自助通常是如何与危机联系起来的,当一个州面对为城市工人提供住房的巨大压力时。作者提供了一些恩格斯所描述的来自19世纪中叶德国的例子,20世纪40年代波多黎各的"boot-straps"计划,以及20世纪70年代伦敦的家庭改进及转换计划,此乃买房者第一次接受补贴去修葺破旧的房屋。在20世纪20年代到30年代间的英国,所谓的"分地者"(plot-landers) 286 能够利用那些不需要用作农业功能的小块土地来建一些临时性的小棚屋,这些寮屋后来被固定为永久性的住家 (Hardy & Colin Ward, 1984)。1945年以后,无家可归者利用空置的军用营地来建造棚屋居住。很多年后,各式各样的"旅行者"也纷纷定居下来,他们通常采取的方式包括非正式的经济活动和建造种类繁多的住房 (Home, 2001)。在1927年到20世纪90年代,斯德哥尔摩自助式房屋计划在市政用地上开展操作,但是这一项目太过依赖于预制构件的装配,从而导致了限制设计灵活性的不良后果 (Schulist & Harris, 2002);此外,无论是过去还是现在,自己动手的升级和房屋改进已经在欧洲及美国的工薪和中产阶级变得非常常见,尤其是在专业的建房工人以及提供服务者价格昂贵的前提下,这种方式很受欢迎。

工业国家自助模式的起源

尽管美国对于支持自助式住房供给在家庭方面存在很大的矛盾,

但它仍旧在自助建造政策的海外推进扮演着重要的角色，尤其是那些新兴的工业化国家。尽管特纳和他同时代的人普遍被界定为遵循自助建造原则下的建筑师，以及他们最终被世界银行和联合国接纳（Turner, 1969），但这一过程在二十年前即20世纪30年代晚期就已经开始了。在一篇引人注目的历史记载中，理查德·哈里斯（1998, 1999）通过文件记录了雅各布·克兰如何在位于华盛顿特区的住房与家庭资助局的工作，实际上这是"辅助的自助"的开端。事实上是克兰创造了这一术语。第一次大规模的努力是1939年一个对波多黎各庞塞城的联邦投资项目。直到1960年为止，该项目为接近10 000家房屋拥有者自建整合了一个场地和服务的计划。克兰帮助庞塞城实施这一项目，他后来成为美国公共住房协会的助理主任，随后在1947年到1953年间，他在住房与家庭资助局工作，并且成为在世界范围内推动自助式发展的关键人物。

在哈里斯的分析中两个有趣的论点浮现出来，其一是，尽管美国联邦政府没有在自家积极推动自助建房计划，却为波多黎各提供联邦基金支持自助计划；其次是在20世纪50年代，克兰跟随他后来的老板雷蒙德·弗利说服联邦政府推进自助式发展作为海外发展政策的一项主要元素。住房与家庭资助局与其他国家的部门领导和主要负责人一同工作，包括了秘鲁、哥伦比亚、印度、加纳、菲律宾以及其他的很多国家，住房与家庭资助局建议这些国家的政府支持自助建房计划。克兰作为一个经验丰富的技术专家、说客以及推手，最终成功地将他的理念传播到了联合国，并让其以赞助任务的方式传播到发展中国家，来说服它们的政府支持这一理念实施。但是，克兰并没有说服世界银行，因为世行当时更加关注于提供农业及大规模基础设施建设，而没有把住房放

287

在优先考虑的地位。不出下一个二十年，城市和住房供应的问题将牵动世界银行的神经，而那时自助式发展已经是住房供给政策中的中心要素。

第二点值得注意的是，尽管政策专家如查尔斯·艾布拉姆斯和人类学家如威廉·曼金获知了克兰的工作和著作，但他们从来都不承认他在这方面的工作，甚至是波多黎各的项目，即使这些成果于1960年在圣胡安举行的国际会议上被盛赞；对此哈里斯写道："那些窃窃私语和沉默是震耳欲聋的。"（1998：167）更加奇怪的是，即使特纳和其他人也不承认辅助的自助式发展的起源。诚然，在20世纪40年代到50年代所产生的第一轮关于自助式的概念和之后在20世纪60年代产生的第二轮相似的概念之间存在着一条很长的时间裂缝。然而，事实显示，与克兰相联系的关键住房专家如在秘鲁的戴维·维加·克里斯蒂已经在其国家发出重要的支持自助式发展的声音。这也引导了在公共事务部门的秘鲁建筑师名叫爱德华多·内拉，他在秘鲁阿雷基帕有一个棚屋试点项目，并邀请特纳作为项目咨询。因此，这些智慧理念的来源中间有清晰的联系，从克兰开始建立，然后通过美国住房与家庭资助局传到国家住房委员会，还继续延伸到了20世纪六七十年代的研究出版机构，而自助式政策完全被一些国际机构如联合国和世界银行所接纳。一种貌似可信的原因解释了为何这些概念真正的起源从来没有被确认，是因为美国在20世纪四五十年代通过严厉的对外政策联系起这些最初的概念。这可能造成了在秘鲁、哥伦比亚以及拉丁美洲其他推行国家住房策略中对它的抵制。因为在20世纪60年代的美国和西欧，这些国家正在建设大尺度的公共房屋项目以及对城市更新大兴土木——这两项政策后来成为常见智慧的一部分。然而艾布拉姆斯、特纳、曼金　288

和其他人认为，最好的策略是将美国20世纪四五十年代的辅助自助式规划翻开新的一页，从而开始提供更加富有成效的新瓶来装这旧酒。

欠发达国家的自助建房发展作为对快速城市化的回应

20世纪60年代中期，在社会学、社会人类学以及都市主义的富有创造性的学者，已经开始敏锐地写作关于贫民窟的高度功能化和社会支撑结构以及它们对于城市更新的破坏性影响。例如在《伦敦东区的家庭与亲属关系》中，扬格和威尔默特（1957）揭示了东伦敦贝斯纳格林区"贫民窟"清除计划，以及向东大约20英里的埃塞克斯重新安置家庭的城市住宅小区所产生的社会和经济困难。相似的，赫伯特·甘斯著的《城中村》关注在波士顿西端意大利移民社区的丰富文化逐渐被当作贫民窟的一部分而毁坏，让位于建造新住区以及麻省总医院的扩建。简·雅各布斯著的《美国大城市的死与生》非常好地捕捉了这种情感，强烈地挑战着包括贫民窟清除、建筑师的社会工程、文明的工程师，以及城市规划者的正统地位。当设计的缺陷开始发生时雅各布斯的预言很快应验了。对于贫民窟文化多样性的了解的缺失，让城市更新看起来比原来的问题更加糟糕。直到20世纪60年代中期，这样"巨大的规划灾难"（Hall，1982）被广泛地意识到，这导致了对城市规划专业性自身的信任危机（Faber & Seers，1972）。

自助是当时对于忽视城市更新的消极影响，以及对以往规划机械主义失去信心和建筑学正统地位的反馈。结果是，对自助式房屋建造的讨论蓬勃发展，伴随着的是对社区建筑的支持、城市内在恢复、灵活性以及在住房设计中的用户控制。假设规划者、工程师和建筑师都不能为使用者提供可行的解决方案，那么是否使用者自己能够做得更好呢？尤其是在拉美，相关研究已经开始挑战对生机勃勃的"违章建筑住区"和"自发自助式定居点"的普遍刻板印象，它们构成了新的低收入居住市场的大部分。

直到20世纪70年代早期，有效的证据大量出现，主要来自英国和美国的建筑师和社会学家，证明贫民窟是对于贫困的合理反应（Portes，1972）。另外，贫民窟的居民并非是政治上不谙世事的人，他们不会接受操纵和欺骗。他们事实上很难和城市及市政当局作出妥协（Leeds，1972）。不同的邻里方式孕育出不同的认知以及丰富的政治参与。自助式定居点曾经是社会学习和政治动员的重大考验（Cornelius，1975）。正如奥斯卡·刘易斯建议的，他们并没有陷入一种"贫困文化"中。他们假定的社会边缘很大程度上是个神话，贫困是结构性的，它生来如此，并非是文化落后或者因为沉浸于传统的价值中（Perlman，1976）。

另外一个重要的转折点在于一份学术文章在1967年发表，人类学家威廉·曼金出版了拉丁美洲调研回顾，以及撰写了题为"拉丁美洲的违章定居点：一个问题和答案"一文。此文揭示了许多对不规则定居点的刻板印象，它们显示了新的机会，这些定居点经过十五年到二十五年通过自助、互助、国家干预措施而得以升级。

特纳将拥护自助式设计扎根在这种房地产整合上，特纳（1967，1968a，1969）和查尔斯·艾布拉姆斯（1964，1966）争论道，自助式设计乃是城市贫困者对于政府和正常房屋市场都不能提供他们可负担以及大规模房子的一种合理反应，他们的研究和政策倡导证明，一旦穷人拥有了土地，无论是违建或者一些非正常途径获取的，人们都会以几种方式来组织或整合社区：给街道分级以更好地连接交通；非正式地接入电网偷电给家里；迫使当地掌权者提供基本的服务设施（如装水卡

289

车）；等等。一些区域并没有成功地整合居住房屋，例如住房建在陡坡上、在沟壑中，抑或在一些与拥有者存在争议的入侵用地上——但大体上，一旦房屋建起来以及整合好，这些社区都表现出一种"有效的建筑样子"（Turner, 1968b）。取决于当地权威人士是否支持，这些区域逐渐被包含进入正式的城市结构中。不但服务被引入，而且街道也有铺装，土地的性质也转换为事实上私人拥有。无论是垂直还是竖直方向的二三层住屋都被改进和扩大了（图11.1）。

290

艾布拉姆斯、特纳和其他学者认为，这种方式的住房供给比起那种只是服务于少数家庭的社会住房项目要好得多。他们建议政府需要治理这种"人力资本"和主动的自发建造行为。政府也被建议提供技术协助以及可以承受的建造物料；他们需要依次建设一些基本的服务设施，从电力和用水开始，紧跟着就是排水系统以及街道铺装；而最终他们需要将土地性质"正式化"以减少不安全因素。特纳（1976）建议去投资被他称为"元素"的住区——线性要素多于完全完成的居住单元。那样的房子是这些人不能为他们自己提供的，例如干净水和次生水以及排水管网，土地性质的正常化，电力及街道照明等。他认为大多数房屋的其他方面整合最好应该由居民自己来做，考虑到他们的不同需求、优先级别和能力投资房屋建设和改进项目。

在《为人的住房：面对建筑环境的自治》（1976）一书中，特纳避开了他所谓相关而异名的住房生产体系，它通常是中央计划的、分级的、大规模的和呆板的设计，那种利用放之四海而皆准的结构，让居民没有机会重新设计内部空间。他更加偏爱"自治的系统"，它可以更加有效和平衡以及能够调动组织起更多资源。他区分定义了所谓"自助式的棚屋"和"压迫性的住房"，他认为自己建造更容易获得有效的居住环境,因为这样可以用低价格去生产各种产品。最重要的是,这种方式给了人们日常生活中更大的自治权,即使有时他们去参加超级地方组织。尽管他们有时候扮演着"无政府主义的建筑师",科林·沃德和约翰·特纳的评价仍旧是充满力量和让人钦佩的。

自助建房如何成为正统

自20世纪60年代中期开始,自助建房的正面反响,以及支持升级非正式定居点被纳入各种计划中,例如"场地与服务"计划,这些定居点以及基本服务设施设置在很多场地中,这样人们就可以建立他们的家园。在非洲热带地区,暴雨需要房子有安全的屋顶,自助倡导者建议服务场地提供一个安全的、斜面的屋顶,由四个角柱支撑。这将允许自建者设计以及建造他们居所的余下部分。越来越多的大众察觉到自助式发展本质性的优势,例如自主的、更加灵活、"使用者最了解情况",以及对于本地人的同情和本土传统的尊重,这些优点同时揭露了常规式的规划实践很快失去了合法性。

同样重要的是,在20世纪70年代初一些双边和多边机构,如美国国际开发署和世界银行开始注意到自助房屋建设。艾布拉姆斯曾经在美国国际开发署出任技术顾问。在罗伯特·麦克纳马拉掌舵世界银行期间出现了对城市化新的关注,世行采取了务实的方法安置城市贫困者的住房,他们的人口数量在发展中国家的一些城市占据一半甚至以上。因此,辅助的自助发展模式的概念吸引了世界银行(1972)。在1976年联合国也将这个方法带到在加拿大温哥华举行的第一次联合国环境会议中。世界银行的支持将自助式发展作为一种有效的发展理念而合法化。

291

292

(a)

(b)

293

图11.1：墨西哥城的法贝拉，1973年和现状。(a)和(b)是1973年面向环形公路的视角。作者租住的房子是远处房屋三楼的一个房间。(b)2007年作者在房子前的留影。(c)作者的房主在1973年自建的房屋。(彼得·沃德摄)

294

对自助建房发展的批评

特纳的观点并非没有批评。大量的声音(Harms，1976；Burgess，1982；Ward，1982)开始表明，特纳的哲学忽视真正的选择——居民的自治和自由建造——实际上有利于结构性的约束，亦即贫困和缺乏有效的选择。批评者认为，特纳掩盖了一些高社会成本条件下生活和高度不安全情况下抚养家庭的情况，以及没有足够的服务和在贫穷、危险的环境中生活的状况。

规划者们有时也拒绝特纳的想法。例如在20世纪70年代末，奥托·柯尼希伯格作为伦敦城市发展规划协会的领导者和我在一个公开的研讨会上争论起来，当时我主张更多的公众参与，因为我几乎没有看到在墨西哥城初期规划中有这样的过程。他认为我完全搞错了，"因为在墨西哥和其他的地方有如此多的定居点是自助自发建设的，这就是这些人所参与的项目，而规划师是被排除在外的"。柯尼希伯格如是说。相似的，如果减少对抗性的脉络，巴罗斯（1990）描述了非正式和自助提供住房的相反要求。居民区的正统规划始于总体规划和审批（P），接下来主要是提供基础设施，其次是服务一环接一环的建筑工地（S），之后是实际建筑（B），最后住区形成（P-I-S-B）。相比之下，自助住房遵循的是相反的顺序：人们首先占领土地和相关服务，然后对可追溯的基础设施扩张进行谈判，最终这些建设被纳入城市总体规划（即B-S-I-P）。

对自发式住房建设最尖锐的批评来自伯吉斯（1982，1985）。作为一个坚定的马克思主义者，伯吉斯系统地分析了特纳的思想，以及剖析了自助建造过分关注建设住房的"使用价值"而非"交换价值"。他认为，在另外一个领域，非正式居民区没有在资本主义和市场关系之外的功能。政策在非正式过程的干预只能促进上层资本回路的渗透，在这里资本主义蓬勃发展，进入更低层次非正式的回路以及小型资本主义。伯吉斯也认为，政府支持自助导致穷人的合作，将他们的需求引导到更有利于政府管制的地步。对于伯吉斯而言，自助的机制促使劳动力再生产成本的下降主要在两个方面：首先，通过抑制更高的工资需求，它为雇主生成额外的利润；其次通过降低住房成本，降低了社会再生产劳动力的成本。从本质上说，自助式住房并没有挑战资本主义，反而帮助它茁壮成长。

伯吉斯的论点有相当大的真实性，而特纳试图用一个更微妙的方式回应这一观点（Turner, 1982）。在这个过程中，特纳和伯吉斯都在文献上作出了重要贡献，但这一事实并没有质疑到他们自己最初的意识形态，从而模糊了他们的分析。伯吉斯戴着他的马克思主义袖套，因而忽视了那些表明自助政策并不总是促进剥削工人阶级的证据。相似的，特纳的无政府主义和人文主义热情浪漫的自主权释放了他建造自由的观念。当时实际需要对特纳所倡导的自助和住房政策作一个基本修正，一旦修正完成，特纳可能应该更改他的主张，而不是过度延伸他个人的思想，如在《为人的住房》中所表达的。尽管特纳在《自助建房：一个批判》（见 Ward, 1982）中只有相对温和的贡献，但那时精灵已经从瓶子里倒出来，而自助住房已经成为主流思维的一部分。

在 20 世纪 70 年代末，我自己的研究试图解释个体定居点占据住房整合过程中的多样性。有些住宅整合比较谨慎，而另外一些则整合得快速而激烈，有些甚至已经有两到三层楼高，虽然有些没有完全合并。我的调查显示，这些家庭的收入盈余，即支付生活以及房租费用后剩下的现金，是影响整合水平高低最重要的单一因素（Ward, 1982）。房地产整合需要盈余收入的结论并不让人感到意外，但这项研究真正提出关于"自治"的问题，以及它如何影响自助住房率，并呼吁重新评估什么真正影响了对自助住房的预期。两个因素似乎可能会降低成功自助建造的水平。第一，收入下降和可支配业余时间的减少，意味着更少的现金和更少的人力资产用于投资；第二，建筑材料的实际成本大幅攀升，尤其在 1973 年石油涨价后对住房整合造成负面影响。

297

298　(a)

(b)

图11.2:"湿核心"(场地和服务)以及自助式需求,阿根廷内乌肯,
2003。(a)混凝土平板和单独的厕所/浴室、电力供应和仪表。(b)在占用
几年后显示自助式住房源于原始核心扩展。(彼得·沃德摄)

这使得问题更加变成关于场地和服务以及"湿核心单元(wet core-
unit)"计划的推行(图11.2),并迅速成为新兴国家资助自助建造居民区
的典范方案(世界银行,1972)。[3]在现实中,这些都是高度补贴住房项
目,需要更大的初始以及后续的投资,相比于非正式定居点享有更大的
灵活性,因为它们不需要定期摊销支付给建造行为。此外,正如伯吉斯
已经正确预测到的,非正式自助的合法化过程创造了额外的成本,减缓

---

3 "湿核心"提供了一个平板和一个基本的服务单元,通常是一个浴室/洗手间围合,这样家
 庭可以构建和扩展作为居住用房。它确保了稳定基础和最低水平的基础设施,如图11.2a
 和b所示。

自助建造的整合。因此，正式的政策必须调整通过调整土地销售中的十分之一或五分之一来给收入相对富裕的工人阶级，或通过减少场地和服务项目的质量，降低地块的大小和提供更少服务来控制成本。

新自由主义和自助

20世纪80年代债务危机和财政紧缩的后续政策，创建了一个新的结构调整，私有化政策为自助观念的蓬勃发展创造了一个新的政治环境。另外，同时许多拉美国家自发的民主化进程，为彻底重塑自助式房屋作为有利于增强公民参与的观念创造了一个新的政治环境。双边和多边机构利用自助理念传播的一系列举措，如新的城市治理、良好的政府治理，以及需求主导的投资，呼吁社会减少支出以及放松管制商业活动，并鼓励穷人办私人企业。

这些变化有显著的影响。随着经济增长放缓和贫困增加，社会迫使穷人更多地依赖家庭的生存策略。与此同时，良好的政府治理政策（在前一章中曾详细讨论），迫使服务提供的财务可行性和成本回收，这增加了穷人的消费成本，并进一步降低其可支配的收入水平。作为结论，曾经被吹捧为"贫困的资源"——如自助建房、家庭整合、共享空间、互惠、多种收入策略等——再也不能蓬勃发展。事实上，到20世纪90年代中期，一种新型的贫困——更根深蒂固同时广泛分布——已经浮出水面，这让研究人员重新考虑穷人是在享受"贫困的资源"，抑或在遭受"贫困的资源"带来的痛苦（Gonzalez de la Rocha，2001）。

最近，公共政策从贫民窟改造和场地服务项目，转向为竞争城市提供更好的房地产市场。这必须消除对土地和住房供给的阻碍，加快那种"云里雾里"的（指土地属性不明确）土地所有权的正规化，以此来鼓励法律上（完整的）所有权,并为基础设施提供市场价格。同样,过去的十年见证了政府通过私人资本促进低收入保障性住房生产,在墨西哥,这种政策已经创造了大量的在城郊地区的住宅,但能担负这种生活成本的只有中等收入群体。显然,存在一个这样的住房市场,以及一些家庭已经成为专业的自助建造者,现在选择这种住房类型。然而,这些房屋的千篇一律的设计为灵活性、适应性提供最小的变化和空间。在某种程度上,这似乎又返回到拉丁美洲社会利益住房项目的20世纪60年代,或者美国的莱维敦以及西欧的市政和地方政府提供的大型房地产项目。未来的研究将需要确定如此大规模发展的可行性,但似乎自助（自己动手）活动在这样的物质环境中有非常大的局限性。

自助建房的未来

在拉丁美洲,很多自助建造的居民区逐渐合并统一,经常形成包围着增长中的大城市的环状形式。不像美国和欧洲的城市之间存在最小流动性围绕在最初物权所有人中间,80%的人仍然生活在相同的地方,他们在20世纪60年代和70年代正是这样要求的。此外,多年来这些地方上的邻里们经历了土地使用和占有的重大变化,在地人口稠化,紧接着住宅再次划分给之前出租房拥有者,以及自建房者现在的成年子女居住。这造成了强烈的物质的崩塌。这些过程需要经验的实证研究和严格的分析,同时需要非常规思考新政策,以协助原地住房的重建和重新设计。满足现代用户需求和期望是必要的,同时在家庭和社会两个层面翻新和改造基础设施。然而,这是一个自助建房政策在很大程度上被忽视的问题,因为政策制定者通常假设这些住区已经成功整合,所以这些定居点不再需要持续干预。这几乎可以肯定是一个错误的假设:现有的

300

313

这些领域，我们称之为"第一郊区"（innerburbs），表现出对新的和创造性的自助和自我治理的解决方案非常现实和紧迫的需求，因此我们开始考虑对这些老旧的自助居民点采取新一代的住房政策。[4]

美国的自助建房：墨西哥裔美国人住区及非正式住宅用地细分

处于美国和墨西哥边境的分布广泛的墨西哥裔美国人住区，以及越来越多地出现在美国都市中心的"非正式住宅用地细分"的城郊地区，就是类似于在拉丁美洲出现的自助住房的过程。相对很少有人意识到这种程度的非正式住宅生产在美国扩展开来（Mukhija & Monkonnen，2006）。1991年，有35万低收入居民住在得克萨斯州边界的这类住区，那里的住房条件被描述为"第三世界"（Davies & Holz，1992）（图11.3）。到20世纪90年代末，数字已经增长到了近100万（得克萨斯州司法部长办公室，1996；Ward，1999）。类似的低收入非合法组织社团的土地细分，在边境地区现在也开始被关注（图11.4和图11.5）。初步估计，在全国范围内多达300万到400万人可能生活在这些定居点（Ward & Peters，2007）。而墨西哥裔美国人住区和非正式的土地划分在很多方面都不同，它们都服务于那些自己拥有自住房屋但收入低于最低必要生活标准，因而请求通过正式住房融资系统来获取住房的低收入家庭。

在墨西哥裔美国人住区，许多不同大小的土地从四分之一英亩到一英亩，被开发商出售而没有提供其他服务，通常只是安排一个契约了事。在这些土地上，许多居民构建或制造房屋。这种住房系统沿着

4 这些拉丁美洲的第一郊区是11个拉丁美洲城市的合作研究人员多站点合作的关注核心，得克萨斯州立大学的研究团队致力于一个共同的伞状方法论研究。更多细节，参见www.lahn.utexas.org。

边界蓬勃发展，是由于低收入移民和墨西哥裔美国人已经习惯了一套他们从墨西哥学会的自助住房传统，但也可以在得克萨斯州作为一个负担得起的房屋所有权之路使用。这些墨西哥裔美国人住区的平均家庭收入是每月600到1000美元（Ward, Guisti & de Souza Guisti, 2004：39）。这些主要是指墨西哥和墨西哥血统的家庭，而居民往往是美国公民或合法居民。他们构成了新的工薪贫困人群，通常就职于隔壁一个城市的建造业、服务和食品加工行业。这个人群的贫困水平很高，因此房屋建筑在这些区域通常是很简陋的。自20世纪90年代初以来，联邦和州议员试图规范化这一发展趋势。他们试图为房屋购买者提供更高的安全性，扩展该区域的基础设施，并提供补助金给他们。大多数这些政策是为经济贫困地区或者所谓墨西哥裔美国人住区周边150英里内地区边界所制定的（Ward, 1999）。

图11.3：得克萨斯州墨西哥裔美国人典型营地的基础拓展。（彼得·沃德摄）

302

(a)

(b)

图11.4：模块化房屋在麦克的墨西哥裔美国人住区，里奥格兰德城外，得克萨斯州斯塔尔县。(a)低成本和"模块化"的住房和扩展。注意，丙烷储存缸和被篱笆围合的土地都是典型的。(b)模块化房屋带有明显的自助房屋外部（砖墙和院子里）的证据。虽然不可见，但在内部同样使用板岩和装饰安装，以及其他自己动手改造活动是常见的。(彼得·沃德摄)

303

图 11.5：非正式的住宅用地细分鸟瞰图（IFHS），得克萨斯州巴斯特洛普县，奥斯丁 15 英里外。（彼得·沃德摄）

无论是拉丁美洲还是这里，贫困家庭都依靠自助活动获得安全的服务：排水是连接到街道网络，水星灯的安装和维护是为了提供街道晚上安全照明。一些非政府组织促进合作小组努力在边境地区建造房屋。其中，得克萨斯州的阿兹台克项目接受联邦和房利美的支持，可能是最著名的案例。许多住宅房屋是人工制造的，虽然自助建造和自助式住房在这些定居点依旧很重要，但同时也需要更新住房建设过程中的自我治理模式。

304

许多相同的自助式住房已经在拉丁美洲被证明是有用的，并正在复制到美国的低收入家庭。非正式性、灵活性和一些自由法规使房屋所有权更加具有可行性和能负担得起，这些属性还允许资产在拉丁美洲和美国形成。研究表明，这些非正式家园的土地划分和殖民地成为低工资劳动力市场在城市中心的一部分，如得克萨斯州拉雷多和奥斯丁、亚利桑那州图森、新墨西哥州圣达菲、北卡罗来纳州格林斯博罗和田纳西州诺克斯维尔等（Ward & Peters，2007）。

随着自建的意识在美国日渐增加，政策制定者在这里可以通过导入一些见解和来自拉丁美洲的最佳实践进行学习。然而却很少会出现这种情况。第一步是承认自助式建造存在于我们自己的后院（Ward，2004）。正如特纳已经中和了中产阶级城市规划者屈尊俯就的态度，以及公共官员对不规则定居点在拉丁美洲的看法，一旦听到对于现在在得克萨斯州和美国其他部分的墨西哥裔美国人住区人口的评论就有一种似曾相识的感觉。对墨西哥非法移民或失业"福利"来说，它们被视为家庭住房。结果是，20世纪90年代的政策干预有两个目标。第一次是禁止墨西哥裔美国人住区进一步发展，第二个是提供基础设施给已经作为定居点的地区，进而改善健康和卫生条件（Ward，1999）。然而，问题是规划理念通常是基于已有的工程规范和标准。现在很少或已经完全没有兴趣降低标准，或者在朝着一些学者称之为"进步合规"的方向，即贫困社区逐渐向符合规范和标准迈进（Larson，2002）。在未来，如果这些区域要升级改造，那么更大的公众增值对于非正式居住土地划分和那些生活在这些地区的人将是很重要的。下意识的反应和制裁规范，以及禁止墨西哥裔美国人住区和非正式的居住土地划分可能会适得其反，正如他们在拉丁美洲遇到的状况。

因此有些矛盾的是，当美国研究人员在拉丁美洲进行有效的自助住房研究并促进这一创新的规划理念出口到其他地方时，美国的政策制定者们一直不愿运用这些见解来解决国内问题。这样的态度可能是源自20世纪40年代克兰和其他学者一道推广自助住房到波多黎各和其他地方，但是现在这种方法的优势已经在世界范围内被广泛了解，因此事实上,它是被美国的政策制定者主观忽略的理念。

<h2 style="text-align:center">结　论</h2>

自助建房不仅实践在"远处",即那些不太发达的国家,也应该成为一个应对低收入家庭渴望参与到"美国梦"去的合理手段。现如今有很多我们可以从拉丁美洲借鉴和学习来的经验,从而通过横向思考政策和自助活动来造福北美洲的穷苦大众。对于政策制定者一样的学者来说,它理应值得我们学习借鉴,而不是重新发明一个新事物。显然,有必要对其他人的经验持开放的态度。开发各种政策的解决方案是非常必要的,其中包括自助式建屋,以满足美国特定群体的需要。

回顾自助建房策略作为一个规划理念的出现过程,我已经考察了如何以及为什么这个理念从语料库的研究和思考中生发出来,更重要的是,这些理念在日后是如何受到支配性范式重塑的。理解这种主导范式之间的联系是至关重要的,不仅仅因为它塑造了我们进行研究、提出问题和使用方法的方式,还因为它揭示了研究人员使用方法上的假设和信仰基础,即使并不是所有的可能都是有用的。同时,我们必须考虑怎样生成结果和制定政策立场才可能会获得投资以及在决策环境中被采纳。这并不意味着研究人员应该投机取巧,从而设置他们所做的测试研究来附和时代的主流话语和正统观念;恰恰相反,有用的研究必须测试和挑战正统的思想以挣脱思维的束缚,即使意识到至少在短期内这些想法可能很难获得接受。在许多方面,这是约翰·特纳和其他学者所做的贡献,把我们的关注点转向现实中的自助住房问题,同时邀请决策者重新思考他们的老套观点和错误政策。通过识别这些理念是如何蓬勃发展和消失在特定社会结构和时代的主流范式中,我们可能

更容易接受一个理念随着时间的增长而不断地发展和变化，有时甚至

306 是180度的变化——这正是本章所希望传达的信息。

参考文献

Abrams, C. 1964. *Housing in the Modern World: Man's Struggle for Shelter in an Urbanizing World*. Cambridge, MA: MIT Press.

Abrams, C. 1966. *Squatter Settlements, the Problem and the Opportunity*. Washington, DC: Department of Housing and Urban Development.

Baross, P. 1990. Sequencing Land Development: The Price Implication of Legal and Illegal Settlement Growth. In *The Transformation of Land Supply Systems in Third World Cities*, ed. Paul Baross and Jan van der Linden, 57–82. Aldershot, UK: Avebury.

Burgess, Rod. 1982. Self-Help Housing Advocacy: A Curious Form of Radicalism. A Critique of the Work of John F.C. Turner. In Ward, *Self-Help Housing*, 55–97.

Burgess, Rod. 1985. The Limits to State-Aided Self-Help Housing Programmes. *Development and Change* 16:271–312.

Burnham, R. 1998. *Housing Ourselves: Creating Affordable, Sustainable Shelter*. New York: McGraw-Hill.

Cornelius, Wayne. 1975. *Politics and Migrant Poor in Mexico City*. Stanford, CA: Stanford University Press.

Davies, C. S., and R. Holz. 1992. Settlement Evolution of the "*Colonias*" along the US-Mexico Border: The Case of the Lower Rio Grande Valley of Texas. *Habitat International* 16 (4): 119–142.

Faber, M., and D. Seers, eds. 1972. *The Crisis in Planning*. London: Chatto and Windus.

Gans, H. 1962. *The Urban Villagers: Group and Class in the Life of Italian-Americans*. New York: Free Press of Glencoe.

González de la Rocha, Mercedes. 2001. From the Resources of Poverty to the Poverty of Resources? The Erosion of a Survival Model. *Latin American Perspectives* 28 (4): 72–100.

Hall, Peter. 1982. *Great Planning Disasters*. Berkeley: University of California Press.

Harms, H. 1976. Limitations of Self-Help. *Architectural Design*, 46.

Harms, H. 1982. Historical Perspectives on the Practice and Politics of Self-Help Housing. In Ward, *Self-Help Housing*, 17–53.

Hardy, D., and Colin Ward. 1984. *Arcadia for All: The Legacy of a Makeshift*

Landscape. London: Mansell.　307

Harris, Richard. 1998. The Silence of the Experts: "Aided Self-Help Housing," 1939–1954. *Habitat International* 22 (2): 165–189.

Harris, Richard. 1999. Slipping through the Cracks: The Origins of Aided Self-Help Housing 1918–1953. *Housing Studies* 14 (3): 281–309.

Harris, Richard. 2001. Irregular Settlement and Government Policy in North America and the Twentieth Century. In *Memoria of a Research Workshop "Irregular Settlement and Self-Help Housing in the United States,"* 13–16, Cambridge, MA, Lincoln Institute of Land Policy, September 21–22.

Home, Robert. 2001. Negotiating Security of Tenure for Peri-Urban Settlement: Traveller Gypsies and the Planning System in the United Kingdom. In *Memoria of a Research Workshop "Irregular Settlement and Self-Help Housing in the United States,"* 1718 Cambridge, MA, Lincoln Institute of Land Policy, September 21–22.

Jacobs, Jane. 1961. *The Death and Life of Great American Cities*. New York: Vintage Press.

Larson, J. 2002. Informality, Illegality and Inequality. *Yale Law & Policy Review* 20:137–182.

Leeds, Elizabeth. 1972. Forms of Squatment Political Organization: The Politics of Control in Brazil. Master's thesis, University of Texas.

Mangin, William. 1967. The Latin American Squatter Settlements: A Problem and a Solution. *Latin American Research Review* 2 (3): 65–98.

Mukhija, V., and P. Monkonnen. 2006. Federal Colonias Policy in California: Too Broad and Too Narrow. *Housing Policy Debate* 17 (4):755–780.

Office of the Attorney general of Texas. 1996. *Forgotten Americans: Life in the Texas Colonias*. Austin, TX. Office of the Attorney General.

Peattie, Lisa. 1968. *The View from the Barrio*. Ann Arbor: University of Michigan Press.

Peattie, Lisa. 1987. *Planning: Rethinking Ciudad Guayana*. Ann Arbor: University of Michigan.

Perlman, Janice E. 1976. *The Myth of Marginality: Urban Poverty and Politics in Rio de Janeiro*. Berkeley: University of California Press.

Portes, Alejandro. 1972. Rationality in the Slums: An Essay in Interpretive Sociology. *Comparative Studies in Society and History* 14 (3).

Rojas Williams, Susana M. 2005. "'Young Town' Growing Up—Four Decades Later: Self-help Housing and Upgrading Lessons from a Squatter Neighborhood in Lima." MCP and SMArchS thesis, Massachusetts Institute of Technology.

Schulist, T., and R. Harris. 2002. "Build Your Own Home": State-Assisted Self-Help Housing in Canada, 1942–1975. *Planning Perspectives* 17 (4): 345–372.　308

Turner, J. F. C. 1969. Uncontrolled Urban Settlements: Problems and Solutions.

In *The City in Newly Developed Countries*, ed. G. Breese, 507–534. Englewood Cliffs, NJ: Prentice Hall.

Turner, J. F. C. 1967. Barriers and Channels for Housing Development in Modernizing Countries. *Journal of the American Institute of Planners* 33 (3): 167–180.

Turner, J. F. C. 1968a. Housing Priorities, Settlement Patterns and Urban Development in Modernizing Countries. *Journal of the American Institute of Planners* 34:354–363.

Turner, J. F. C. 1968b. The Squatter Settlement: Architecture That Works. *Architectural Design* 38:355–360.

Turner, J. F. C. 1976. *Housing by People: Towards Autonomy in Building Environments*. London: Marion Boyars.

Turner, J. F. C., 1982. Issues in Self-Help and Self-Managed Housing. In *Self-Help Housing: A Critique*, ed. Peter M. Ward, 99–114. London: Mansell.

Turner, J. F. C., and R. Fichter, eds. 1972. *Freedom to Build: Dweller Control of the Housing Process*. New York: Macmillan.

Ward, Peter M., ed. 1982. *Self-Help Housing: A Critique*. London: Mansell.

Ward, Peter M., ed. 1999. *Colonias and Public Policy in Texas and Mexico: Urbanization by Stealth*. Austin: University of Texas Press.

Ward, Peter M., ed. 2004 Informality of Housing Production at the Urban-Rural Interface: The Not-so-Strange Case of Colonias in the US—Texas, the Border and Beyond. In *Urban Informality*, ed. Ananya Roy and Nezar AlSayyad, 243–270. Berkeley: University of California, Center for Middle Eastern Studies.

Ward, Peter M. 2005. The Lack of "Cursive Thinking" with Social theory and Public Policy: Four Decades of Marginality and Rationality in the So-Called "Slum." In *Rethinking Development in Latin America*, ed. Bryan Roberts and Charles Wood, 271–296. Philadelphia: Pennsylvania State University Press.

Ward, Peter, C. Guisti, and F. de Souza. 2004. Colonia Land and Housing Market Performance and the Impact of Lot Title Regularization in Texas. *Urban Studies* 41 (13): 2621–2646.

Ward, Peter, and Paul Peters. 2007. Self-Help Housing and Informal Homesteading in Peri-Urban America: Settlement Identification Using Digital Imagery and GIS. *Habitat International* 31 (2):141–164.

Ward, Peter, and Esther Sullivan. 2010. Sustainable Housing Design and Technology Adoption in *Colonias*, Informal Homestead Subdivisions, and the "Inner-burbs." www.lahn.utexas.org.

World Bank. 1972. *Urbanization (Sector Policy Paper)*. Washington, DC: World Bank.

Young, M., and P. Willmott. 1957. *Family and Kinship in East London*. London: Routledge and Kegan Paul.

第四篇

专业性反思的理念

第十二章
反思性实践

拉斐尔·费什勒

　　人之所处,境之所在。倘若一人所处环境为熟悉之境,则鲜有学习过程发生。倘若一人所处环境为困苦之境,则会倾其所能以向周边他人求教。在学习过程中产生的实际回馈会被重新组织在此个体内部。这样一来,学习便产生了成果……

　　但进一步讲,一个人的各个举动常处在互相关联之中,这包括思想、感受、刺激、行动,等等。我们从来都不会只去学习某个事物本身,而是在学习的同时也在形成自己的看法、习惯、见解,以及其他一些相关思维活动。

作为教育学教授及约翰·杜威的门生,威廉·赫德·基尔帕特里克高屋建瓴地概括了大多数人关于反思性实践的所思所想。[1] 早在20世纪最初的几十年间，就已经有人提出了反思性实践的类似观点，但是反思性实践的理念被确立起来是很新的事情；其实它在20世纪80年代的各类学术文献中才被首次提出。在城市规划领域，这个观点的出现和传播主要和一个人的事业有关。那么这个人是如何建立这套反思性实践的理论的呢？他的思想又源于何处呢？他在建立这个理论之后又在城市规划领域有何建树呢？这些问题是我（指本文作者）要在这个章节中所着重探讨的。从特定意义上讲，我正在探索一个充满悖论的领域：反思性实践的理念在规划学的学院派和实践派那里已经是如雷贯耳了，但这个理念似乎并未得到广泛的研究；说到底，这个理念既是一个流行概念同时又是个很边缘的概念。[2]

反思性实践及其历史沿革

从专业的意义上讲，反思性实践所采取的形式是将从业者本人的经历进行仔细的考量，并交由其他人去仔细评测。即使从业者对于自身的使命有充分的认识，但不可否认的是，在对其思想行为进行挑战性考量之后，在他们的实践方法上，也是可以观察出一些主观偏差和思维限制的。这种对于行为和思维的考量可以用于提高一个人的效率，但更经常出现的是，事实情况骤然表明以往的处理办法在新问题下并不

313

---

1 我感谢约翰·福里斯特，对于他在早期草稿中为这个章节给出的关键和有用的反馈意见，特别对于舍恩的研究工作与当代社会学和政治学著作之间联系的尊重。我同样深深感谢托尼·盖耶、朗格里·凯耶斯、乔纳森·里奇蒙德、克里斯蒂娜·罗珊、比希瓦普利亚·桑亚尔、玛丽·施密特、劳伦斯·韦尔和德弗拉·亚诺给这篇文章分享的评论，他们对反思性实践的想法，以及他们给出的一些未经出版的文稿。最后，我要感谢斯科特·菲什曼博士和迈克尔·莫斯科维茨博士，是他们使反思性实践的理念具体化。

2 我曾在麻省理工学习，是唐纳德·舍恩的学生，并在他的指导下完成了硕士论文，对这段经历作了描述。(Fischler, 1998)

奏效了（Yanow & Tsoukas，2007）。从一般意义上说，反思性实践就是学而时习之，边学边做，边做边学；它的最好结果是探索一个从业者的知识结构和他在里面扮演的角色。习惯了反思性思维的从业者，会始终对他们自己的从业经历做出分析，从而提高他们的能力。通过对具体行动的原因、方法、结果的不断求索，这些从业者的专业素养才得到了源源不断的改良。

　　如果我们想要去了解这些从业者是怎样从他们的行动中去学习，以及他们是如何挑战他们自己的既定成规的，那我们就必须去仔细探究他们是怎样在实践中操作的。其次，我们还需要去观察，他们在与客户或主管方的互动中，是怎样重新评估一些约定俗成的思想从而解决新出现的情况。但是，像这样对职业规划师的思想进行详细的考量在实际操作中是很难达到的。在20世纪的大部分时间里，关于微观动态作用（Microdynamics）出现的历史文献基本上无从找起，涉及这些从业者所行所为的第一手访谈和叙述记录更是寥寥无几。涉及这方面的实录、个人讲述和访谈只是在20世纪80年代曾系统地出版过。

　　毋庸置疑，对于城市规划实践的个人化考量在20世纪30年代才开始出现，当时正值老一辈的城市规划学先驱们行将退席之际（Bassett，1939）。大多以个人传记形式出现的文本，虽然涵盖了这些从业者在公共领域的专业实践活动，但并未记录下他们在日常工作生活中多样的方法和思路上的点点滴滴。[3] 20世纪50年代和60年代，城市规划的社会学方面的研究确实探究了规划活动的具体步骤——事实上，规

3　弗雷德里克·豪所著的《忏悔录》对于人类从经验中学习的过程给出了一个很有趣的图景，而且"反向学习（将已经学习的东西打破）有时伴随着快乐，有时伴随着痛苦"（Howe，1925：317），这是他在他自己早年就学到的。

划的具体步骤是他们的关注点——但是，他们这样做的重点在于社会化互动和公共政策制定，而不是个人的行为和认识能力（Meyerson & Banfield，1955；Altshuler，1965）。在处理纷繁复杂的市政政治方面，活跃于20世纪70年代的一些规划师的回忆录着重呈现了政治机敏和道德准则的重要性，这里的一些例子包括艾伦·雅各布斯所著的《制定城市规划》(1980)，诺曼·克鲁姆霍尔兹及约翰·福里斯特所著的《制定公平的规划》(1990)。但一直到80年代才有规划学者们开始记录一些从业者的人生历程和人生反思。在这一阶段，有相当数量的出版物完整展现了这些规划师是怎样处理复杂的环境和突变状况的，以及他们是如何对他们自己的先验假设提出质疑的（Baum，1983；Hoch，1994；Forester，1999）。

314

再说得直白一些，在20世纪前四分之三的时间里规划师们是如何在日常工作中进行规划的，关于这点，我们没法获得任何材料去了解。现在我们可以了解到的是，一些创新型的规划师在过去的几十年间取得了很大的成功，基于此我们可以大体判定，这些规划师所依据的就是反思性实践。实际上，一些设计师的档案记述了这些设计师是如何在面对客户的特定要求时利用此观点出奇制胜的。此外，近年来一些重要会议的记录也呈现了这些规划师是怎样处理来自公众和同行批评的。但这些专业人员如果按照今天的看法，大部分并不会被当作所谓的"反思的实践者"。即使早期的城市规划者们曾用实践和创新开创了新行业的一番气象，但是说到如何代表公众权益，他们还是更倾向于站在权威的立场上而非人道的立场上。其实在某种意义上，这些早期规划者所营造出来的专家形象，是和后来的反思的实践者们所秉持的角色背道而驰的（Hancock，1967；Moskowitz，2004）。科技城市运动的兴起和跟进的学院教育，不断促进着人们去用一种科技进步的思路来看待城市规划的具体实践（Ford, 1913；纽约及其郊区的区域规划，［1929］1974）。这些技术化的特点明显和20世纪80年代所确立的反思性实践的理念形成了两不相融之势。从而，现在可以将我们的任务落实在讲述反思性实践的理念和理想形式是如何从现代专业主义的批判中逐步形成的。

在规划学的各个专业领域，唐纳德·舍恩就是把反思性实践的理念带入城市规划历史进程中的那个人。通过在咨询领域、政府公关、学术研究各个层面的业务扩展，舍恩研发出了一套强大的分析方法，这个方法可以应用于新产品产生、新政策出台、新计划确立，还可以用于评价这个理念对专业界的意义，以及一个人如何以个人和集体的方式去学习。形象化重现反思性实践在20世纪出现的历程是不太可能了，但我们可以借助"第二好"的材料——舍恩的手稿——来探寻反思性实践作为一个重要规划理念的产生和发展。

315

反思性实践的核心观点

为了简便，可以说唐纳德·舍恩将约翰·杜威所说的教育置换成了规划专业实践。对于杜威来说，所有的"学习［发生］都要通过个人经验"（Dewey,［1938］1997：21）。更确切地说，学习过程是由"用智力的锻炼来困难克服"所驱使的（出处同上：79）。学习发生在一个人面临不熟悉的情况之下。在这种情况下，"我们不能分辨观察中的条件的后果将会是什么，除非我们在我们的脑海里回顾过去的经历，除非我们反思它们，通过看到过去它们中哪些是与现在相似的，从而去形成一个判断，在现在的情况下将会发生什么"（出处同上：68）。在教室里教育培养的东西是有计划的，而在规划领域内的职业生涯却是毫无计划可言的：面对持有令人费解问题的人群，是测试他们的观察并作出决定的能力的；这将他们置于该情况之内，强迫他们在某些时候完全停下去思考。在这种时候，学习型专业人才可能会反思他们的经验；也就是说，他们可能"回头去看什么是已经完成了的，并从中提取纯粹的含义，这是用来处理进一步经验的智力上的原始资本存货"（出处同上：87）。

舍恩对于杜威的借鉴是显而易见的（而且他也承认），但舍恩的反思性实践的理论不仅仅是杜威的教育理论的一个详细阐述。它基于过去四十年间的实证研究，这个研究包括，专业人士定义问题和设计解决方案的方法，塑造他们行为模式的技术和组织环境，专业精神的意义和专业知识的本质，专业人士与客户和同事之间的相互作用，当然，还有专业人士的教育。

舍恩的第一个出版物出现的同时，质疑主流模式的很多变革类书籍也出版了（Sanyal, 1998）。简·雅各布斯的《美国大城市的死与生》（1961）、蕾切尔·卡森的《寂静的春天》（1962）、贝蒂·弗里丹的《女性的奥秘》（1963），这些著作都在批判以男性为主导的技术统治论。在20世纪60年代，公民权利冲突、种族骚乱、反战抗议增加了社会的不安，以及对于社会政治改革的诉求。然而，在舍恩自己的作品里，却没有勾画20世纪60年代政治上的困境。他把问题定义在了快节奏的技术变革和动荡的时代。舍恩说道，技术革新改变了人们生活在当下和思考未来的方式。这样的技术革新引发焦虑，进而使人们愈发牢固地相信科学和进步的传统理论。这些批评理论比具体的政策多很多，是舍恩的批判性观点的主要对象。他的目的并非是要改变政治现状，而是要改变思想认知的现状（Schön, 1986）。他的目标不是改变具体的政策，

316

而是改变决策制定的方式。

作为一个研究生,舍恩的灵感来自约翰·杜威的实用主义理论的探究,这是他在哈佛大学的哲学博士论文的主题(Schön, 1954)。在那篇论文中,舍恩发问,什么样的条件可以成全一个理性的决策过程。借鉴了杜威的思想和日常生活中的事例,以及专业实践中的经验(例如,一个司机的汽车快没油了,一个面临停工的工厂经理,一个医生发现了患者身上的肿瘤),舍恩认为,实际上的决策制定——已经回答了其问题,也回答了什么是必须做的——包含了问题是怎样形成的。一个"有问题的情况"必须变成一个合理连贯的"问题",一个关于困难和可能性的声明,通过不断重复的过程变成了一个行动计划,"去解决将要有问题的情况"(出处同上:3)。在整个过程中,关键的要素是发现问题的末端、替代方案的设计,以及使用直觉和隐喻。专业人士的角色不仅仅是技术员,他的任务是处理有问题的情况,这种情况很难客观地定义,有时可能只是被暂时解决,或只能解决一部分而不是全部。

舍恩明白,在后现代时期专业实践必须处理的情况有着"(复杂性)、不确定性、不稳定、独特性和价值冲突"(Schön, 1983: 49)。这些情况的特点使"任务模式和知识储备(那些专业人士带入工作中的)变得内在不稳定起来"(出处同上:15),也渲染了传统技术分析和决策制定的不足之处。在这样一个背景下去培训从业者,他需要了解,是什么让一些人有可能成功地处理这种不确定性。舍恩称之为他们的"巧妙的素质"(出处同上:19),这素质基于他们在行动中的反思能力——"当(他)正在做的时候也去思考(他)在做什么"(Schön, 1987: xi)——以及行动上的反思能力,这就是说去严格审查一个人在事实发生之后做了什么事。因此,专业人员和他们的教育者必须重视一个认识论上 317

的转变，"从技术理性到行动中的反思"（Schön，1983：21）。舍恩通过四十几年的研究、教学和咨询工作始终在追求着这一目标。

在他的第一本书《概念的替代》（1963）中，舍恩认为，只要是新的，就总是从旧的里面出现的，创新需要把概念从一个熟悉的情况置换到一个新情况，还有这些概念的重新解释和重新适应。借用其他领域的术语的话，这个概念的重新定位过程对于"休眠的隐喻"（出处同上：79）是明显的，例如我们称内存为电脑的"记忆"。这样的隐喻可以帮助我们定义我们所想要控制的精神上和功能上的现象。例如，规划师可能会说"贫民窟"是"癌症"，需要在其传播到健康城市的肌体组织之前被剔除。隐喻使我们从一个有用的角度来观察事物（虽然也不总是有帮助的），但这就像是我们在看待熟悉的问题。它们允许"选择性忽视［其作为］行动的关键"和"带动创新的开放性［其作为］发现的关键"（出处同上：97；参见 Schön，1978）。对于舍恩，发现"始终是一个社会过程"（Schön，1963：99），它需要一个真实的或是想象出来的批判性对话，需要使用"选择性忽视"来概括令人费解的情况，专业人士在他们的任务和处境中需要做出情感投资，以及去理解问题情况所必需的对话（社会上的或内部的），所有这些见解都是舍恩继承了杜威和在他的工作中进一步发展的成果。

舍恩的另一本书《技术与变革》（1967），侧重于技术变革的社会影响。这本书引入了另一个想法，却给舍恩招来恶名，即一个假定的"稳定状态"的概念。舍恩认为，人们常常哄骗他们自己，当他们认为自己的身份和事业，以及成就了他们身份的职业和团体是稳定的；当他们事先假设了历史的变化是不会影响价值体系的，这说明他们其实是在愚弄他们自己。但舍恩并不是真的分析了这个普遍的"自欺欺人"

（Schön，1967：xiii）。在这一点上，他的批评更加温和，同时在更多与规划相关的事件中，这个自欺欺人也在拷问着"理性地看待，作为一个有序的、可策划的过程的发明"（出处同上：xviii）。舍恩认为，创新的一个要素就是"非理性"，在这个意义上，它不包含在既定目标的科学手段下去将理性投入应用。恰恰相反，它涉及"一个在进程中去发现、决定、修改目标的复杂过程"，而不是在还未有足够的证据时从一开始就确定"决策的关键步骤"。它是一个没有结尾的过程，因为一个解决方案的提议通常是"去应对早期尝试中的问题，但也制造了需要解决的新问题"。舍恩认为"发明的过程充满了意外的波折"。他补充道："这是一个应对在过程中发现的问题和机会来变的戏法。"（出处同上：8—41）

318

　　创新的规划必须看到决策制定过程中非理性和不确定的因素。优秀的规划会酝酿改变，而非用一套设计好的方案自上而下去推行；它要求所有利益相关者对改变和主动出击持有开放的态度。它还要求团队成员可以自由地去处理他们自身的感情和人际关系，去挑战事先预想好了的对于要求和方法的理念，去直接面对社会禁忌，以及去定义目标和实现手段。与常规相反，这就要求所有利益相关者彼此相互信任，以及彼此在信息不完全的情况下做出良好决策的能力，它还要求慎重地运用权变，去包容一定的实验行为，还有去共同承担成功和失败。当面对不确定性时，要做出良好的决策需要一个态度，舍恩同克里斯·阿吉里斯随后把这种态度定义为"反思的实践者"，他们将其标记为"第二模式行为"。

　　在另一本书《超越稳定状态》（1971）中，舍恩提出，在创新高速发展的时代，"在每个人自己的各个人格之间，每个人都必须面对和协调，由根本的改变所掌控的人的彻底变化。"人们必须"变得善于学习"，以及人们所在的组织必须变成"'学习系统'，也就是说，这个系统要能够带动他们自己的转变"(1971：27, 30)。要这样做，组织必须要认识它们的外在和内在行动的理论，组织的成员也必须学着去认识他们"看得见的理论"和他们"应用中看不见的理论"。看得见的理论是那些专业人士用来在受到要求时去合理化他们行动的理论；看不到的理论是那些在实际中引领他们的原则，这些原则一般是隐藏起来的。在学习组织之内，规划者可以作为多学科网络的设计师，作为谈判者、经纪人或引导者，他们通过定义和解决问题，可以是整个对话过程的主管方。

因此，在1971年舍恩作为主流规划实践的批评家出现，他特别针对的是那些主流规划用来掌握和控制的借口。在一个丧失稳定状态的情况下，他认为，传统的（理性/实验）决策模型既不能代表规划的现实，甚至不能作为一个规范的规划模式。因为，规划者不能像严谨的科学家那样在实验室里工作，公共问题不能通过定量的实验来解决。舍恩谆谆告诫那些规划者，全面了解情况是不可能做到的，也不可能去理解所有的原因和后果，或按严格的方式去测试替代方案，或者去生成标准的问题解决方案。[4]

他与占主流地位的规划模型分道扬镳，《超越稳定状态》正是在发问，什么才是一个可能的合理模型。他在考虑一些替代方案，但对于由权威所强加的观点，特定方法的意识形态责任，虚无主义和不作为，系统性的分析，他全部拒绝接受，因为它们要么是不可接受，要么就是还

4　在舍恩同与之对立的里特尔和韦伯 (1973) 之间要想画一条清楚的分界线来描述他们各自的影响力是比较困难的。对于不确定性，我们能说的是，这种情况一般会出现在一个作者在其熟悉的社会思维语境下，面临相似问题的时候。总的来说，对于学习过程和政策制定的理解，以及如何增进我们学习和决策的集体能力——舍恩在此没有明确说明，或者说没有系统性的说明——舍恩的贡献仍然是一个更大的学术进展的一部分。

不够充分。他声称，只有存在主义者的方法才可以有效。最重要的是去经历"此时此刻"，去经历眼前的特殊情况，以及这情况它所有的独特性。这意味着专业人士必须放弃所谓控制的假象，必须视自己为"学习的代理人"。他必须能够倾听，他必须能够在混乱的现实和矛盾的观点中"忍受冲突的焦虑"。落实到具体的事情上，他必须吸收"实事求是的道德"，这也就是"公共学习的密码"（Schön, 1971: 232, 236）。在这个密码中，专业人士必须在实践上解决一些重大的两难困境：对安全的渴望和对不确定性的认识之间的两难困境，建立信念的必要性和承认一切信仰都是主观的之间的两难境地，合理行动的需要和认定决策的制定需要在思想上迈出重要一步之间的两难困境。

舍恩和克里斯·阿吉里斯一起阐述这些观点，阿吉里斯是一位在哈佛大学的社会心理学家和组织学理论家（Argyris & Schön, 1974）。在《实践中的理论》一书中，阿吉里斯和舍恩使得"行动理论"（theory-in-action）——或者可以称"实用理论"（theory-in-use）——的概念进一步成形，他们也发展了单环学习（single-loop learning）和双环学习（double-loop learning）的理念——这个理念由 W. R. 阿什比首次提出。他们的目标是帮助专业人士"成为有能力采取行动的人，同时可以反思这一行动并从中学习"（出处同上：4）。要想获得这种能力，从业者必须要有意识地用"实用理论"来指导自己的行动，也就是说，要去使用一般的潜意识，就是那些非正式的原因使他们做了他们所做的事。例如，规划者可以将他所持有的官方授权说成是，为了公共利益来实施分区治理的法规；但是他的行动可能揭示，真正促使他的是参与到房地产开发项目的设计中去。

从直面冲突与困难局面之中，一个人可以更好地学习执行任务的方式。而且，一个人也可以学会重塑任务，并且通过一个人理解的现实来修改描述性计划和规范性计划。在第一种情况下，单环学习帮助一个人在技术上变得更有效率；在第二种情况下，双环学习帮助一个人重新定义想法、观点，以及他带去执行任务的规范。例如，规划师所负责的区域划分，可能通过学习去让实施过程更快。这是单环学习。规划师在与建筑师一起就给定的项目谈判时，他也会学着去改变其孰重孰轻的优先等级，此时，比起他所能做出改变的数量，他更关心的是从长远来看他们之间的沟通质量。这是双环学习。

要想改变一个人的实用理论会面临很多阻力。只有当专业知识的有效性受到威胁，而且单环学习也不奏效的时候，一个人才愿意从基本上质疑自己的实践方式。对于那些抑制内部或外部信息反馈的规划从业者，他们会不顾一切地死守他们的实用理论，即使这样会使他们变得更加机能失调。对于阿吉里斯和舍恩来说，这是一个第一模式实用理论（Model I theories-in-use）的典型例子，也是在规划专业人士之间的主导模式。在工作情况中和与他人相处中，那些在对话上采用了双环学习的从业人员，是在第二模式实用理论（Model II theories-in-use）下工作的。第一模式和第二模式的"控制变量"（governing variables）是非常不同的（Argyris & Schön, 1974：15）。对于第一模式，控制是其核心。在第一模式里的规划从业者会事先认为，他们正在处理的是一个要么赢要么输的情况，第一模式是一个关于他者的运行程序，客观且不为感情所动的立场是执行有效性的一个先决条件，对假设的公开测试太过于危险了。对于第二模式，对话是其根基所在。对于这种模型，主要原则是：使信息的正确性和透明度最大化，这也包括信息的价值和目标；使得在自由和知情条件下做选择的可能性最大化；以及使做选择所要担负的责任最大化。[5]

　　《反思的实践者》一书出版于1983年,在很大程度上是对舍恩早先提出的一些想法的总结和升华。[6]现在他把那些想法应用到了实践中的不同领域,如建筑、城市规划、治理和心理治疗,舍恩依据的是五个案例研究——其中一个经典的章节被命名为"那些规划师知道的事"(Schön,1982)(一个规划师与一个开发商在第一模式实用理论的基础上进行互动)——用以提高舍恩自己对反思性实践的理解。[7]他的出发点是,卓越的规划专业实践同时需要艺术和科学,众多门类的专业知识是基于从业者的有意识的思考,而这些思考是立于规划学正式理论之外的(Schmidt,2000)。在发展他的论点的过程中,他回到了先前几本书中的关键理念:规划专业合法性的危机和他们的技术官僚野心;划定问题的定义和任务的重要性;反思性实践的本质,即"(暗喻上的)和一个独特的和不确定的形势之间的反思性对话"(Schön,1983:130),以及与客户的"表达上反思的对话"(出处同上:295);在行中知(knowing-in-action)和行中思(reflecting-in-action)意义上的思考和

321

5　第二模式的控制变量类似于哈贝马斯所提出的条件的概念(1984)。经过舍恩、约翰·福里斯特、朱迪思·英尼斯和其他规划理论家的发展,这个控制变量为良好的集体决策提出了一个方案(Forester,1989;Innes,1989)。阿吉里斯和舍恩(1974)也意识到了他们的观点与约翰·弗里德曼的观点之间有着些许相似之处。在《实践中的理论》正式出版之前的一年时间,弗里德曼作为后来者也在倡议规划者去和别人互动,并以培养"自知、学习能力、同情心、处理冲突的能力"(Friedmann,1973:143)。

6　在《实践中的理论》与《反思的实践者》之间,舍恩与阿吉里斯又合著了另一本书《组织学习:行动观之理论》(Schön & Argyris,1978),把他们那些关于第一模式行为、第二模式行为、单环学习和双环学习的理论从个人层面提升到了集体层面。

7　另一方面,读者对于那些可能会推动舍恩去质疑他的假设和结论的冲突案例或失败案例知之甚少。在一定的时间跨度内,舍恩的观点表现出了很好的连贯性。看上去就像是从未被质疑过一样。再者,他出版的每本书都是对他自己专业实践的力证。舍恩曾对一个采访者说:"我(指舍恩)自己的基本方式,就是花很多年去做出一些事情,然后把它们书写下来。"(Cruikshank,1980:87)

做事的统一；通过剥离和质疑实用理论并从经验中学习的能力；第一模式和第二模式的实用理论之间的区别；以及单环学习和双环学习之间的区别。舍恩再一次强调在社会中学习的可能性，这学习可以来源于去接触组织中的两难处境和冲突，以及随之而来的对例程、原则和价值观的重新评估，再者，他也敦促专业人员能去认识到不确定性和错误，去接受挑战，承认他们的价值观和感受，以及去理解他们作为倡导者和引导者的角色。在一个"见到规划专业知识的庐山真面目"（出处同上：345）出色的综合过程中，舍恩认为，所思所行的能力和意愿，是对于规划专业合法性的最令人信服的辩解。

舍恩理念的广泛传播但有限的影响

虽然在规划学界，舍恩的作品被频繁引用——特别是《反思的实践者》一书——大多数人也在口头上承认他的理念，通常这些学者提到的理论和教学工作的目的，"就是帮助年轻的规划者成为唐纳德·舍恩所教导我们要去成为的那样，一个反思的实践者"（Friedmann，1995：157）。一个明确的例外是与舍恩一起工作的约翰·福里斯特（1985、1987、1991、1999）和豪厄尔·鲍姆（1990、1995、1997a、1997b）。那些回顾城市研究与规划领域的学术文章证实了这种状况，在《反思的实践者》和唐纳德·舍恩的其他著作出版之后的二十五年里，其一再被引用。人们发现一共有253篇期刊文章在其中引用了一个或多个舍恩的著作，但这些文章很少表示要去试图以一个新的方式去应用舍恩的理论，用以测试他的命题假设，或是去扩展他的理念，抑或是以直接的方式来深入研究他的著作。在这些文章中，几乎没有文章标题（或摘要）明显地表明了对舍恩作品的借鉴，或是与他在观点上的分歧（有一个例外，参见Filor，1994）。即便是有一个标题指的是反思性实践，那个作者也并未提到舍恩和他的研究（Balducci & Bertolini，2007）。在一些不同的领域如教育、社会工作或治理中的情况明显不同，作者一般都明确采用舍恩的理念，以及在他们的文章标题中表明这种借鉴（Hart，1990；Kullman，1998；Weshah，2007）。[8]在规划领域，舍恩的名字经常被提及，但是对于他的想法的讨论却是出现甚少。

　　在一个特别的城市规划学分学科——规划教育，反思性实践的理念确实获得了真正传播。在这一领域，舍恩所确立的明确且强势的命题（Schön，1970，1985，1987；Schön & Nutt，1974）几乎成了必备参考。对于实践性指导的相对侧重——恰与纯理论教学方式的理念相反——它的教授方式是通过案例研究、角色扮演、工作室项目、实习经历，以及其他类似方面。这样的教学理念，在规划及其他领域的专业教育的讨论中，一直保持着核心地位。在整个规划学教育界，对舍恩的尊敬为他赢得了一次殊荣，在1999年，规划学院联盟（Association of Collegiate Schools of Planning，ASCP）以唐纳德·舍恩的名字设立了实践学习优秀奖。这个奖项用以肯定那些"在面向实践的个人学习和专业学习，以及对学习的分析上，取得优异成果的作者"所著的论文和报告（ASCP，2011）。从这个奖项提交的项目里（我作为选拔委员会的成员看过一些），可以看出，行所思（reflection-in-action）和行而思（reflection-on-action）的概念，在学生和那些支持他们提交意见的教授之间并不完全明晰。大多数提交的论文，只是在实习课或实践行动研究中，对目前已

322

8　《反思性实践》杂志收录了很多这方面的文章以及相关领域的材料。在创刊号中，作为创办者及编辑，托尼·盖耶用十分委婉的方式表达了，在这个新研究领域的诞生时期与唐纳德·舍恩的合作关系（Ghaye，2000）——在这个研究领域，城市规划几乎是默默无闻的。

完成的规划项目的考量。实际上看，很少有提交者作为作者真的在记录反思性实践——一种从研究或咨询经验里学习的能力——或在描述那些人在反思性实践的理念下如何行动。与那些受到了反思性实践帮助的专业、治理界和别的各个领域不同，在规划领域，还没有看到在专业实践和专业教育上针对"反思性转变"的持续研究（Schön，1991）。

关于舍恩的反思性实践理论所做的严肃辩论的缺席，可能是由于这一理论内部本身的问题。首先，它是一个在模糊的领域之间的相当复杂的理论。例如，在"知行合一"、"行动理论"和"所思所行"各个概念之间，并不容易在思想上直观地把握或分析，而且，要想把它们一个一个地区分开来也并非容易。就像其他用来解释人类行动的概念（如皮埃尔·布迪厄的"习性"），"行动理论"也缺乏明确的定义。我们只能假定"行动理论"（而不是真的知道）存在，而行动理论的实际内容在某种程度上仍然是模糊的。

其次，反思性实践的理论是非常看重个人行动的理论，更大的经济和政治因素几乎没有得到这个理论的关注。舍恩在他与马丁·赖因合著的书中，对政策问题确实提出了解决方案（Schön & Rein，1994）。《划定反思》（*Frame Reflection*）总结了舍恩在反思性实践上的研究工作，也涵盖了赖因的关于政策制定的观点。赖因的观点表明，怎样通过参323 与者反思性地探索他们自己问题的定义来解决政策争议。但这本书也被指责为"在棘手冲突中（正在）扮演强力角色"（Gary，1996：577；Gilroy，1993；Smith，1999）。

再次，舍恩的工作是去探究组织化行为和组织化学习。然而，在过去的二十年里，规划人员已经很少表现出兴趣去在同一化的组织里学习了，他们更关注超越了组织边界的组织行为，事实上，他们也在挑战着这样的边界（Innes，1992）。

最后，在规划学者和舍恩之间非常有限的对话，也可能是由于舍恩不太喜欢传统的规划研究。他并不是在为了一群学术界的读者而写作，他觉得没有必要使他的贡献处于现有规划学研究文库之内。他对于当代规划理论的专家级学者十分不屑，比如约翰·福里斯特和豪厄尔·鲍姆写的关于实践者的同理心的著作（Schön，1994）。舍恩对于所谓"高层次的解释"（high-level interpretation）很没有耐心，而这类文章却是学术出版界的潮流，他还对那些学术界冗长乏味的著作嗤之以鼻。与这种理论家的姿态相比，他更加喜欢一个深思熟虑的实践者所显示出的那种"实干上的判断力和智慧"（出处同上：131，136）。

然而，舍恩的理念不仅在规划学界参与度平平，具有讽刺意味的是，在规划实践领域的参与度似乎更加平平。反思性实践是一种事实情况，并被加以详细记录（Forester，Fischler & Shmueli，2001），但没有太多的证据表明，反思性实践的理论大大影响了规划师们的所作所为。与"可持续发展"、"新城市主义"、"智能增长"、"市民参与"或"民主治理"等概念不同，反思性实践的观念并不是官方计划或公共政策里面的东西。在反思性实践的发展过程中，没有运动，没有国家法律，甚至没有一份出版物能表明实践中的规划师对反思性实践的集体性认可。那些在规划市场上的理念，也在补充着实践中的知识，城市形态的质量（通常表现在可持续发展、绿色或智能开发）以及民主的决策过程（通常传递的方面有治理、参与或普及率）比起规划师的专业态度，已经变得更加重要了。

并不曾有过社会调查来检查有多少规划专业人员认为自己是反思的实践者，如果他们说他们自己笃信"反思性"这个形容词，实际上

324　应该意味着，他们是否根据那些反思性实践的标准评估自己的做法，或他们在那些方面如何去比较现在与过去。美国规划协会的网站在这些问题上提供了有限的也很不完美的证据。在网站的搜索结果里，几乎很少能找到"反思性"这个术语（当然是我们所感兴趣的那个反思性），能找到的关于"反思性实践"或"反思的实践者"的搜索结果甚至更少（Hoben，2001）。在美国注册规划师协会（AICP）的成员之间——400多人曾对整个规划专业做出过特殊贡献——但只有两个人被其他人称作"反思的实践者"。大多数成员的简况反映出了他们对有效性和职业素养的肯定，而他们所基于的更多是传统规划方法（AICP，2008）。

　　但也有些迹象表明，反思性实践的价值可能最终会作为一个好规划项目的约定俗成的准则。《规划教育与研究杂志》是北美地区关于职业规划教育和研究文章的主要平台，从杂志的内容来判断，基于实践的教学观念以及学界和职场之间的握手言和，有重新焕发生机的可能（Wachs，1994；Baum，1997b；Shepherd & Cosgriff，1998；Brooks et al.，2002）。同时，朱迪思·英尼斯和其他研究人员的工作表明，规划实践的不断演变似乎要求从业者们去所思所行和边学边做（Innes，1995）。集体决策中不断升级的不确定性、复杂性和冲突，可能会促使规划者摆脱传统角色，并去承担新的作为媒介、主导者、协作过程倡议者的角色（Healey，1997；Forester，1999；Innes & Booher，1999）。在这时，就将需要那种舍恩在成功的专业人士身上指出的巧妙的能力，还有舍恩和阿吉里斯指出的开放的个人立场，这个立场对于第二模式行为是至关重要的。

　　连同其他那些在20世纪60年代首先被提倡的理念，反思性实践的理念有助于把那些规划者的传统声明去粗取精，以得到真理和权威。但是，与那些对规划的激进批评不同，反思性实践的方式对一个个规划者本人是抱有同情的，它表示愿意去相信那些规划师从错误中学习的能力，并为更好地进行实践铺平了道路。

如果反思性实践拿出它最好的一面，它不仅仅是效率或深思熟虑的实践那么简单。它的特点是使人意愿去持续地质疑一个人做事和思考的惯常做法，并为避开标准而做了充足准备，也针对特定的限制，为了独特的解决方案而炮制了现成的答案。"所思所行"产生于想去把控一个新问题时的困难度。"在［他们］面临这种麻烦的局面时，情况要求他们暂停行动，看上去这时需要一个明确的转换，"舍恩写道，"专业人员必须学会适当地调整自己的行为，如果那样做不奏效，那就要调整他们的先验假设、思维模式，以及行事理论。"(Schön, 1954: 3)虽然舍恩的精神导师约翰·杜威也在1954年认为（它是一个在新版本里面有些年头的东西），反思性实践的理论并不是一个实质性的行动理论；其所做的事并不是判定我们的决策将会是什么。[9]但是，反思性实践可以"帮助我们创建方法，这样的话实验活动可能就会少一些盲目性，少一些受运气的摆布，实验会更加聪明，所以，人们可能会从他们的错误中学习并从成功中获利"(Dewey,［1927］1954: 34)。

使反思性实践成为一个有力理念的，还有那些使得这个理念让人难以接受和难以将其付诸应用的因素：它阻止了那些要在未来进行集体行动改造的虚夸承诺，并于此时此地在个人的肩膀上放上了一副责任的担子。《反思的实践者》评论家这样指出，一个人应该做到"天真

9　这里的转述基于以下这个句子："一个国家在大体上应该是什么样的，或必须是什么样的，并不关政治哲学和科学什么事。"(Dewey,［1927］1954: 34)

乐观"，一个人应该认为所有规划者都是可以很容易地获得能力和态度的，就像舍恩在最好的专业人员身上发现的那样（Schwartz，1987：616）。某个地方的当地文化和政治对发展公开对话可能是有害的；规划机构经常与等级制度下的上级与客户保持关系；许多地方的传统强调顺从和荣耀（Richmond，2007）。再者，要发展可以被称为典范的心态和行为，舍恩发现，这需要某些情感和智力成熟。反思性的从业人员和专业人才必须具有的素质有"好奇心"、"开放的思维"、"灵活度"、"愿意对判断进行修改"、"诚实"、"勤奋"，以及其他更多的优秀素质（Chitty，2005：308）——这对于任何个人都将是要求很高的心理准则。

然而，反思性实践的理念仍然很有吸引力，特别是对于那些在多个行业都有建树的专业规划人士，他们甚至也在帮助那些相信自我完善的私人部门的治理者。与初衷自相矛盾的是，未来几年不断变化的经济条件，可能给了反思性实践大展拳脚的机会，去提出一个务实的应对方案。在后工业时代场所里的成功，需要在日常实践中的创造力、工作分配的灵活性，以及在职业发展中的终身学习（Reich，1992）。要想知道如何处理意外和失败，知道如何处理不确定性、复杂性和冲突，就需要所有那些形形色色的分析专家，当然也包括城市规划师。

326

参考文献

Altshuler, Alan A. 1965. *The City Planning Process: A Political Analysis*. Ithaca, NY: Cornell University Press.

American Institute of City Planners (AICP). 2008. AICP College of Fellows, http://www.planning.org/faicp/faicp2.htm.

Argyris, Chris, and Donald A. Schön. 1974. *Theory in Practice: Increasing Professional Effectiveness*. San Francisco: Jossey-Bass.

Argyris, Chris, and Donald A. Schön. 1978. *Organizational Learning: A Theory of Action Perspective*. Reading, MA: Addison-Wesley.

Association of Collegiate Schools of Planning (ACSP). 2011. Don Schön Award for Excellence in Learning from Practice. http://www.acsp.org/awards/donald-schon-award.

Balducci, Alessandro, and Luca Bertolini. 2007. Reflecting on Practice or Reflecting with Practice? *Planning Theory & Practice* 8 (4): 532–533.

Bassett, Edward M. 1939. *Autobiography of Edward M. Bassett.* New York: Harbour Press.

Baum, Howell S. 1983. *Planners and Public Expectations.* Cambridge, MA: Schenkman Publishing Company.

Baum, Howell S. 1990. *Organizational Membership.* Albany: State University of New York Press.

Baum, Howell S. 1995. A Further Case for Practitioner Faculty. *Journal of Planning Education and Research* 14 (3): 214–216.

Baum, Howell S. 1997a. *The Organization of Hope: Communities Planning Themselves.* Albany: State University of New York Press.

Baum, Howell S. 1997b. Teaching Practice. *Journal of Planning Education and Research* 17 (1): 21–29.

Brooks, K. R., B. C. Nocks, J. T. Farris, and M. G. Cunningham. 2002. Teaching for Practice: Implementing a Process to Integrate Work Experience in an MCRP Curriculum. *Journal of Planning Education and Research* 22 (2): 188–200.

Carson, Rachel. 1962. *Silent Spring.* Cambridge, MA: Riverside Press.

Chitty, Kay Kittrell. 2005. *Professional Nursing: Concepts and Challenges*, 4th ed. St. Louis: Elsevier Saunders.

Cruikshank, Jeffrey. 1980. Interview: Donald A. Schön. In *Plan 1980: Perspectives on Two Decades*, 84–93. Cambridge, MA: MIT School of Architecture and Planning.

Dewey, John. (1927) 1954. *The Public and Its Problems.* New York: Henry Holt. First published by A. Swallow.

Dewey, John. (1938) 1997. *Experience and Education.* New York: Touchstone Books. First published by Kappa Delta Pi.

Etzioni, Amitai. 1968. *The Active Society: A Theory of Societal and Political Processes.* New York: Colliers-Macmillan.

Filor, S. W. 1994. The Nature of Landscape Design and Design Process. *Landscape and Urban Planning* 30 (3): 121–129.

Fischler, Raphaël. 1998. Donald A. Schön: Teacher and Writer. *Journal of Planning Literature* 13 (1): 7–8.

Ford, George B. 1913. The City Scientific. In *Proceedings of the Fifth National Conference on City Planning*, 31–41. Boston.

Forester, John. 1985. Designing: Making Sense Together in Practical Conversa-

327

tions. *Journal of Architectural Education* 38 (3): 14–20.

Forester, John. 1987. Teaching and Studying Planning Practice: An Analysis of the "Planning and Institutional Processes" Course at MIT. *Journal of Planning Education and Research* 6 (2): 116–137.

Forester, John. 1989. *Planning in the Face of Power*. Berkeley: University of California Press.

Forester, John. 1991. Anticipating Implementation: Reflective and Normative Practices in Policy Analysis and Planning. In *The Reflective Turn: Case Studies in and on Educational Practice*, ed. Donald A. Schön, 297–312. New York: Teachers College Press.

Forester, John. 1999. *The Deliberative Practitioner: Encouraging Participatory Planning Processes*. Cambridge, MA: MIT Press.

Forester, John, Raphaël Fischler, and Deborah Shmueli, eds. 2001. *Profiles of Community Builders: Israeli Planners and Designers*. Albany: State University of New York Press.

Friedan, Betty. 1963. *The Feminine Mystique*. New York: Norton.

Friedmann, John. 1973. *Retracking America: A Theory of Transactive Planning*. Garden City, NY: Anchor Press.

Friedmann, John. 1995. Teaching Planning Theory. *Journal of Planning Education and Research* 14 (3): 156–162.

Ghaye, Tony. 2000. Into the Reflective Mode: Bridging the Stagnant Moat. *Reflective Practice* 1 (1): 5–9.

Gilroy, Peter. 1993. Reflections on Schön: An Epistemological Critique and a Practical Alternative. *Journal of Education for Teaching* 19 (4): 125–142.

Gray, Barbara. 1996. Review of *Frame Reflection: Toward the Resolution of Intractable Policy Controversies*, by Donald A. Schön and Martin Rein. *Academy of Management Review* 21 (2): 576–579.

Habermas, Jürgen. 1984. *The Theory of Communicative Action*, trans. Thomas McCarthy. Boston: Beacon Press.

Hancock, John L. 1967. Planners in the Changing American City, 1900–1940. *Journal of the American Institute of Planners* 33 (5): 290–304.

Hart, A. W. 1990. Effective Administration through Reflective Practice. *Education and Urban Society* 22 (2): 153–169.

Healey, Patsy. 1997. *Collaborative Planning: Shaping Places in Fragmented Societies*. London: Macmillan.

Hoben, James. 2001. My 30 Years at HUD: An Honest Assessment of a Reflective Federal Bureaucrat. *Planning*, August. www.planning.org.

Hoch, Charles. 1994. *What Planners Do: Power, Politics, and Persuasion*. Chicago: Planners Press.

328

Howe, Frederic C. 1925. *The Confessions of a Reformer*. New York: C. Scribner's Sons.

Innes, Judith E. 1992. Group Processes and the Social Construction of Growth Management: Florida, Vermont, and New Jersey. *Journal of the American Planning Association* 58 (4): 440–453.

Innes, Judith E. 1995. Planning Theory's Emerging Paradigm: Communicative Action and Interactive Practice. *Journal of Planning Education and Research* 14 (3): 183–189.

Innes, Judith E., and David E. Booher. 1999. Consensus-Building as Role-Playing and Bricolage: Toward a Theory of Collaborative Planning. *Journal of the American Planning Association* 65 (1): 9–26.

Jacobs, Allan. 1980. *Making City Planning Work*. Washington, DC: American Planning Association.

Jacobs, Jane. 1961. *The Death and Life of Great American Cities*. New York: Random House.

Kilpatrick, William Heard. 1935. The Educational Challenge. *American Journal of Nursing* 35 (7): 609–613.

Krumholz, Norman, and John Forester. 1990. *Making Equity Planning Work: Leadership in the Public Sector*. Philadelphia: Temple University Press.

Kullman, J. 1998. Mentoring and the Development of Reflective Practice: Concepts and Context. *System* 26 (4): 471–484.

Meyerson, Martin, and Edward C. Banfield. 1955. *Politics, Planning and the Public Interest: The Case of Public Housing in Chicago*. New York: Free Press.

Moskowitz, Marina. 2004. *Standard of Living: The Measure of the Middle Class in America*. Baltimore, MD: Johns Hopkins University Press.   329

Regional Plan of New York and Its Environs. 1929. New York Regional Plan Association, New York. Reprinted 1974 by Arno Press, New York.

Reich, Robert. 1992. *The Work of Nations: Preparing Ourselves for the 21st Century*. New York: Knopf.

Richmond, Jonathan E. D. 2007. Bringing Critical Thinking to the Education of Developing Country Professionals. *International Education Journal* 8 (1): 1–29.

Rittel, Horst W., and Melvin M. Webber. 1973. Dilemmas in a General Theory of Planning. *Policy Sciences* 4:155–169.

Sanyal, Bish. 1998. Learning from Don Schön—A Tribute. *Journal of Planning Literature* 13 (1): 5–7.

Schmidt, Mary R. 2000. You Know More Than You Can Say: In Memory of Donald A. Schön (1930–1997). *Public Administration Review* 60 (3): 266–275.

Schön, Donald A. 1954. Rationality in the Practical Decision-Process. PhD diss., Harvard University.

Schön, Donald A. 1963. *Displacement of Concepts*. London: Tavistock Publications.

Schön, Donald A. 1967. *Technology and Change*. New York: Delacorte Press.

Schön, Donald A. 1970. Notes Toward a Planning Curriculum. *Journal of the American Institute of Planners* 36 (4): 220–221.

Schön, Donald A. 1971. *Beyond the Stable State: Public and Private Learning in a Changing Society*. London: Temple Smith.

Schön, Donald A. 1978. Generative Metaphor: A Perspective on Problem Setting in Social Policy. In *Metaphor and Thought*, ed. A. Ortony, 254–283. Cambridge: Cambridge University Press.

Schön, Donald A. 1982. Some of What a Planner Knows: A Case Study of Knowing-in-Practice. *Journal of the American Planning Association* 48 (x): 351–364.

Schön, Donald A. 1983. *The Reflective Practitioner: How Professionals Think in Action*. New York: Basic Books.

Schön, Donald A. 1985. *The Design Studio: An Exploration of Its Traditions and Potentials*. London: RIBA Publications.

Schön, Donald A. 1986. Towards a New Epistemology of Practice. In *Strategic Perspectives on Planning Practice*, ed. Barry Checkoway, 231–250. Lexington, MA: Lexington Books.

Schön, Donald A. 1987. *Educating the Reflective Practitioner: Toward a New Design for Teaching and Learning in the Professions*. San Francisco: Jossey-Bass.

Schön, Donald A., ed. 1991. *The Reflective Turn: Case Studies in and on Educational Practice*. New York: Teachers College, Columbia University.

Schön, Donald A. 1994. Comments on Dilemmas of Planning Practice. *Planning Theory* 10–11:131–139.

Schön, Donald A., and Thomas E. Nutt. 1974. Endemic Turbulence: The Future for Planning Education. In *Planning in America: Learning from Turbulence*, ed. David R. Godschalk, 181–205. Washington, DC: American Institute of Planners.

Schön, Donald A., and Martin Rein. 1994. *Frame Reflection: Toward the Resolution of Intractable Policy Controversies*. New York: Basic Books.

Schwartz, Howard S. 1987. Review of *The Reflective Practitioner: How Professionals Think in Action*, by Donald A. Schön. *Administrative Science Quarterly* 32 (4): 614–617.

Shepherd, A., and B. Cosgriff. 1998. Problem-Based Learning: A Bridge between Planning Education and Planning Practice. *Journal of Planning Education and*

330

Research 17 (4): 348–357.

Smith, Mark K. 1999. Donald Schön: Learning, Reflection and Change. *The Encyclopedia of Informal Education.* www.infed.org/thinkers/et-schon.htm.   331

Wachs, Martin. 1994. The Case for Practitioner Faculty. *Journal of Planning Education and Research* 13 (4): 290–296.

Weshah, H. A. 2007. Training Pre-Service Teacher Education on Reflective Practice in Jordanian Universities. *European Journal of Scientific Research* 18 (2): 306–331.

Yanow, Dvora, and Haridimos Tsoukas. 2007. What Is Reflection-in-Action? Revisioning Schön, Phenomenologically. Working paper, Department of Culture, Organization, and Management, Faculty of Social Sciences, Vrije Universiteit, Amsterdam, The Netherlands.   332

第十三章
沟通式规划：应用实践、原发理念和修辞

帕齐·希利

在当今的规划学领域，沟通式规划的理念已经被大多数人广泛接受了。[1]在其所有的具体实践性表现方面，沟通式规划始终着重声明其理念的核心在于建立社会层面上社会的微观动态作用（Social Microdynamics）。恰恰是通过这种微观作用，规划的理念和策略才可以完整地建立。在实践中，正是由于事先确定什么是不可动摇的核心，以及由谁来参与整个过程，方能在形式上达到具体的成果，转化必要的思路及行动方式。与沟通式规划相关的诸多理念的发展历程，是规划思维史上进行的一次系统工程，它体现了在集体行动或治理中思考社

1　在此我感谢朱迪斯·爱伦、约翰·福里斯特、约翰·弗里德曼、查理·霍克、朱迪思·英尼斯、托雷·萨格尔、比希瓦普利亚·桑亚尔、劳伦斯·韦尔、克里斯蒂娜·罗珊，以及2008年4月14日在麻省理工学院的研讨小组，对于早期稿件深刻的评论。这些评论帮助我提高了观点和理解。在我的所有历史叙述和评论的错误全部由自己负责。

会行动的一种方式。[2]不单单在纯思想领域，同样在一些实践性质的公共政策事务的微实践上，这场思维史上的系统工程也有它特定的发挥和演绎。

自20世纪中期以来的这些年，随着长期以来既定的治理安排被不断挑战而使得其现状变得令人不安起来，这些微实践反而在西欧和北美备受瞩目。正是在这种不安的现状中，从正式的政府到更广泛的治理安排孕育出了这种新的组织合作形式。在这种背景下，学界、产业界和政策制定方都在各种情形下推进着沟通式规划的发展。

通过在20世纪80年代的试探性发展之后，在随之而来的90年代，沟通式规划逐步取得了它在大众心目中的固定形象。到了新千年时，作为规划系学生的必读理论之一的地位，也已经牢牢地确立下来了。

接下来，我要在这个章节中着重探讨的是，沟通式规划的一整套规划理念是如何出现的，以及这些理念在实践中的影响和围绕这些理念所产生的批判与讨论。近些年来，纵然沟通式规划的理念以及由其所带动的协作式治理在全世界各处落地生根，但本文的叙述主要集中在北美和欧洲的视角之下，因为那里是这些理念的策源之地。[3]偏重西方的视角虽然说上去很具有参考意义，但其中也反映出了不同的治理特征。在欧洲，规划的理念更着重于区域的发展，以及功能性项目的治理，尤其在西北欧，规划所要实现的是改进以福利为强势导向的社会。在北美，尤其在美国，规划在更多时候是和公共政策联系在一起的，实

333

2　我在这里和其他地方所使用的术语"治理"，以一个单一概念代表各种形式的集体行动以及正式的政府活动 (Cars et al., 2002)。

3　参考关于国际发展的文献，例如钱伯斯 (1997)、萨特思韦特 (1999)、米特林和萨特思韦特 (2004)、科萨里和库克 (2001)，以及希基和莫汉 (2004)。

现规划的架构是更加松散的联邦分治体系。但是，在20世纪后期在两个大陆同时发生着相同的疑问，这些疑问有：政府应当怎样去处理商业环境和公民社会？怎样分开确立不同的政策制定方以解决当前的现实问题？什么样的政策制定方针可以统筹自然世界中人类发展的社会文化、环境和经济维度。归结起来，最具挑战性的问题是，怎样调动起来政策的制定方去着眼解决新问题、新的治理领域，以及在治理过程中产生的新的利益相关方。

在任何领域，理念的发展与沿革从来都不是一个闭门造车的过程。思想领域的活动就像潮流一样传播，一个领域内的新奇想法往往会启发其他领域的创新。这种源于合作方式的规划思路固然处在这样思维活动的潮流当中。但它的发展更多地受到了实践行动和实验的影响，同时，研发如何推进社会不停进步的新方法也影响了这个观点的产生（Healey，2010）。这些思维活动的潮流提供了一个材料库，从而得以助力于实践经验的贯通，然后在不同程度上又帮助了实践指导和政策方针的确立。

这些潮流反映出了一种革新，从20世纪中期的实证主义和个人主义科学观，到承认社会文脉对身份认同和知识的作用以及人类能力对其的制约。这种革新还体现在，从关于社会行为客观规律的研究，到研究社会准则及其实践的动态产生过程。20世纪80年代，随着这方面的理念在社会科学各个领域不断震荡，一场思想界的风潮渐渐产生，这就是大多数人熟知的后现代主义运动，也可以称作实证主义或者后结构主义（Fischer & Forester，1993：1）。在这场思想界的风潮中，人们逐步开启了一种新方法去认识能动机构和微实践在规划上的重要性。即使沟通式规划的理念发源于一个完全不同的、务实性的认知观，它也依旧在规划领域内用它逐步形成的理性方式挑战着传统规划的决策过程(Hoch, 1984, 2009)。这种联络性的视角不断回馈并且发展出了这场在规划界的思想风潮。

在实际规划的工作经验中,由理性主义者和实证主义认知观所引领的实践活动,在很多方面挑战着传统的方法(Rittel & Webber, 1973; Friedmann, 1973; Hillier & Healey, 2008a)。这些人的工作经验可以促使人们去关心公共政策是如何实现的,以及在实现过程中会遇到怎样的阻碍。沟通式规划的理念更多地着眼于微观实践中具体做法的贯彻,以及在进行规划的情境下规划师的运作模式。到20世纪80年代,像唐纳德·舍恩和约翰·福里斯特这批规划学者给出了很多关于规划从业者是怎样工作的研究,在这一时期的西欧和北美,关于公共政策是如何贯彻的研究也在不断出现,这些研究指向促使项目完成和政策制定的社会推动力量和动员网络(Wildavsky, [1979]1987; Pressman & Wildavsky, 1973; Friend, Power & Yewlett, 1974; Healey et al., 1988)。在规划项目上,特别是涉及新政策、新方针制定的情形,社会推动力量所共同构成的社会关系和在其中的沟通作用,在这些研究中得到了特别体现。纯粹基于技术分析的政策开始展现出其负面的限制。

最终,20世纪六七十年代在欧洲和北美风起云涌的政治运动启迪了整整一代要进入规划领域的人,尤其是在关键性的1968年左右,这批人开始起来反抗那些包裹在民主体系内的霸权主义共识,并反对将规划仅仅作为少数技术精英的事务,他们还将矛头指向在世界范围内奠定资本主义统治地位的诉求。这一代人逆势而行,影响了一定数量的大型城市改造项目。这些积极的实干家反对城市更新计划,反对那些将城市肢解而服务于私家车的交通运输投资项目。在他们看来,城

335　市规划已然沦为官僚阶层和技术垄断阶层用以实现所谓"现代化"和资本主义主流意识形态的工具。尤其在欧洲，这批人的运动引领了马克思主义政治学的再现，而马克思主义政治学的思想所强调的正是经济结构和辩证逻辑历史观。在20世纪中期建设福利型国家的资本体系下，规划师曾一度被排挤（Castells，1977；Harvey，1989）。但同时，这种结构主义者所持的马克思主义，又正被新一波倡导批判性和建设性的思潮所挑战（Bernstein，1983；Giddens，1984）。这一方面倡导批判性和建设性的观点反驳之前的结构主义，并强调结构的制约力量和人类机构的互动。

　　这样聚焦于结构和机构互动的观点更加符合实际规划工作中的经验，并且在深知微观作用的人们那里更能得到认可。由此观点，人们可以清楚地认识到，仅仅通过结构化的假定来全面认识实践活动是不可行的。机构的能力和动员力量也同样重要。那些机构影响着一个规划项目的点睛之笔是如何画出的，也影响着规划流程中规划师的决策结果是否能令项目按有利的方向推进。在这方面跟进的规划师会有志于确立公共方针，并将公共方针在实际中呈现。他们看重的是在实践中建立新的合作关系和互动接洽。出于这样的政策导向，一些规划师在实践中有意联络不同的政策制定方以推行方针的制定，并且已然在此方面达成了共识。这样的实践似乎是一条能够反对精英治理，并重新激活参与性民主的途径。微观作用的研究也揭示出了一些反抗不平等同时促进可持续生态环境方面的努力，这些努力时常出现在社会价值处在争辩中的地区（Krumholz & Forester，1990）。在接下来的部分，我会剖析那些在规划学历史上推动沟通式规划的重大贡献。

观点的建立

沟通式规划时常被当作一种理论，或一套已经完全成熟了的原则、假设，或者说是指示。但是，如果人们仔细去了解，大多数的理论都像 336 一种由各个观点、讨论、反对意见构成的联合体。把这些理论视为一种目的性很强大的看待世界的观点可能对我们更有利。单单就沟通式规划的观点而言，其主要灵感并非源自任何理论，而是在实际工作中脚踏实地的经验。这个观点形成的过程也包含了从各个学院之间收集成果，以保证这些工作经验的方向和学院的研究是契合的。正处在各界相互讨论和反对意见唇枪舌剑相交织的形势下，沟通式规划的理念于此时也得到了进一步的发展，从而为这场大讨论开启了一些新的论点和启示。

核心理念

在我们回顾沟通式规划的重大贡献之前，我觉得有必要去总结一下那些造就了沟通式规划强力势头的主要理念。我把反对实证主义者和纯理性主义者的思想视为奠定沟通式规划的主要基础，也就是那些反对正值风头的规划理念的"不同声音"，但我也会注意到那些促使沟通式规划形成的一些其他问题。这些理念和看待问题的不同方式并非彼此隔绝，而是相互重合的，而且不同的作者在他们的论述中体现了不同的权重。总体上来说，他们坚持机构互动的微观动态作用的重要性，将其引领向前并将其体现在他们规划实践的质量上。不单单是这样，更重要的是，他们使这种微观动态作用在思想上和行动上同时体现在治理工作的结果上。我把这些核心理念归纳为一个体现社会动态作用的总体观点，以及那些在规划项目中有具体体现的分观点。

总体而言，那些发展中的沟通式看法所强调的是，社会里人与人之间互动作用的本体观，而非一个个独立存在的具体个体。正如在于尔根·哈贝马斯的论述中所确立的中心观点（Habermas，1984），以及其他社会理论家所倡导实现的建设性思想，持这些思想的人强调的是主体之间共有意识的达成。在那些后来被称作沟通式规划理论家的人中间，他们所达成的共识是，认定知识的形成是一种主动的学习和发现的社会过程，这个过程由实际的规划任务所导向，并由"着手改变世界"的行为来体现，在另一方面，他们反对将知识的形成看成是自然和人类行为客观规律的探寻。

337

采取这样一种本体论认知观的结果是，使人们认识到事实、价值、兴趣、认知、情感、科学、技艺及政治判断各个领域之间并非是相互分离的，相反，这些活动在某个文化语境下的生命流转之间互相交织，体现着人类的挣扎、思索、感受、行动及共同进步。在这样的社会理论观点下，权力既可以被理解为社会能量，也可以被理解为主导势力，可以被当作"出于权力"的工具，也可以被当作"迫于权力"的工具。此外，权力和政治常常被看成各大势力之间十分复杂的相互角力，与其不同的观点是，将权力看成国家行政框架内部嵌入的一部分，抑或是基于商品的生产、分配、交换控制权的各个精英阶层和经济群体间的相互争斗。福柯和吉登斯的思想对于激发这类观点可谓功不可没。这些前提假设所指向的，正是把社会互动的微观动态作用，而不是那些强调技术分析的背景噪声，看成社会互动的角力舞台，这样的一个舞台对于社会身份认同、社会知识形成、社会学习进步和社会能量调动都是很重要的。这些观点说明，我们有必要把注意力放在社会互动关系以及构建社会流动网络的任务之上。

具体来说，一个规划项目可以理解为一种解决所面临问题的集体实践，但这个集体实践也伴随着诸多未来可能发生的潜力和挑战，以及不同产权所有者在现在或将来所要面对的冲击。这种对于规划项目的复杂理解，反对那些仅仅用于实现短期利益和短期政治操控的零碎解决方案。其实，沟通式规划的理念恰恰是为了促进长期的公平、健康、有效公共政策的制定，那些规划项目可以看成沟通式规划理念背后的推动者。处在不同的机构和治理方的环境中，这样的规划项目意味着在不同的人群、不同的国家、不同的经济阶级、不同的政府行为之间建立新的沟通管道。其目的是解决以前被忽视的问题，而不是采取常规的官僚化技术程序以达到目的。这样的途径还说明了，规划工作所涉及的方面远远不是只为决策者提供技术分析那么简单。从这个角度看，规划工作是公开的政治，因为它有助于将有些问题放置在前台，而有些放置在幕后。这样的观点着重强调沟通实践，也就是说，怎样能在人群中"讲得通"（Forester, 1989），以及怎样在社会互动中汇集力量，这样的考虑对于社会化学习和社会关注点的运作起到了至关重要的作用。所以，规划实践的成效不仅仅依赖于分析、设计、工程或治理技术的能力，也更加依赖于沟通工作的实施，以及在有不同观点和技能的人群中协调工作的能力。

早期探索

一如经常发生的那样，新思维的轨道会建立于对旧思维的重新解读和发现。当时的欧洲和北美，在规划学者中间这样占主导地位的反思性思维，关注于重新振兴资本主义社会以消除社会内部的割离与不平等，这方面的代表有苏珊·法因斯坦和诺曼·法因斯坦（1979, 1986），另外还有两位学者的重要贡献，即约翰·弗里德曼和唐纳德·舍恩这两位美国学者，他们一再重申古典务实精神的重要。他们在这两方面的工作殊途同归，都指向对于社会环境的务实性理解，这种理解又系于对知识和价值的生成过程和人类理解范围的极限。这些认知上的转折强调在实际社会环境中具体操作以达到学习的目的，并坚持在理性与感性、人类与自然、事实与价值、分析与行动的二元对立中摆脱出来并走得更远。（Hoch, 1984; Healey, 2009; Forester, 1993; Verma, 1996）

在其《重溯美洲》（1973）一书中，弗里德曼呈现了他在20世纪60年代向拉丁美洲各国家政府提供城市和地区发展战略的历程。这种近距离的接触促使他开始反对把规划作为纯技术专业的思维定式。他从得到的经验中学习到"规划的成功依赖于如何在海量范围内处理人与人之间的关系。作为一个规划师必须培养的素质包括规划本身的突出能力，持续的学习能力，运用象征性材料的特别技能……建立同理心的能力，在冲突中处变不惊的能力，对于各种势力相互作用的融会贯通和运用执行力的艺术"（Friedmann, 1973：20）。这些独到的见解使他日后培养出了一种称为"交互式规划"（transactive planning），或者称为"对话的历程"（life of dialogue）的理论。这些理念反映出把规划作为一个通过共同学习来实现的社会导向工程，在其中通过对话建立沟通式关系是核心。在弗里德曼的晚期著作中，他把社会化学习的概念更加激进化成了一个政治意味更浓的转换性规划的理念（Friedmann, 1987，2011），而在早期论著中其思维转折已然十分明显了。

与此同时，唐纳德·舍恩对于职业规划师怎样运用及应该怎样运用他们的专业技能产生了兴趣。与弗里德曼关心治理的实施过程不同，舍恩更加关心的是个人的专业实践，但他也同样强调未知世界的不

339

确定性，以及进行实验和社会化学习的必要性。就像费什勒在前面章节中所明确阐述的那样，对于舍恩所关心的方向，他在《超越稳定状态》(1971)一书中有了明确的阐述，这本书对规划和组织开发两个领域都有影响(Argyris & Schön, 1974)。舍恩的观点在1983年出版的《反思的实践者》一书中趋于成熟，在其间他着重论述了"知行合一"的重要性，通过实践来学习，他也论述了创造性思维作为专业性实验是怎样解决新问题的。舍恩通过对多方面专业实践的研究深深地抨击了和规划师勾结在一起的技术官僚们。在十分不同的方面，朱迪思·英尼斯也在做着关于互动过程的实验性研究，正是通过这一过程，公共政策中所使用的社会指标得以产生并被使用。她突出论述了在实际创造可以被接受的客观准则的过程中所面对的复杂斗争，也强调了将技术上的不确定因素和政治的考虑带入考察范围的必要性。英尼斯表明，这些准则一经产生，便有了自己的生命(Innes, 1975)。她在20世纪80年代又重新出版了她的书，进一步表明了互动的关系，"一个双向的求知与力行之间的关系"应当基于

> 一个关于知识的解释性观点和现象学揭示……比科学模型更多元、更可变、更复杂。它只将确定性的正规决策视为公共行为的所有起因中的很小一部分……知识并非只有在运用中才会产生作用。(Innes, 1990: 3)

批判性务实精神

弗里德曼、舍恩和英尼斯都被他们的实干经验和实验性研究深深影响。20世纪70年代的大多数规划学院也都是按这个路线发展的，这

些学院经历了1968年社会和政治的激荡，50年代城市更新计划的实践，也经历了60年代以城市中的贫穷和边缘人群为代价的车轮上的中产阶级的崛起。对于一些学者，比如法因斯坦夫妇，认为这个过程促进了社会组织间动态作用的构建。其他人则被德国式的批判理论所启发，尤其是哈贝马斯的那些关于阻止"系统世界"(system world)对于"生活世界"(life world)不断蚕食的论辩。除此之外，那些关于重新发现古典的美国式务实精神的思想也很具启发性，其深深影响了弗里德曼和舍恩。20世纪80年代，在美国哲学界也掀起了一股恢复哲学传统的思潮，牵头的哲学家有理查德·罗尼、理查德·伯恩斯坦、希拉里·普特南、汉娜·阿伦特(Bernstein, 2010)。罗尼所着眼的是如何挑战在美国哲学界占据主导地位的逻辑实证主义及其在社会科学中的广泛影响。伯恩斯坦有着丰富的涉猎，并且与欧洲的哲学发展有着密切的联系。在他的十分有影响力的《超越客观主义和相对主义》(1983)一书中，他摒弃了二元对立的争论，走出了一条新道路以容纳多方面的争论，并明确表明了他在公共争论中的集体化思维立场。

约翰·福里斯特的工作开始于20世纪70年代他在做研究生时的工作，在随后的20世纪80年代一系列发表的论文中得到演变，他旋即将这些工作收录在了两本书里，并立即引发了反响。[4]《直面权力的规划》(1989)阐述了不同环境下规划工作的不同范围。对于规划实践，福里斯特争辩道，规划师仅仅依赖技术的手段是不够的。交谈和辩论同样举足轻重，因为要具有组织世界和预判冲突的能力(Forester, 1989: 5)。

---

4 参见瓦赫纳尔(2011)对于约翰·福里斯特文集的评论。

一个批判性的规划理论可以帮助我们了解到规划师是如何建立注意点和采取沟通式行动的，而不是采取工具化行动来达到特定的目的。从其本质上讲，规划工作是充满争论的：规划师时常在操作层面和政治层面上对于向往的结果和可能的结果不停地辩论。如果他们意识不到他们的日常行为会起到非常细微的沟通作用，那么其结果往往会和初衷背道而驰。（出处同上：138）

福里斯特研究了那些技艺娴熟且勇于承担的规划师是怎样使关注点成形的，而且他还研究了这些人如何身处复杂的政治环境去应对"不必要的且深深受意识形态左右的社区问题"（出处同上：139）。

在福里斯特的晚期成果中，《批判性理论、公共政策和规划实践》（1993）一书就规划工作所涉及的范畴展开了一场思维辩论。如果这样，又会怎样，福里斯特如是问道： 341

> 社会互动已全然被理解成了一种……在复杂的政治环境中能说得通的政治事件。规划和公共政策的分析理应在其后成为预见未来并向前迈进的过程，并同时将公共关注化为公共空间的全新可能。公共政策自身，与社会互动一道，不仅仅可以被看成"谁得到什么"的分配规则，还可以被看成朝着有利结果、兴趣、需要迸发并不断学习的一种潜移默化的构建过程。（Forester, 1993: ix）

对福里斯特而言，规划并非炮制未来战略目标的决策制定过程，或是到达目标的途径。它应该是对"关注点"的引导，对"希望"的建立，以公共目的为导向的某种形式的介入去改变现状。它是穿过各种已然形成并看似无法根治的社会两难问题的途径。它是一个融合了科技能力、道德目标、社会感情的大工程。

在他的著作中，福里斯特通过引述务实精神的传统，来发展在社会设置中知识和社会身份认同的主动构建理念，特别是重新演绎了伯恩斯坦的观点。在规划工作中，这种思维代表了更加注意发展技能以及对倾听、学习和"能讲得通"的实践的理解。引申于英国社会学家安东尼·吉登斯和斯蒂芬·卢克斯的见解，福里斯特尤其关注在日常治理实践中所显现的广泛的结构化力量。从于尔根·哈贝马斯的论断中福里斯特发展出了抗争政治曲解的政治实践的理念，他觉得这种政治曲解产生于强势力量和社会指导者为了维持社会潜能和社会动力所做的持续斗争。他明确声称他所采取的途径是"批判性务实精神"。像舍恩一样，他强调人类机构的力量，在任何时间中，这些机构的力量应当能够被规划者（或其他任何人）在某种程度上有效利用。他也强调规划师在实践中处理选择时的伦理范畴。但其实，比起去鼓励无差别、无歧视的创造活动和社会实验，他所关心的更倾向于如何释放规划者的进步潜能。福里斯特一心一意致力于设立民主性进步政策的事务，这样一来他就要求规划师们应当培养能综合伦理敏感性和技能的特定价值取向。正是福里斯特的这种始终专注于规划实践的精神，始终索求"规划师的工作是什么，规划是什么"，吸引了全世界那些拜读了他在1989年的著作以及随同的论文的规划者们的目光。对于当时人们的挣扎，他在特别困难的条件下给出了全新的见解，这种见解激励着一个新的
342　政治文化的出现。

在20世纪80年代后期的北美，福里斯特周围的一些学者把他们的人际网络扩展到了一些对某几种特定规划实践的研究很感兴趣的

规划师那里，朱迪思·英尼斯是其中知名度很高的一位，她的论述是关于规划者的知识形成以及建立共识的实践，拉里·萨斯金德研究的是在都市发展和环境文脉中建立共识的规划实践。[5]在这个圈子的外沿，汤姆·哈珀和史丹·斯坦发展了一种"对话方法"，能合并罗蒂和约翰·罗尔斯的思想，从而形成他们称为"新务实主义者"的规划理论（Harper & Stein, 2006）。规划到底包含什么，以及结构主义者用以形成身份认同和知识的视角，深深地左右着所有这些思想贡献。

即使在欧洲，影响思维模式和实验参照的社会文化和政治大环境与北美有明显的区分，一些欧洲的学者对于沟通式规划理念的发展也有过贡献。托雷·萨格尔，一直在挪威研究交通运输规划的实践，和同时代受哈贝马斯和福里斯特影响的斯堪的纳维亚地区学者一样，他着眼于如何反对在特隆赫姆（挪威中部港市）周边建立道路收费系统。他所写的《沟通式规划理论》一书援引自弗里德曼的联动式规划，林德布卢姆的务实型"分离递增主义"，福里斯特的"批判性务实精神"，以及哈贝马斯的论著，这本《沟通式规划理论》意在提出一种"对话性和沟通性的理性主义"的构想（Sager, 1994: 20）。萨格尔主要关心的是如何接受不完善的知识，并采取理性计算达到目的的手段，以及这样做所隐藏的深意，尤其是在战略性规划或"概要"性规划的实践中。他讲述了用于规划的沟通模型，这个模型可以当作综合的"工具"，目标导向合理性的沟通理性。在这个理论中，技术性很强的方式和漫无关联的方式一起被当作现有的知识带入规划过程中来。和福里斯特一样，萨格尔声称这样的理念提供了用以检测规划过程的批判性

5　参见英尼斯（1990, 1992）及英尼斯等人（1994）。萨斯金德的研究已经合并出版，《共识建立的手册》（Susskind, McKearnan & Thomas-Larmer, 1999）。

务实精神。

和福里斯特一样主张的还有本特·弗吕夫布耶格（1998），他在研究奥尔堡（丹麦日德兰半岛北部港市）规划政策制定的过程中，主张对规划实践中真实发生的事情投入更多的关注。事实上，福柯才是弗吕夫布耶格的启发者，而不是哈贝马斯，他抨击整个规划项目还停留在启蒙运动时代，并进而希望将现代主义弃置一边。他的中心观点是，指责合理性行动的定义权是在权贵手中的，并且已然融为其所掌控的话语权和施行权的一部分。所以，对于规划师来说，当他们借以理性技术分析的专业能力来表明态度时，实则是在行使一种权力。在这一点上，福里斯特表示支持并得出结论，当规划师认定要去挑战既定的权力运行时，规划师有必要在实践中随机应变，即便在这一点上福里斯特的观点处于折中，但弗吕夫布耶格还是认为，福里斯特对于沟通式规划的发展十分关键。

我自己的研究起始于对规划实践的实验性研究，其主要集中在英国（Healey, 2003）。我把沟通式规划理论的发展和政治经济的广泛变化联系了起来，具体上说，就是寻求诸如共识建立、争端解决、各种合作形式之类的新治理形式。我的研究和实践表明，改良性质的变化并不一定非要通过全面的革命斗争来实现，就像马克思主义激进者们所强调的，微观实践的星星之火也可以带来改革的燎原之势。这种微观上的强调所关注的正是宏观上已然成形的资助、热点、争论、声明之间复杂的互动关系。我的研究随后转入批判那些限制了舆论空间的规划实践，这些舆论的声音本可以用于建立政策的理念和依据的框架，还可以被用于探究不同的规划实践是怎样把诸多问题和价值观包含于一体的。这些研究让我把规划看成一种沟通式的项目，这个项目被讨论与争议带动并引领向前。我将总体上的思维方式冠名为"制度主义者"，而规划的方式我称为"合作性的方式"（Healey，[1997] 2006）。

从思想融合到思维大转换

到了20世纪90年代，通过实验性的分析和对政策语义分析的进一步了解，其他的学者也开始有了显著的贡献（Hillier，2000；Hajer，1995；Margerum，2002；Scholz & Stiftel，2005）。在欧洲和美国之间互通有无的交流也日益增多。那些不同的思维理念逐渐汇集成两个重要的贡献。第一个是由政策分析师弗兰克·费舍尔和约翰·福里斯特编纂的合集——《政策分析和规划中的争论转向》（1993），第二个则是朱迪思·英尼斯发表的论文"规划理论的新模式：沟通行动和互动实践"（1995）。[6]《政策分析和规划中的争论转向》牢固地立足于后现代主义思潮、后实证主义思潮和其他社会科学之中。费舍尔和福里斯特主张道：

344

> 我们必须明白政策分析师和规划师在干什么，语言和表意方式是如何推动和限制他们工作的，他们在实践中采用的表现形式是如何展现和选择、如何描述和形象化、如何包含和排除的。（Fischer & Forester，1993：2）

在这种语境下，政策的制定渐渐被当作了一种在意义上和话语上"东拉西扯的无尽挣扎"（出处同上：2）。

朱迪思·英尼斯作为影响深入的《规划教育及研究期刊》的写手，

---

6 术语"辩论性的"和"阐述性的"在20世纪90年代是被互换使用的，一个以做出声明为中心，另一个以构建含义为中心。参见哈耶尔和瓦赫纳尔编辑的文集（2003）。

表明沟通性的思潮是规划理论界出现的新模式。她把"沟通性"作为醒目的标题，解读着哈贝马斯的沟通行动理论的论述，并将其作为"可能为新规划理论提供主要框架"的论述（Innes，1995：186）。她和占主导地位的系统的、工具理性的、实证主义支持下的规划理论之间形成了鲜明的对比。她广泛地引用着那些对沟通性的理论有过贡献的著作，也认定约翰·福里斯特的《直面权力的规划》是新视角的最好佐证。对于开展规划实践中沟通性指标研究的重要性，她也同样给出了明确的信号。她自己完成的工作也提供了如何在合作上采取主动态度的考虑，这样的考虑也为怎样认识条件以达到"诚实合作"的治理过程提供了宝贵的一课（Innes & Booher，2010）。

这样一来，到了20世纪90年代中期，沟通式规划的理念就不再单单是一个想法了。其观点在规划理论内部已蔚然成风，包含了评估准则、哲学上的所指对象和研究议程，并有着一班追随者。这个观点将很多实践经验和目所能及的一些激发实践新可能的方式蕴含其中。单从思想领域看，与这些观点相反的"另一方"在实证主义观点下依然是理性规划的主要模式，并对治理活动持普遍的结构主义者的看法。沟通式规划的理念从相反方向要求对微观实践和机构互动的重要性给予更多的关注。在实践领域，沟通式规划的理念挑战了以技术工具分析、决策产生、巨型尺度策略的制定为核心的规划思想。从反面，沟通式规划强调对于资源分配及规则实施的实际协商过程。它十分强调将实践上的实验拓展到新的治理形式上。从政治上看，精英、技术统治论者，以及那些看似是去实现共同富裕实则是去谋求个人获利的狭隘资本家，一直以来都处在治理层级的中心地位，现在沟通式规划向这个所谓的合适的治理发起了挑战。

345

讨论与争议

对于很多读过约翰·福里斯特的《直面权力的规划》一书的学者、学生或者从业者们，与沟通式规划相关的理念被证明是可以帮助他们逃离旧的规划模式的有利途径。这个理念赋予了他们更合适的语汇和概念，让他们在所面临的处境中走得更远。到了20世纪90年代，后现代主义和后实证主义的思想浪潮已然突破了北美和西欧一般意义上的文化气候，这个浪潮助长着对于人类所想所做的内在不确定性和不可预知性的更广泛领会。这种对不可预知性的强调是对那个时代政治经济环境的特别回应。在政治上，随着冷战的结束和曾经被压迫的新兴势力的出现，旧的稳定局面眼见着就要被打破了。新的政策方针正在不断出现并协调不同的治理诉求间的矛盾，这些矛盾时常使国家政治分崩离析，例如全球环境状况的威胁，新兴经济力量的兴起，世界上大范围的赤贫状态，尤其是在高速发展的城市人口密集地带。而在哲学上，社会科学领域思维模式的转变促进着对身份认同和价值的关注（以及从而对"取向"的关注），对认知理解的关注（思考、阐释、表意的方式），对表象实践的关注（行动的方式），总之在政治上，关注点移向了"治理的重构"。这种重构既尝试采取进步的形式也采取保守的形式。新自由主义运动的支持者追寻着减少政府干预，并给予自由市场更多发挥的空间。民间的保守主义者追寻着重新建立地方自治社区的古典价值观。与此同时，进步人士则在关注如何建立普遍参与的新形式和审议性民主（Cunningham，2002）。

这些政治理念上的转变被重新研讨，它们最终落实到了积极的全面政治改革，以及作为国家、经济、公民社会之间联系的新制度、新举

346　措。这样的实验活动在美国所产生的效果正是朱迪思·英尼斯所研究的。在20世纪80年代后期，这样合作型的实验开始伴随着技能和指导过程上的发展。在20世纪90年代，类似的实验也在欧洲各个国家间出现，获得了几乎整个欧盟的响应。沟通式规划的理念正在配合政治革新的气候。在欧洲，不同的利益相关者之间以合作为形式的实验活动特别引人注目，像是邻里重建计划、景观改造计划、空间策略的制定。在这些新的角力场上，学术方面的取向更多关注的是问题解决，以及治理作用和它们的政治含义的实现，而并非是抽象的政治意识形态，以及不同政党之间和政党内部的争斗（Fung & Wright，2003）。

　　这样的规划理念现在作为他们描述的结果更清晰可见起来，然而，很快就会遭到规划学界的强烈批评。在反映了沟通式规划理论在捕捉思想上、实践上和政治上的时代精神上的成功之后，其在20世纪90年代以后成为一个激烈争论的领域。这些理念几乎没有引起实证主义从业者和理性主义学派的注意，这些人可是随时都会对新的思想气候给予回应的。最强烈的批评者是那些在思想认知和发展沟通性观点的政治责任上有共识的一群人。一些批评让人产生了幼稚刻板的印象，同样的命运也降临在了传统理性主义观点之上，但那些对沟通式规划的发展提出过问题的人是必须要被仔细考虑的。在这里，我不会回顾所有这些关键的贡献，而是将只列举出一些要点。[7]虽说这些分类指标会相互重叠，但我还是将这些批评归纳为思想上的、基于实践的和政治上的抨击。

　　在思想领域内的批判性回应指出了四组问题。第一组问题是和其

7　对于评论，参见费什勒 (2000)、哈里斯 (2002)、希利尔和希利 (2008b)。

哲学基础相关的，在这里，批评者指责这些新视角的推进只不过是用沟通实践过程取代了科学方式的纯理性主义。批评者声称，沟通实践仍然是在强调理性主义的方法，并在人类事务中赋予推理和讨论以优先权。进一步讲，通过强调对社会架构的理解和讨论，这种方法是反实在论的和相对主义的。这意味着它低估了它所讨论的问题的重要性，和作为主体之间辩论的成果而存在的思想价值，而这种价值并非来自之前的承诺。第二组问题起始于对其处理权力和政治的方式的思维批判。批评者指责沟通式规划的方式其实是吸收了政治运动中的多数派思维（而不是一个基于各个阶级的思维），并假定权力的成形可以通过创建讨论平台，借由这个平台来使此前冲突的社会群体得以建立共识，通过参与审议，使本来的权力失衡可能会被调和。这样的减少冲突和建立共识的关注点，被认为是一种给权力的作用"加一个括弧"和将权力"中立化"的形式。第三组问题，这些沟通性观点被说成是一个超负荷的方法，就像传统的理性主义方法所做的，它忽视了公平问题和利益相关者的取向。最后一组问题，作为一种改革理论，沟通性的规划观点被认为是软弱无力的。它的关于稳定措施的论证忽视了其他权力的作用，诸如生产资料和物品交换的控制，或者立法者和军方的控制。总的来说，批评者声称沟通性的规划理念对于人类的现状太过于理想主义和乐观，其次它太专注于微观实践，所以导致它没有足够清楚地认识到总体社会结构的作用。

有些批评者遗漏了沟通性理念是以后实证主义和实用主义的哲学转变为其基础的。他们没有意识到，理查德·伯恩斯坦鼓励的是超越客观主义与相对主义之间的二元对立，以及接受总体现象的解释会有自己的社会现实和实际结果。其他批评者也错误地形象化一些观点，比如如何认识扩散在各个机构的权力网络，以及社会分裂不仅仅是随着社会阶

347

级之间的划分发生的，虽然这种阶级划分可以作为主导了20世纪60年代的美国政治科学的基于取向的多元主义的再现。许多人将沟通式规划的理念直接等同于哈贝马斯为了复苏在西方社会共享的一些规范价值观所持有的希望。这些人指责沟通式规划理念的持有者只致力于实现一个理想化的共识社会，这样一来，沟通式规划就错把——在特定的问题和冲突的关系中寻求多方的共同利益——这样一个抽象的理想主义行为当作了一个务实性的考量（Forester，2009）。这样的理想主义所导致的忽略进一步形成了一个关于解释权力运作的二元对立的局面，对立的双方分别是以哈贝马斯为代表的学派和以福柯为代表的学派，这个对立不停回荡在规划理论的辩论之中，并忽视可以将两者合二为一的思路。这种批评的背后是权力本质的假设。许多批评家把权力理解为"迫于权力"——它是控制和支配的力量。然而，沟通性的观点认识到了权力的多重关系和多个来源，它们更多地关注于"出于权力"——它是一种社会能量，具备可以因势利导以挑战已建立的统治和管控模式的潜能。

就和所有良性的思维探索一样，这样的批评有着有益的效果，它可以促使那些研发了沟通性观点的人或是将其投入应用的人，去更仔细地思考一些问题。第一，批评使得人们对于沟通性观点内部隐藏着的改革的理论建立起更加批判性的看法。它所导致的是对于制度化的动态作用的更多强调，随同这种动态作用的是对进步性合作实践可能的发展，以及沟通式规划实践和广泛治理之间的共同进步。第二，这些批评促进了对合作式规划实践的更多关注，并开始探索这种实践对于改变政治经济的潜力，也就是说，在更大范围的国家社会关系下做出改变的潜力。这个可能性鼓励了更多的实验性努力去拓展实践经验，而从这些经验中更能获得启发和支持。第三，尽管沟通式规划的支持者在起初也强调达成研究共识，作为对占据主流地位的政治斗争的强硬反对，但随后，更多人却转而开始关注这种斗争的积极意义，他们认为这种斗争可以将各个问题和利益维持在审议平台之上。

最后，这些沟通性理念之内的工作仍应当更加注重关键问题和价值导致审议冲突时的应对方法，还有这些冲突是怎样影响前期考量的。虽然那些公平、正确、可持续的理念仍需要在实际的实验中落实到物质层面和明确意义之上，不过大多数这个理念的跟进者现在可以说，那些价值观不应该被简单地放置在审议冲突之外。其中一些价值观和评判标准已经被"固定在了"规划所发生的机构范畴以内，以及早期的关注点形成的步骤当中。这些价值观强调了制度设计在治理作用中的重要性、治理的硬件与软件之间的相互作用、法律惯例、约定俗成的文化准则，在另一方面，也强调了在特别的角力场上对于另一方的应对实践（Fung & Wright, 2003）。所以，这些思维上的批评带动了沟通式规划理念的发展和升华。

另一个十分不同的批判路线，出现在了那些从既定的规划实践系统内来看待沟通式规划的人当中。这方面的批评最后合并在了三个问题上。第一，一些人把沟通方式看成一种对实践的"探究"而已，而并没有去贡献怎样发明一种替代的实践方法。在英国，土地使用的规章制度是一套自上而下的过于官僚化的系统，对于沟通式规划的批判将它说成是，既不实事求是地反映规划实践，也不暗含规划实践的可能趋势的不准确的描述。在20世纪90年代这样的批评普遍忽视了随后在英国、加拿大和世界范围内的实验性合作规划实践，和那些特别是在英国开始出现的都市更新计划和区域环境治理制度。但随着这些方面经验的增多，对于实践结果的进一步批判也在增长。第二，一些批评家证

349

明道，沟通式规划的实践太过低效，虽然取向明确，但这些实践用了太多的时间在对制度设计进行实验，用以确立政策方向的审议实践太久，也许在反对沟通式规划的另一方那里会节省时间和解决争端的开支，诸如正规的信访和法庭。还有一些人认为，审议实践并不能找到所谓"正确的"答案。这种批评常出现在倡导环境方针的人那里，那些人关心的是确保本地和全球环境的重要参数指标。但这也带来了谁是正确的和什么是正确的这样的问题。第三，一些人担心审议性实践有可能会承受不受限制的地区主义的所有问题，可能会忽视一个群体压迫另一个群体以及更广泛的影响。这个批评观点直指在地区和邻里间将治理去中心化，在20世纪末世界上的很多地区，这种将治理去中心化得到了广泛支持。这种争议看重的是，如何找到一条可以释放本地居民的力量，并可以将这些考量广泛合并起来的道路。在2000年左右，这些批评导致了一些研究成果的出现，它们是关于如何在正式的治理主动权的设计上合并结构化参数和本地规划实验的。例如，冯就探讨了在正规治理系统内哪些措施应当用于参与度更高的治理模式的发展（Fung, 2004）。

最后一组批判者来自那些有进步政治观念的人士。一些进步人士声称，沟通式规划所强调的审议平台的发展，以及诸如在国家和社会边缘之间的说法，纯粹就是另一种形式的治理上的笼络和拉选票。与沟通式规划不同，他们声称，进步人士应当看重立于国家政治之外的重要性，应当处于既定的价值观和实践范畴之外，应当在公共争论中伸张那些被排除的他者的声音，并保持反对和不合作的言论。沟通式规划的实践联结国家、经济、公民社会，但其非常容易变成又一个平衡冲突和消解为了公正的抗争的途径，这些抗争出自那些在现今集团经济为了占领全球市场的野心的统治之下被排挤和被压迫的人。抑或是，这些规划实验可能只是装点门面用的，像经常出现的，为了遮掩其商业目的而做的表面伪装一样。一些人甚至指责，沟通性的观点实则是作为一个政治上的支持去推行新自由主义的扩张策略，并破坏社会民主制度的治理，以及这些制度促进社会公平和环境可持续性的能力。

这些批评质疑社会结构的转换是如何实现的。它们是革命运动斗争的结果，或是内部危机的特定形成，或是社会形态的发展和变化过程中的缓慢演进，或是这些全部东西的组合吗？沟通式规划的理念强调微观实践缓慢进程的重要性，这些实践通过社会发展和变化代表着社会学习过程。尽管有些评论家认为合作式规划的安排和协商审议实践，只是一个在已建立的社会形态内部修补裂缝的方法，许多认为沟通式规划有进步潜力的支持者仍看到了，一种通过扩大社会学习与变革可能性来解放各种社会能量的途径。

历史上并没有一组通用的答案来回答社会变革是如何发生的。然而，任何一个在规划领域内发展出了轮廓的规划理念，都应该对变革的可能性说些什么。作为学习政治的讨论平台及其所处的社会结构的议题，沟通式规划的角度赋予了采取审议方式的微观政治重要的意义，这种微观政治可以帮助人们一起来解决共同问题和冲突。但从它本身来看，这个观点几乎没有说合作治理的实践会在什么时候，会在哪里，会以什么方式产生可能的变革性影响。将这与其他针对沟通式规划的批评观点放在一起来看，这种争论让我们回到了将讨论定位在合适的规划实践的重要性上，以及这个定位在实际的治理情况及其特定的历史和地域之内的特定动力。

总体上说，争论和批评的影响在于提高和强化沟通式规划的支持者所提出的立场。同样，批评也在激励大量的实证研究，这种实证研究

351 可以是为了显示方法的潜能，或是旨在突出弱点。从一个鼓舞人心的批判性辩论和在规划领域做的大量研究的角度上来理解，沟通式规划的理念可以说已经在思想上取得了可观的成就。但这并不是它还可以持续吸引注意的唯一原因。别的原因还在于，当今的许多规划师在实践经验中面临着不确定的、复杂多变的、发散的和制度上剧烈冲突的环境。这样的不确定性、复杂性和冲突性一直以来都被当作规划工作所处的语境，而且这些特性也时常被用来说明规划尝试的合理性。但是，由于地缘经济和政治的变换和对环境脆弱性的认识，动摇了许多曾在20世纪确立下来的假设，这种规划环境的不稳定的特性在近年来大大增强了。要建立新的关系和对话平台并帮助人们展开新的思维方式去面对他们的问题，呼吁着沟通式规划所强调的各种技能。更广泛地讲，这个规划视角给予了我们更广泛的搜索范畴，去求索如何在21世纪强化和更新普及性民主。

总体贡献

我在这一章里一直认为，沟通式规划的理念应当放在广泛的社会理论和哲学运动中去讨论，在政治和规划实践中，正是这些运动助长了对于集体主义行为的微观实践影响力的关注，特别是对于那些在政府之内或之外的活跃机构所产生的潜力的关注。在这场思维转换中，沟通式规划的理念不但反抗了对"历史上的伟人"的关注——那些20世纪中期城市化进程中的魅力超凡的领导人——还反抗了由政治团体和利益集团所操控的争端，其代表了20世纪60年代都市政治研究的特色，也就是那些传统的"利益多元主义"的考虑。从反面来看，沟通式规划所主张的是微观实践的联系，还有在这种实践中得以体现的更广泛语境环境的作用，这并不仅是在参与实践的人中划定关系，而是主动在行动中构建关系。这赋予规划的全部参与者相当重要的责任，尤其是那些要用知识和技能将理念变为现实的规划师。

　　所以，沟通式规划十分强调各种形式知识的相互交织，在道德评判和实践技能的层面上，在规划项目完成方式的层面上，以及在规划如何实现的层面上。这个理念还与古典务实主义所强调的，通过学习公共理性来发展民主实践的理念并驾齐驱，同时拓展着在逻辑方法上的推理，也包含所有方式去认定什么是问题，什么是基础，什么人会受影响，什么可能干成，以及由什么人在什么时间将其付诸公共言论、执行机关和立法机关。最后，这个理念还表示微观实践可以改进公共参与的质量，其并不仅仅是对实践中所发生的事产生立竿见影的效果，而且还可以改进广泛的政体。用一种缓慢的、累积的方式，这种实践可以产生改革的潜力。这并不是说去否定在宏观上改革的主动措施。许多人现在认为，在政策程序和法律干预上，微观实践和制度设计之间的互动还需要关注。但如若忽视微观实践，就错过了一个重要的政策价值的讨论平台，比如追求社会公平和环境可持续性的讨论，经济发展和宜居性相结合的问题，根据优先次序给予建设投入的议论，以及对某个特定地区的意义等。

　　但这并不意味着沟通式规划作为一个思想观点可以巧妙地转化为合作实践的推广形式，从而以某种方式使政治沿着一个更好的参与式民主理想的轨迹去推进。在2004年的论文中，冯认为对微观实践的关注不应该被演绎成某种浪漫的地域主义。对微观实践的关注，需要同时看到社会机构是如何汇集更广泛的社会力量并将两者结合起来的。系统或结构与社会机构之间的这种相互作用，需要放在某个特定的语

352

境下来了解。在这条道路上走多远才可以解决争议、调解冲突，或创造一个已证明是成功了的合作性新战略，并且使之在别的地方也能发挥效应，这些考虑都要求仔细观察社会政治的动态作用，以及由其产生的实践及其不同情况下的相关性。而且在政治上，对作为政府项目的合作性治理的宣传，保持谨慎的态度是很重要的。在这样行使权利的过程中，关键的问题是用这样的言辞表达来实现什么样的政治效果？

综上所述，规划领域内的沟通式规划理念开启了一个重要的活动区域。它通过对规划上优秀案例的关注，同时增强了分析上和规范上的敏感性。它对于一成不变的现有规划方式提出了挑战。它突出了沟通能力、技术能力、伦理准则的重要性，并将其在特定的社会语境中联合起来以产生效果，其同时作用于实际成果以及这些问题和解决方案是如何构想并实施的。沟通式规划的观点含义一经被业界吸收，规划学就不单单是把规划落实过程中的隔阂看成是政策设计的失败，或是规划机构的无能。相反，这个理论逐步认识到了其间复杂关系的重要性，这种关系由规划活动和规划机构的创造能力所产生并延展。对于设计政策体系的挑战，就变成了如何去开启那些服务于创造的能量，这些创造使得大多数人而非少数人有机会发挥作用。

参考文献

Argyris, C., and D. Schön. 1974. *Theory in Practice: Increasing Professional Effectiveness*. San Francisco: Jossey-Bass.

Bernstein, R. 1983. *Beyond Objectivism and Relativism: Science, Hermeneutics and Praxis*. Philadelphia: University of Pennsylvania Press.

Bernstein, R. J. 2010. *The Pragmatic Turn*. Cambridge: Polity Press.

Cars, G., and P. Healey, A. Madanipour, and C. De Magalhaes, eds. 2002. *Urban Governance: Institutional Capacity and Social Milieux*. Aldershot, UK: Ashgate.

Castells, M. 1977. *The Urban Question*. London: Edward Arnold.

Chambers, R. 1997. *Whose Reality Counts? Putting the First Last*. London: Intermediate Technology Publications.

Cunningham, F. 2002. *Theories of Democracy: A Critical Introduction*. London: Routledge.

Fainstein, S., and N. Fainstein. 1979. New Debates in Urban Planning: The Impact of Marxist theory in the United States. *International Journal of Urban and Regional Research* 3:381–403.

Fainstein, S., and N. Fainstein, eds. 1986. *Restructuring the City: The Political Economy of Urban Redevelopment*. New York: Longman.

Fischer, F., and J. Forester, eds. 1993. *The Argumentative Turn in Policy Analysis and Planning*. London: UCL Press.

Fischler, R. 2000. Communicative Planning Theory: A Foucauldian Assessment. *Journal of Planning Education and Research* 19:358–368.

Flyvbjerg, B. 1998. *Rationality and Power*. Chicago: University of Chicago Press.

Forester, J. 1989. *Planning in the Face of Power*. Berkeley: University of California Press.

Forester, J. 1993. *Critical Theory, Public Policy and Planning Practice: Toward a Critical Pragmatism*. Albany: State University of New York Press.

Forester, J. 2009. *Dealing with Differences: Dramas of Mediating Public Disputes*. Oxford: Oxford University Press.

Friedmann, J. 1973. *Re-tracking America: A Theory of Transactive Planning*. New York: Anchor Press.

Friedmann, J. 1987. *Planning in the Public Domain*. Princeton, NJ: Princeton University Press.

Friedmann, J. 2011. *Insurgencies: Essays in Planning Theory*. London: Routledge.

Friend, J., J. Power, and C. Yewlett. 1974. *Public Planning: The Intercorporate Dimension*. London: Tavistock Institute.

Fung, A. 2004. *Empowered Participation*. Princeton, NJ: Princeton University Press.

Fung, A., and E. O. Wright, eds. 2003. *Deepening Democracy: Institutional Innovations in Empowered Participatory Governance*. London: Verso.

Giddens, A. 1984. *The Constitution of Society*. Cambridge: Polity Press.

Habermas, J. 1984. *Reason and the Rationalisation of Society*. Vol. 1. The Theory of Communicative Action. Cambridge: Polity Press.

Hajer, M. 1995. *The Politics of Environmental Discourse*. Oxford: Oxford University Press.

355

Hajer, M., and H. Wagenaar, eds. 2003. *Deliberative Policy Analysis: Understanding Governance in the Network Society*. Cambridge: Cambridge University Press.

Harper, T. L., and S. M. Stein. 2006. *Dialogical Planning in a Fragmented Society*. New Brunswick, NJ: CUPR Press.

Harris, N. 2002. Collaborative Planning: From Critical Foundations to Practice Forms. In *Planning Futures: New Directions for Planning Theory*, ed. P. Allmendinger and M. Tewdwr-Jones, 21–43. London: Routledge.

Harvey, D. 1989. From Managerialism to Entrepreneurialism: The Formation of Urban Governance in Late Capitalism. *Geografiska Annaler* 71B:3–17.

Healey, P. (1997) 2006. *Collaborative Planning: Shaping Places in Fragmented Societies*. London: Macmillan.

Healey, P. 2003. Collaborative Planning in Perspective. *Planning Theory* 2:101–123.

Healey, P. 2009. The Pragmatic Tradition in Planning Thought. *Journal of Planning Education and Research* 28 (3): 277–292.

Healey, P. 2010. *Making Better Places: The Planning Project in the Twenty-first Century*. London: Palgrave Macmillan.

Healey, P., P. McNamara, M. Elson, and J. Doak. 1988. *Land Use Planning and the Mediation of Urban Change*. Cambridge: Cambridge University Press.

Hickey, S., and G. Mohan. 2004. *Participation: From Tyranny to Transformation*. London: Zed Books.

Hillier, J. 2000. Going Round the Back: Complex Networks and Informal Action in Local Planning Processes. *Environment & Planning A* 32 (1): 33–54.

Hillier, J., and P. Healey, eds. 2008a. *Critical Readings in Planning Theory*. Vol. 1. *Foundations of the Planning Enterprise*. Aldershot, UK: Ashgate.

Hillier, J., and P. Healey, eds. 2008b. *Critical Readings in Planning Theory*. Vol. 2. *Political Economy, Diversity and Pragmatism*. Aldershot, UK: Ashgate.

Hoch, C. 1984. Doing Good and Being Right: The Pragmatic Connection in Planning Theory. *Journal of the American Planning Association* 50:335–345.

Hoch, C. 2009. Planning Craft: How Planners Compose Plans. *Planning Theory* 8 (3): 219–241.

Innes de Neufville, J. 1975. *Social Indicators and Public Policy: Interactive Processes of Design and Application*. New York: Elsevier.

Innes, J. 1990. *Knowledge and Public Policy: The Search for Meaningful Indicators*. New Brunswick, NJ: Transaction Books.

Innes, J. 1992. Group Processes and the Social Construction of Growth Management. *Journal of the American Planning Association* 58:440–454.

Innes, J. 1995. Planning Theory's Emerging Paradigm: Communicative Action

356

and Interactive Practice. *Journal of Planning Education and Research* 14:183–189.

Innes, J. E., and D. E. Booher. 2010. *Planning with Complexity: An Introduction to Collaborative Rationality for Public Policy.* London: Routledge.

Innes, J., J. Gruber, R. Thompson, and M. Neuman. 1994. *Co-ordinating Growth and Environmental Management through Consensus-building.* Berkeley: University of California Press.

Krumholz, N., and J. Forester. 1990. *Making Equity Planning Work.* Philadelphia: Temple University Press.

Kothari, V., and B. Cooke, eds. 2001. *Participation: The New Tyranny.* London: Zed Books.

Lukes, S. 1974. *Power: A Radical View.* London: Macmillan.

Margerum, R. D. 2002. Evaluating Collaborative Planning: Implications from an Empirical Analysis of Growth Management. *Journal of the American Planning Association* 68 (2): 179–193.

Mitlin, D., and D. Satterthwaite, eds. 2004. *Empowering Squatter Citizen: Local Government, Civil Society and Urban Poverty Reduction.* London: Earthscan.

Pressman, J. L., and A. B. Wildavsky. 1973. *Implementation: How Great Expectations in Washington Are Dashed in Oakland.* Berkeley: University of California Press.

Rittel, H., and M. M. Webber. 1973. Dilemmas in a General Theory of Planning. *Policy Sciences* 4:155–169.

Rorty, R. 1980. *Philosophy and the Mirror of Nature.* Oxford: Blackwell.

Sager, T. 1994. *Communicative Planning Theory.* Aldershot, UK: Hants: Avebury.

Satterthwaite, D., ed. 1999. *The Earthscan Reader in Sustainable Cities.* London: Earthscan.

Scholz, J. T., and B. Stiftel, eds. 2005. *Adaptive Governance and Water Conflict.* Washington, DC: Resources for the Future Press.

Schön, D. 1971. *Beyond the Stable State.* London: Temple Smith.

Schön, D. 1983. *The Reflective Practitioner.* New York: Basic Books.

Susskind, L., S. McKearnan, and J. Thomas-Larmer, eds. 1999. *The Consensus-Building Handbook.* London: Sage.

Verma, N. 1996. Pragmatic Rationality and Planning Theory. *Journal of Planning Education and Research* 16:5–14.

Wagenaar, H. 2011. Review Essay: "A Beckon to the Makings, Workings and Doings of Human Beings": The Critical Pragmatism of John Forester. *Public Administration Review* 17:293–298.

Wildavsky, A. (1979) 1987. *Speaking Truth to Power: The Art and Craft of Policy Analysis,* rev. ed. Boston: Little, Brown. First published 1974 by Macmillan.

357

第十四章
作为负责任实践的社会正义：种族、民族及公民权利时代的影响

琼·曼宁·托马斯

　　社会正义，作为美国规划体系中最重要的概念之一，已被全美认证的职业规划师所认可，然而，如果我们不去了解社会正义的认定理性，就没有办法理解这些条例的内涵。因此，这篇文章梳理了自1972年美国注册规划师协会制定《规划师道德准则条例》以来不同学者对于社会正义历史背景的解读。作为认真检视过美国规划师行为道德准则的人都会产生这样的疑问：为何这样的准则会为所有人接受并遵从。这些准则着重强调了正规的行为标准，例如诚信以及合理避免利益的冲突，而在近期的版本修订中还加入了价值观驱动的原则。基础原则中所认定的"社会正义"，被认为是规划需求中为了"不利因素"而施行的"亟须改变的社会政策、机构搭建以及发展决策"（AICP，2009）。这些原则以及条例强调了社会底层人员在规划过程中未能充分发表自己权益的重要性。而这些早已在风云突变的20世纪60年代就已经在

言语中所确立，只不过一直到公民权利运动期间才为规划界所慢慢证实清晰。我将在这里讨论那个时代关于反馈显示社会正义的规划实践。

我在这篇文章中论述的过程将于以往关于社会正义历史背景解读的思想有所不同。比如说，我们可以衡量出一个或者一些大师对于社会正义萌芽的影响，例如凯瑟琳·鲍尔·沃斯特、保罗·戴维多夫、诺曼·克鲁姆霍尔兹、切斯特·哈特曼，这些人对于规划的影响实在是太大了，但是我们的论证过程更着重于广阔范围中的评论家，特别是1954年到1971年间由全美规划委员会组织的年会期间做出精彩评论的评论家，涵盖了规划师、规划委托方、学者、政府相关部门人员的演说和演讲。[1]其目的在于强调更广泛范围内规划行动方、学者和主导社会精英对于社会正义的理解，而不仅仅限于规划界大牛对于这一概念的评价。为了能够更好地引入这些观点，我收藏并列举了在主要学术论文期刊上发表的文章，这些文章目前已被《全美规划师协会杂志》所收录。[2]

我所收录的这些对话具有一定的逻辑顺序。我从1954年到1959年公民权利已经凸显的时代开始分析，随后对比了1960年到1966年消除贫困运动以及现代主义兴起的年代，并以1967年到1974年社会改革以及政府精简为结尾。[3]正如我们将要看到的，规划师在公民权利运动

359

1　美国规划师协会在此期间也举行了许多会议；详情请查看康奈尔大学查询者指南：http：//rma.library.cornell.edu/EAD/htmldocs/RMM04007.html。

2　尽管 *JAPA* 现在主要由学术报告实证研究，多年来 *JAPA* 及其先行者们也发表实践者们反馈的论文。详情见克鲁克伯格 (1980)。

3　本章检验了1954年到1971年 ASPO 的进程，以及从1954年到1974年的杂志出版物。详见沃斯曼 (1979)。

的伊始很少去谈论种族、民族以及社会正义的话题，他们更多谈论这些话题是在第二以及第三阶段。回顾这样的一个讨论历程，我们将看到历史的社会改革运动是如何逐步反映到城市规划层面上的。

概念辨析

美国的公民权利时代在1950年到1960年之间以较为激进的方式展示于公众。这些坚定的拥护者们在1950年之前就为不同肤色人种的平等奋斗了数十年 (Greenberg, 1994)。[4]但是在此我仍然要从1954年开始梳理，因为联邦最高法院在布朗诉托皮卡教育委员会一案 (Blaustein & Zangrando, 1970: 414) 中，就宣告了联邦政府对于强制种族隔离条例的解除。另外一些标志性的案例包括了1953年到1954年在南方城市的抵制公共交通系统的运动，1957年对于小石城公共学校的反隔离，以及1964年到1968年《公民权利法案》的通过。这些重要的历史节点大致确定了公民权利运动时代的年限，但是这些年代与"黑人权力"运动，激进的种族政治以及以种族为中心的国家运动多少有些重合。20世纪60年代中期被标志为社会改革以及暴力运动，这与其后的无暴力抵抗的公民权利诉求有着较大的差别。因此，这个时代更具有复杂性。

另一个概念就是社会正义，一个有众多外延的关键概念。在公民权利运动的年代，这个社会正义被定义为无论种族、民族、社会经济地位的差异，所有公民都应该享有基础的人权。这些倡议的背后是对于废除种族隔离歧视法律，公正对待社会资源的分配，例如公共学校和公共设施，以及黑人投票选举权、对于大宗产品获得权的一种期待。正如

4　道歉：我不讨论印第安人争夺主权权利或其他主要民权问题，例如，拉美裔或亚裔社区因为时间和空间上的限制。这里的重点是非洲裔美国人领导的民权运动。

马丁·路德·金所说："一个正义的法律是由大众制定的条例，并符合道德的准则以及上帝的准则，一个非正义的法律是社会的少部分阶层制定的用以制约他人却不限制该阶层本身的法律。"（King，1991：189）这些诠释完美地反映了当时社会的诉求，在联邦、州以及地方的普通法律经常性强制种族隔离与种族歧视的背景下熠熠生辉。

至于与城市规划相关的社会正义的定义，此处我要引出戴维·哈维的见解，他警告说，"社会正义与社会责任息息相生"（2002：394），规划以及政府制定决策则需要避免以下六个误区，分别是：权力扩大化、权力无效化、暴力、文化至高、劳动剥削及环境恶化。苏珊·法因斯坦也有颇为经典的评论："城市公正理论的核心在于决策过程中拥有较低级话语权的人可以拥有一样平等的权利。"（Fainstein，2003：186）同样的解释，哈维的观点针对过度滥用的权力，而法因斯坦的观点则关注少数种族、人群在政策过程中权力的丧失。费舍尔（2009：61）则回应了哈维对于社会正义难以定义的观点：他认为社会正义应该倡导参与以及透明公开化，以多方共同参与代替双方或者是三方参与决策的现状，因此他也在备注中明确地指出，协商话语可以是任何形式的促进公众参与以及政策改革的手段。

或许最接近规划实际定位的社会正义概念存在于职业条例的准则之中，而不是学者的定义。对于规划师来说，这些条例包含了"工作定义"的社会准则，在20世纪70年代末，AICP，也就是美国注册规划师协会，传承了类似于1972年美国规划师协会（AIP）[5]开始使用的权力话语

---

5 这套标准早在1972年治理专业美国规划师协会的成员的准则中已经使用，根据1972年的版本发布（AIP，1971，1971，1971，1972）。这些标准没有出现在1971年出版的准则列表中。没有证据表明关注社会公平的准则出现在1959年到1966年间的标准中。

权低下而被歧视的少数族群的保护准则。

一直到1980年修订版的美国规划师职业道德规范仍然包含了这条重要的条例，"规划师不能够也不允许直接或者间接因为某人种族、肤色、性别、原国籍而产生歧视与分别对待"。1991年的修订版本则拓宽了1980年所不包含的内容，并确定了规划师的行为准则，那就是美国职业规划师需要确保哪些没有话语权以及社会权力的少数群体参与到规划决策中来。同时，其要求规划师为全体的市民提供更广泛的机会，而对处于"不利条件"的群体要更为关注，正如上文所说，规划师需要并要努力倡导并敦促可以缓解这些人生活环境的法令、计划、政策的施行。

特别是，1991年的会议增加了参与规划决策的女性规划师以及少数族群规划师人数。2005年到2009年的修订中，美国规划师协会更把这一条例从非强制条例提高到强制性条例的地位，那就是，"我们需要追求社会公正，通过为全部的人民提供更多的选择，肩负为少数族群改善社会经济条件的特殊使命，努力倡导并敦促缓解社会不公正的法令、计划、政策的施行。"这一章节解释了这些条例的源泉以及理解这些条例的历史背景，通过这些我们能够清晰地看到社会期待在不停地变化与进化之中。所谓的"不利处境人"，正如哈维和法因斯坦所述的，倾向于指那些遭受强权或者弱权损害的人。在那个年代，"不利处境人"总是被用于隔离以及政策强压下社会经济状态的语境之中，"种族"随后融入这个广阔的语境中。

种族本来就是个社会建构的概念，其生物学的背后定义较为缺乏，特别是在多样性种族聚集的美国这样一个国家。美国国家统计局曾多次修改过其关于种族的定义，在2000年，作为白人群体其包含了犹太人、意大利人、阿拉伯人以及其他独立种族（美国人口统计局，

362

2011)。⁶而作为黑人群体或者是非洲裔美国人则包含了更多人种结合衍生的泛概念，又称"种族"。其余的群体包括了美国的印度人、亚裔美国人，不过这些概念都太多样化了，因此，大多数人用原始的国籍发源地作为其群体的标准(Hirschman，2004)。在这一章，我所指的群体指的是一种社会的概念，不过仍然会关注社会经济状况，其内涵远不仅限于少数种族或是民族的特征。

早期时代：1954—1959

在20世纪50年代的第一阶段，相当一部分的公民权利运动已有了不小的成就，公交车黑人的抵制活动为马丁·路德·金针对种族公正的著名演讲做了铺垫。不少学区划分的去隔离化运动则提交到了最高法院，比如1954年布朗诉托皮卡一案。随后，1957年的《公民权利法》授权一个联邦委员会取证公民选举权的不平等，这是美国国会前所未有的举动(Blaustein and Zangrado，1970)。而公众视野中对于美国黑人公民权利的重要性也越发显现。

1954年也是规划立法针对社会正义的重要一年。1954年的《住房法》，重新授权了1949年成立的城市更新立法委员会，并加速形成了另一个不同于贫民窟清理的保护计划，那就是在当地政府获得再开发资金来源之前，必须要有一个全面的社会总体规划来进行保证。其中的第701条条例授权赞助美国注册规划师协会。虽然这个条例缺乏与时俱进的修改，但是1972年的出版职业规范中明确指出了规划师的责任："规划师需要竭尽全力为所有利益方提供更大更广阔的选择权，

363

6　吉布森和荣格(2005)审查了美国种族分类的进展。不同分类的组织，参见罗迪格(2005)。

同时要认识到对于少数族群的社会责任，并要努力倡导并敦促可以缓解这些人生活环境的法令、计划、政策的施行。"在随后的几十年，这个关于工作职业准则的定义，越发显得重要，其平常性与激进性都可见一斑。

以种族主义和道德规范为基础的贫民窟清扫以及保护运动可以视为1937年和1949年《住房法》实施的结果，而其本身也建立了公共住房以及城市更新的基础，可是这些运动在ASPO的年会中或者在其文摘文章中却鲜有提及。根据伯奇的说法，在这个时间段AIP主要的工作精力花在了宣传上，而另一个组织ASPO，则把精力放在了技术规划上，例如如何去确定街道的宽度以及房屋的后退。唐纳德总结了这些年就是抽象及理论化的年代（Donald Krueckeberg，1980）。

但是，仍然有一些会议的文章和讨论涉及了社会正义的深层次内容。这些评论大致可以分为三类。很少的一部分谈话主要着眼于种族公正规划在现实背景下的实施意义。比如说，一篇文章分析了最近的黑人移民潮相比以往的移民潮在社会地位提升努力上的差异性。在另一个讨论中，房屋运动的积极倡导者伊丽莎白声称，社区种族混合的公共房屋运动并没有获得预期的目标和成功。她评价指出，规划师在理解城市更新中人群差异的问题上犯了很大的错误，因为他们的目标对象就是"问题家庭"，从而进一步指出不论是规划师或者是社会活动家，都没有办法很好地解决内城贫民窟的社会经济问题。

JAIP 的文章则非常少涉及关于种族、公民权利运动以及多样性。一个非常前卫的实践规划师，同时也是社会学家的拉特维茨，在1955年讨论了底特律城市中心区更新中的种族问题。他声称社区保护运动是非常大的失败，因为不论城市政府给予白人多少补贴，他们都不愿意

364

和其他人种住在同一个混合小区里。拉特维茨最后则为了底特律开放房屋运动而奔走并取得了不少的成就。*JAIP* 的文章也很少阐述社会隔离在贫民窟中的角色以及对于多样性社区的需求。在这个时间段里,凯瑟琳·鲍尔写了那篇非常著名的文章——"公共住宅的沉闷死锁",叹息在公共住房项目中的种族隔离,并把部分的精华发表在了《建筑师论坛》上。

至于第二种关于这方面的讨论,是城市更新的瑕疵,只有一篇发表在 ASPO 的会议文献中。在美国国会审查如何提高社区的过程中,马丁评估了将黑人重新分配到白人社区的困难性,因为他们本身出身于并习惯于条件最差的社区。其余 1954 年到 1959 年间 *JAIP* 的文章显示了对于城市更新种族分配的关注,不过仅仅只是一点而已,而且更悲剧的则是,这部分文章往往把关注集中在了技术手段或者财政手段上。比如 1954 年 AIP 的政策声明中,承认了其对于种族、贫困问题缺乏关注,并强调在规划中对于各个阶层的人都必须有所考虑。在它的"规划师责任"的章节中,规划组织承认了为误置居民重新提供住宿的责任,尤其是对于少数群体,这样才能够弥补房屋政策所带来的不足。另一个相似的政策声明,在五年后虽然没有提到重新安置以及种族主义,但是提出了缩减敏感性的议题,因为该问题并没有得到彻底的解决。在那一年,规划前再开发从业者赫伯特·甘斯(1959)发表了他那篇关于波士顿工人阶级社区的意大利裔美国人重新安置的实际影响的学术研究,并进一步形成了巨著《城中村》。

关键的变革:1960—1965

在 20 世纪 60 年代的初期,公民权利运动取得了不少的成就,并给予了城市内种族隔离以及阶层情况解体的希望。不断涌现的公民抗议以及种族主义的压力越来越难以被忽视。1960年，马丁·路德·金以及他的同事组织了南方基督领导会议，并以非暴力的形式诉求公民权利改革。这个组织同学生会非暴力调和组织（一个由黑人学生组成的追求黑人权利平等的组织）一同壮大，他们组织的大事件包括了在北卡罗来纳州格林斯博罗的白人专用午餐地点"四黑人学生入座抗议"运动。在1960年，《公民权利法案》赋予了南方公民的平等选举权，而1964的《公民权利法案》则更是确定了以种族主义和族群主义为基础的公共配备、工作待遇不平等以及歧视案件违宪（Blaustein & Zangrando，1970）。

表14.1：社会正义重要事件表

	种族隔离	除城市更新之外的城市政策	城市再更新的缺憾	规划理论和道德	其他
1954—1959	几乎没有	无	开始讨论重新安置	无	社会经济多样性的讨论
1960—1966	很多会议讨论和学术讨论	ASPO的社会规划和社区更新运动	部分ASPO的讨论和对于重新安置影响的学术讨论	道德困境和责任；倡导性规划及机会均等	
1967—1974	ASPO以及JAIP关注于暴乱、贫困以及中心城区—郊区分离	ASPO更多的关于现代城市的讨论，JAIP则部分讨论此话题	有些直白的表述，但是绝大部分比较含蓄	成熟的对于公民参与的倡导	

365

366

388

公民权利随后就吸引了大量媒体的注意。比较标志性的事件包括1963年马丁·路德·金的"我有一个梦想"的演说，以及1965年亚拉巴马州"血色星期天"的警察恶性对待游行群众的事件。正是这些野蛮的举动刺激全国支持出台了1964年《公民权利法》和《美国投票权法》。

重要的房屋以及社区发展计划政策也如雨后春笋般萌发，其开始的标志就是肯尼迪总统在1962年对于种族歧视违宪的宣判。这个宣判，从1959年《住房法案》施行开始，就鼓励规划师在社区更新之中融入社会经济以及物质条件的重要问题，并促进1963年联邦对于社区更新中少数群体必要关注条例的产生。许多规划师对于这些条例并没有做好充分的准备，然而更多的事情却在不断发生。琼斯的"伟大社会"理想，向乡村地区贫穷的低收入少数族群社区开始宣战改革。1964年的《住房法》则更进一步确定要更加深入从贫民窟扫除向有机化重组的方向进行，1966年的《现代城市法》则确定了原有居民导向的重要性。

367

在这么一个背景下，我们或许可以期望发现这一时期的规划师对于种族、民族和贫困有更多的讨论。实际上，这些现实的社会运动的确对规划界产生了影响，正如表14.1所总结的。在1960年前后，ASPO赞助的许多项目考察了社会隔离以及人口特点对于规划工作的影响。例如，1960年宾夕法尼亚大学法律系主任福特汉姆就指出，联邦法律对于组织社会隔离的土地使用条例考量是缺乏的。[7]在1961年，一个小型的议题会议上，规划师讨论了"移民、少数群体与规划实施"的关系，强调

7　雪莱诉克雷默，334 U.S.1 (1948)，是美国最高法院的一项裁决，宣布种族限制住房合同无法执行。

了少数群体的重要性以及种族隔离的危害性。斯科特则在他关于城市更新的书籍中，讨论了提高黑人社区质量以及提高黑人社区数量在城市中的重要作用，并提出缺乏这方面的关注如何引导黑人种群激进主义态度的衍生。而与此相反的是，*JAIP* 对于种族的关心仍然很少，甘斯（1961）讨论了异质性以及同质性在社区规划中的影响，埃莉诺（1963）则讨论了社区种族尖端点，纳森（1964）讨论了学校隔离。

城市公共政策的修改，比如说社区重建计划，出现在会议的纲要之中。其中一个方向就是如何融合社会以及物质环境的规划。演讲包括了1964年会议上福特基金会对于五个城市社会规划的支持，印证了私人基金会在此中的重要作用。威廉作为城市规划委员会的一员，解释了社会如何帮助那些被定义为贫穷、无工作、缺乏教育的不幸群众，而不仅仅通过物质规划来进行。而另一个由威尔提出的议题，也是格里尔随后警示的，指出规划师和学者都没有很好地理解"社会进程"，更不用说去指导规划的实施了。然而，仅仅在几年之后，住房和城市发展部（HUD）的新秘书罗伯特（1966）就讨论了"伟大社会"是如何给规划师提供着一系列可用的资源的。

368

关于这一个时间段的主导话题，其实是基于两方面的讨论，而这个讨论，都是针对职业规划中再开发的困境问题，而这些问题就集中于易受伤害的少数群体上。在ASPO的会议上，相当一部分规划师强调了人性在城市更新中的重要地位，甚至到标签其为"祈求人性回归"的这么一个高度，只是为了让社会的重要性被大家所关注。在 *JAIP* 的文章之中，关于城市更新的负面效应被广泛讨论。例如彼得的心理学解释，关于社区更新的社会实施，查尔斯等人也做了同样的有关论述。哈特曼列出了社会资源的缺乏，与波士顿再开发的领导爱德华的"有益"论调正好相反。詹姆斯讨论了权力主导方以及权力被动方在规划参与中的问题，并指出更广阔范围的目标和要求或许更能接近低收入群体的目标，而不只是仅仅针对于中高收入群体的。他最后总结出权力缺失方在规划决策话语权中的重要性。

与此同时，关于规划师责任的讨论也在如火如荼地进行，演讲者开始关注什么样的职业条例可以反映出规划师适当的社会价值，并为社会问题解决做出其应有的贡献，例如贫困或者失业。美国国会的一位参议员克拉克就敦促ASPO去实现每一个居民的理想，无论他的种族以及社会经济背景。但是就实际情况而言，他们并不能这么去做。

但正是在这种情况下，*JAIP*开始出版大量的关于社会问题复杂性的讨论。保罗（1961）利用叙事法的手段，探索规划师在种族环境中工作的困境，哈维（1965）关注于社会规划中的可适用工具及流程，从组织、物质、信息及过程入手。随后产生的就是三大社会正义工作的定义，梅尔文（1963）编辑撰写的"全面的规划以及社会的责任"，一个对于改变职业准则，面向社会的宣言。贝纳德（1965）编辑撰写的"向平等机会进发"，阐释了如何在规划中给予不同团体同样的选择权，而戴维多夫（1965）的"倡导式以及纯净规划"则要求规划师为他们的代表方争取全面的社会权利。更具讽刺意味的是，"倡导式规划"的提议很快变成了为社会无权利人士代表的宣言，不过戴维多夫则在1965年对此批评的回应中提到一个更具实际性的提议，那就是给予每个不同利益群体，包括最低权力的群体，同样的表达发言权。这个是规划师代表单方面权力并为此群体争取权益的规划模式的一种进步，最后当这一切开始明了时，我们知道规划理论是时候该改变了，然而这种事件的改变或许会导致更为混乱的情境。

369

范式变化：1967—1974

从1967年到1974年间目睹了一系列大规模的动乱，这影响了国家、城市以及其城市专业人士。前几年民权运动的轨迹一直在南方地区，那些在公立学校、住宿区和投票权最异乎寻常的隔离和不平等的地方。第一次社会变革的运动从南方地区转移到美国的其他地方，然后，经过多年的动荡，反对势力同时带来了社会秩序和代表弱势群体的社会运动。

在20世纪60年代中期，许多非洲裔美国人对非暴力民权运动的方法感到愤怒。黑人被局限于市中心贫民区，经历着不间断的工作，以及住房歧视、警察的骚扰和其他挫折，这些加剧了黑人社会的边缘化。有时小型的与警方对峙会引发多日内乱的暴力事件被称为种族骚乱，在过去几十年里白人都在历史模式上将黑人贴上种族骚乱的标签。不满的黑人烧毁了整个城市的某区域，特别值得一提的是，白人拥有的商店，在针锋相对和抢劫后，他们的社区遭到武装警察和军队的报复和激进闯入，从而导致生命以及财产的损失。在1965年洛杉矶瓦茨部分区域的骚乱后，这些事件在全国范围内蔓延。国家咨询委员会在推荐推广联邦救济住房、教育、就业和福利到整个国家后，决定转而支持刑事司法系统（《全国公民咨询委员会对国家骚乱的报告》，1968）。

与此同时，黑人权力运动获得追随者，以世俗的组织形式，认为黑人厌倦了看到南方民权示威者被殴打，在宗教形式中最值得注意的是黑人穆斯林。在1968年被暗杀之前，马丁·路德·金以及SCLC扩大民事诉讼到其他地区，在芝加哥进行住房开放给黑人，以及在孟菲斯给予垃圾工人权力，为了针对非暴力运动广泛的歧视与贫穷，对很

370

多人来说，"黑人权力"这一口号更有影响（Carmichael，1966），而响应马丁·路德·金的暗杀是另一轮在美国城市中破坏性的公民暴乱的开始。

　　城市政策改变以响应这些事件的发生。作为约翰逊总统构建整体社会的努力之一部分，两个指定的任务之一是，在1964年开始生效的一个最终被称为"模范城市"的计划，旨在努力修复境况不佳的城市协调机构，并针对不良地区注入灵活的资金，按照"居民主导"支出这些优先事项。约翰逊在1966年向国会发表的国情咨文敦促支持这个计划，以应对郊区和市中心少数族裔穷人之间日益扩大的贫富差距，同时他也意识到以前的城市更新工作的局限性。他的政府继续支持城市更新拨款，城市示范项目大大低于第一设想（Frieden & Kaplan，1977），也包括其他一些国内项目，但越南战争很快就牵制了约翰逊的注意。当他退出了1968年大选并离开办公室，理查德·尼克松总统的政府多年都支持"模范城市"计划，但在20世纪70年代初国家支持和其他城市项目大幅减少，部分是在保守地应对60年代的国家骚乱。1974年的住房和社区发展行动是对城市新保守主义的反应。其社区发展整体补助款项目终结了模范城市计划；而资金则蔓延到更广泛的州、城市和郊区，以及传说中的主要有利于低收入及中等收入的人们，但有很多规定可能导致降低目标。

　　这个时间段，这些环境和意识形态的冲击在规划论述方面都是非常明显的，如表14.1所总结的。从1967年到1971年，重点关注的是城市的残疾人居民，为此开过几次ASPO会议。在1967年的ASPO会议上，纽约城市规划委员会主席唐纳德·埃利奥特将"城市危机"称为国内首要问题，以及面临黑人和波多黎各人的严峻形势（Elliott，1967）。

371

市民骚乱是1968年会议的主题，即使当年的组员表面上在讨论不同的主题。一个名为"城市规划和暴力城市"的小组包括了来自纽瓦克和底特律的代表，他们解释了暴乱和社会经济变化在他们的城市的影响。"规划作为社会变革的工具"的小组成员和另一个关于中心城市和郊区的小组也讨论着类似的问题。在1969年辛辛那提会议包括介绍国家城市问题，城市委员会学者安东尼·唐斯（1969）关注于为满足少数族裔、贫困的城市中心居民的需要提供更好的住房条件，以及为市民骚乱的影响制定国内政策。马丁·赖因（1967）在 *JAIP* 发表了一篇文章"社会科学和消除贫困"，如果没有向贫困宣战可能也不会出现，并获得了弗里登（1967）支持的回应。路易斯·克里斯伯格（1968）聚焦在公租房租户的社会孤立，以及1969年好几篇文章讨论了种族隔离（如Mann，1969）。杰克·梅尔策（1968）和理查德·丹弗斯（1970）都写了有关"城市起义"的解释性文章。

到1967年为止，模范城市计划对于ASPO演讲者而言是一个受欢迎的话题（Davidoff，1967）；大多数人看到很多社会改革的潜力，正如
372　规划主任查尔斯·布莱辛（1968）一样，在1967年底特律暴乱以后他拥护模范城市成员所做出的努力。然而，他自己城市的上一任模范城市领导者小戴维·卡森（1967）坦率地承认，在公民团体努力发展共识的难度，正如马绍尔·卡普兰（1971）在后一年的论述一样，其他的讨论成员也对这个计划的局限性作出了冷静的评价。

那段时期最令人印象深刻的是第三类反应：从1967年到1974年与会者和学者似乎发生了变化，尤其在于他们对自己和他们的社会责任与前些年相比发生了深刻地改变。这是1972年第一次在遣词造句上出现有关"特殊责任"去为"弱势群体"做规划的专业规范。ASPO

出版了从1967年到1971年[8]的会议论文集证明，这些丰富的文字是如何应对这样一个新责任的。作为推论，规划理论同样也改变了，特别是关于多元化、参与性和社会正义的方面。一个接着一个的发言人在20世纪60年代末期夯实了规划必须改变的基础。在1967年，戴维多夫（1967）讨论模范城市时也描述了规划师对于坚持种族平等和全民机会均等的义务。他敦促规划者不要回顾过去的错误，而是期待他们给予郊区住房歧视特别的打击。

与会者在1968年的会议上听到许多行动呼吁社会正义的声音，尽管并不是所有人都接受了这样的呼吁。对于他的波默罗伊纪念演讲，会议组织者邀请了费城的培根（1968）来总结和回应他能出席会议的会议小组讨论。在现代人眼里，这个知名规划治理者的评论似乎同时在怀疑模范城市和他所倡导的东西，他批评了哈莱姆的建筑师在哈莱姆复兴委员会（ARCH）宣传计划，煽动了不公平的保护者对哥伦比亚大学的抗议。ARCH的艾伦·克拉维茨（1968）否认了这些指控，称问题是哥伦比亚作决策的方式，这激怒了一个邻近黑人社区，他们完全有能力自行组织起抗议活动。他敦促规划者认识到理性规划的失败并支持积极的、创造性的参与方式来促进权力再分配和改善社会公平。理查德·斯特里查茨（1968）在底特律的活动中表示，规划者们在其传统工作方式中已变得过于官僚；匹兹堡的约翰·莫罗（1968）认为，大批白人离开郊区是使模范城市的城市规划困难甚至破产的原因；而密尔沃基市市长麦尔（1968）拥护分区规划条例以提升美国的种族隔离；区分不同程度的整个"物质规划标准和社会目标"的专家

373

8　AIP和ASPO之后本可以举行联合会议，但最终在1978年合并形成美国规划协会。

指出，物质指标没有必要帮助创建一个和平的社会，因为种族分裂加剧了社会动乱。

这种趋势还在继续，在1969年就职典礼之后的保守的美国总统理查德·尼克松，在1970年和1971年举办的会议一定程度上受到了抑制。一系列著名的联邦、州和地方官员斥责过去的会议参与者的行为，并敦促与会者和一些学者改变规划过程。国会女议员雪莉·奇泽姆（1970）批评了关于认为公民参与只是向贫困宣战项目的概念，她警告称，那些城市中心为生存苦苦挣扎的居民，将不会再接受剥夺他们的社区参与权的规划。纽约市市长约翰·林赛（1970）讨论了需要重新考虑公民参与的问题，而波士顿的爱德华·罗格（1970）则敦促创建总体规划以不再假装种族和贫穷并不重要。HUD的助理部长塞缪尔·杰克逊（1970）做了激情洋溢的讲座，讨论关于在郊区社区使用规划工具和综合规划与阶级或种族无关的谬误。她敦促规划者支持开放住房和平衡中心城市和郊区的资源需求。保罗·戴维多夫（1970）和阿瑟·赛姆斯（1970）强烈批评纽约市的总体规划新草案忽视社会正义问题。克利夫兰市市长卡尔·斯托克斯（1971），全国著名的非洲裔美国人——就像国会议员克里斯霍尔姆一样，他认为应该比以往更加鼓励规划者采取更强硬的倡导方法的规划，并想知道为什么会议议程很少包括关于这个话题的讨论。

其后出版ASPO的过程停了下来。讨论从1967年到1971年一直充满激情、控诉、鼓舞人心，但是存在一些争议。开始对市民骚乱产生相互同情，转而继续在"向贫困宣战和模范城市"特别是在1968年会议上，对改变了规划师的责任和分歧产生了更多的沉思、协议和非议，激情似乎在1971年大幅减弱了。当然，这是尼克松政府的第三年。联邦资金可用来支持城市规划者所希望进行的模范城市的工作或拥护宣传规划，虽然能收到工资但已经变得不再明朗（Frieden & Kaplan，1977）。

　　然而，我们看到 *JAIP* 的这篇文章是这个时期的重要成果之一：规划理论的深刻变革。在杂志上的很多文章开始创建以实际工作者导向的组织在 ASPO 上进行讨论。伯纳德·弗里登（1967）在对"向贫困宣战和模范城市"的讨论中写出了《改变社会规划前景》，其中特别关注医疗保健规划。迈克尔·布鲁克斯和迈克尔·斯泰格曼（1968）提出一个议程，旨在社会暴乱后和种族隔离的环境中培养更多的对社会敏感的规划者，并鼓励大学设置关于贫困的课程和教育倡导式规划者。沃尔特·斯塔福德和乔伊斯·拉德纳（1969）从受压迫的少数种族的角度解释了在传统理解的规划中什么是错误的。

　　另外两个问题的出现对当代规划设计产生了深远的影响：公民参与和倡导式规划。在他们讨论公民参与的过程中，梅尔文·莫古洛夫（1969）、谢里·阿恩斯坦（1969）和尼尔·吉尔伯特和约瑟夫·伊顿（1970）写下了关于模范城市和向贫困宣战的计划中关键的例子，旨在提供一个修正后对公民负责的规划者视角。马古洛夫利用三个联邦大型社会计划的讨论来描述不同对社区参与的影响，吉尔伯特和伊顿的研究报告也对这种参与的局限性作了非常睿智的讨论，但最终是阿恩斯坦搭建了公民参与的阶梯，并因为在公共策略决定过程中建构起宽领域而多层次的市民参与可能性而获得了持久的名声。她在文中使用的例子都直接与模范城市计划有关，这些文字诞生于民权运动和内乱的大语境下，这两者都跳出了种族不平等。

　　第二个持久影响的理论是倡导式规划。许多社会活动家和其他人采用这个术语来描述专业上表达的受压迫状况，而这一概念在学术界同样获得信誉，我们可以看到从丽莎·皮蒂（1968）的告诫，马绍尔·卡普兰（1969）的类别描述，弗朗西丝·佩文（1969）使用的术语与城市治理和维权组织策划者的机会均等之间的联系，尤其要提到的是保罗·戴维多夫、琳达·戴维多夫和尼尔·戈尔德（1970）的"郊区行动：为一个开放的社会倡导规划"这篇文章。

在最后这篇文章中，我们看到保罗·戴维多夫的显著成绩，包括了进化知识之旅。他合著的 *JAIP* 关于规划过程的文章发表在八年前（Davidoff & Rein, 1962），为了对社会正义或倡导作出一点贡献。他关于倡导式规划的文章（Davidoff, 1965），直接关注于已完成市中心贫民区重建工作。最后这一系列的最后章节（Davidoff, Davidoff & Gold, 1970），很明显，像戴维多夫 ASPO 会议谈判中所提到的，这个问题不只是重建贫民窟，同时也是开放郊区给每个人，无论他们的种族、民族划分或社会经济阶层。

375

思想遗产

回顾两个主要的思想来源，它们反映着普通的规划官员和规划学者在考虑种族、民族划分和社会正义下的进展，这发生在公民权利时代阐明了哪些语境导致职业道德规范的出现。鉴于这种背景，美国规划师在道德行为上的联合继而对弱势群体的机会均等发出倡议也就不足为奇了。从1960年到1974年，包括 ASPO 会议论文集和 *JAIP* 的论文都对揭示城市文脉、城市政策和规划、规划官员的责任进行了充满激情的对话，与 ASPO 会议的论文集逐渐被证明是时代敏感的指标，它们不受时间的限制而出版于学术期刊上。公民权利的时代很显然留下了深重印记。

什么能够在几十年后存活下来呢？除了 AICP 的道德准则，我特别提出两件事，即关于公民参与理论和倡导式规划的理论。一个激进的传统同样也在徘徊，有时被切斯特·哈特曼（2002）称为"激进式的规划"。至于在主流规划中的理论遗产，公民参与作为社会正义策略的觉醒在后民权时代有所增长，当人们意识到这样的参与并非能够解决城市中心贫困问题时，中产阶级人口就善于利用公众参与来保护自己的利益，正如威尔逊（1963）曾预测的。然而，当前沟通式规划传统很大程度上要归功于在讨论公民参与规划中将这一概念语言化，这发生在模范城市的时代，最好的沟通式类别包括考虑阶级和贫穷的问题（Healey，2003）。

倡导式规划作为一个概念已经占支配地位，对于规划者而言这一理念的吸引力可能在于其能专注于为没有能力的团体提供规划服务的同时也在其他方面有所作为，随着在附近社区与大学建立推广合作伙伴工作学习实验室，这也允许学生向低收入社区提供相关规划的研究。但专业倡导式规划的概念在美国遭受了极大损失，因为联邦政府的模范城市计划的流产，以及一些现实的原因导致倡导式规划并不总是有效，这也由于缺乏永久组织的媒介物（Genoves，1983）以及缺乏资金（Davidoff & Davidoff，1978），同时也存在其他现实的问题（Heskin，1980）。正如戴维多夫致力于开放郊区的边界，他继续争取的中心城市低收入人群权利以获得全职职业规划师和建筑师为他们的利益工作。一些规划组织宣传基于倡导式规划，然而总会遇到饱受专业角色和职责等问题困扰的语境（Heskin，1980；Corey，1980）。

倡导式规划理念的分支包括克鲁姆霍尔兹的公平规划概念的一部

376

分（Krumholz，1982）。公平规划是一个可以追溯到这个时代特别有趣的概念，因为它接近规划者的角色问题，在充满了社会正义问题的城市以一种稍微不同的方式呈现，相比戴维多夫夫妇和戈尔德（1970）推广的倡导式规划有所不同，它以关心弱势群体和社会正义为城市人口的障碍，呼吁规划师代表他们来帮助这些人口做出规划。然而，克鲁姆霍尔兹的概念在很大程度上只是科里定义的五个方法宣传计划，标示为"内部非直接倡导式规划"（Corey，1972）。[9]不像联合在一起的倡导式规划的努力，这需要一个规划者在政府以外独立工作，或作为市民的引擎组织去教育公民为他们自己做规划，这个倡导式规划的分支意味着需要一个职业规划师在政府工作但致力于"感知选民的利益"（Corey，1972：55）。克鲁姆霍尔兹明确呼吁，在政府任职的职业规划师基于一个压倒一切的目标支持政策和相关项目，即为那些只能拥有最少选择的公民提供尽可能广泛的选择，以此来支持社会公平（Krumholz，1982）。克鲁姆霍尔兹和皮埃尔·克拉维尔阐明了在许多美国城市规划者至少在他们的一些活动中采用这种方法（Krumholz & Clavel，1994），以及涉及关于如内含和排除分区和空间权利仍然存在的话题（Soja，2010）。

　　然而，一个挥之不去的问题是，这些想法是否导致当前从业人员获得日常生活的实践结果呢？真正的问题在于，在20世纪60年代末和70年代初没有紧迫的语境联系，美国规划者忠诚于在AICP的道德规范

377

9　科里（1972）研究了七个主要倡导式规划操作并且把他们的活动和政策分为五大类型倡导式规划：内部非指导式（inside-nondirected），我在文本中对其下了定义；外部指导式（outside-directed），规划师可能与客户集团签署合同；教育式（educational）关注学生或居民的学习；意识形态，规划师自己是其唯一客户；本土自由式（indigenous-liberation）倡导式规划，旨在让社区居民为他们自己做规划。

下致力于相关理想，以及他们是否对其有所承诺。社会不平等的困境在继续，问题的领域从缺乏良好的公共教育以及欠缺就业机会到缺少住房，许多人仍然被困在边缘的中心城市贫民窟当中。在20世纪60年代，一位评论员指出，没有人理解正发生在城市中心的社会力量，他们是否会屈服于一个行动的规划（Greer，1963）；我们今天更好地理解了这些力量，并且已经分析过他们大量的研究报告和数据地图，但显然我们还不具备去解决他们问题的有效工具和社会意志。

为了社会正义而对规划的劝诫同样在持续，正如在2009年AICP订立的道德规范，并在规划课堂准备让学生练习，但是大城市的政治结构依旧鼓励严重的分层现象、反对团结和孤立最为脆弱人群，而规划专业的毕业学生很有可能在单一自治市作为工作实践者，从而成为整个大都市细分的细胞。社会正义的选择使得这些细胞存在，但似乎局限在都市语境中，正如费舍尔（2009）、法因斯坦（2010）和索亚（2010）所描述的，为实施有效的策略和方法并不总是显而易见的。也许是时候重新引入关于实践和学术的规划讨论，从而更有目的地构建关于社会正义的解决方案，尽管这可能永远不会与充满激情的自我检查相吻合，这也是本章所彰显的时代特征。

378

参考文献

Abrams, Charles. 1963. The Ethics of Power in Government Housing Programs. *Journal of the American Institute of Planners* 29 (3): 223–224.

American Institute of Certified Planners. 1980. *American Institute of Certified Planners Code of Ethics and Rules of Procedure. AICP 1980 Roster.* Washington, DC: American Institute of Certified Planners.

American Institute of Certified Planners. 1991. American Institute of Certified Planners Code of Ethics and Professional Conduct. http://www.planning.org/ethics/conduct1991.html.

American Institute of Certified Planners. 2009. American Institute of Certified Planners Code of Ethics and Professional Conduct. http://www.planning.org/ethics/conduct.html.

American Institute of Planners. 1954. Statement of Policy on Urban Redevelopment. *Journal of the American Institute of Planners* 20 (1): 53–56.

American Institute of Planners. 1959. Urban Renewal: A Policy Statement of the American Institute of Planners. *Journal of the American Institute of Planners* 25 (4): 217–221.

American Institute of Planners. 1971. *Roster*. Washington, DC: American Institute of Planners.

American Institute of Planners. 1972. *Roster*. Washington, DC: American Institute of Planners.

American Institute of Planners. 1974. *Roster*. Washington, DC: American Institute of Planners.

American Institute of Planners. 1976. *Roster*. Washington, DC: American Institute of Planners.

Arnstein, Sherry. 1969. A Ladder of Citizen Participation. *Journal of the American Institute of Planners* 35 (4): 16–24.

Bacon, Edmund. 1968. Pomeroy Memorial Lecture. In *Planning 1968: Selected Papers from the ASPO National Planning Conference*, 1–12. Chicago: American Society of Planning Officials.

Bauer, Catherine. 1957. The Dreary Deadlock of Public Housing. *Architectural Forum* 105 (5): 140–141.

Birch, Eugenie. 1980. Advancing the Art and Science of Planning: Planners and Their Organizations 1909–1980. *Journal of the American Planning Association* 46 (1): 22–49.

Blaustein, Albert, and Robert Zangrando. 1970. *Civil Rights and the Black American: A Documentary History*. New York: Simon and Schuster.

Blessing, Charles. 1968. America's Riot-Torn Cities. In *Planning 1968: Selected Papers from the ASPO National Planning Conference*, 23–28. Chicago: American Society of Planning Officials.

Brooks, Michael, and Michael Stegman. 1968. Urban Social Policy, Race, and the Education of Planners. *Journal of the American Institute of Planners* 34 (5): 275–286.

Carmichael, Stokely. 1966. What We Want. In *Civil Rights Since 1787: A Reader on the Black Struggle*, ed. Jonathan Birnbaum and Clarence Taylor, 599–605. New York: New York University Press.

Cason, David Jr. 1970. A Brief Critique of the Model Cities Program. In *Planning 1970: Selected Papers from the ASPO National Planning Conference*, 63–71. Chicago: American Society of Planning Officials.

379

Chisholm, Shirley. 1970. Planning with and Not for People. In *Planning 1970: Selected Papers from the ASPO National Planning Conference*, 1–5. Chicago: American Society of Planning Officials.

Churchill, Henry. 1954. Planning in a Free Society. *Journal of the American Institute of Planners* 20 (4): 189–191.

Clark, Joseph. 1966. Planning for People. In *Planning 1966: Selected Papers from the ASPO National Planning Conference*, 119–124. Chicago: American Society of Planning Officials.

Corey, Kenneth. 1972. Advocacy in Planning: A Reflective Analysis. *Antipode* 4 (2): 46–63.

Danforth, Richard. 1970. The Central City and the Forgotten American. *Journal of the American Institute of Planners* 36 (6): 426–428.

Davidoff, Paul. 1965. Advocacy and Pluralism in Planning. *Journal of the American Institute of Planners* 31 (4): 331–338.

Davidoff, Paul. 1967. A Rebuilt Ghetto Does Not a Model City Make. In *Planning 1967: Selected Papers from the ASPO National Planning Conference*, 187–192. Chicago: American Society of Planning Officials.

Davidoff, Paul. 1970. John Lindsay, Why Do Your Words Exceed Your Plan? In *Planning 1970: Selected Papers from the ASPO National Planning Conference*, 184–187. Chicago: American Society of Planning Officials.

Davidoff, Paul, Linda Davidoff, and Neil Gold. 1970. Suburban Action: Advocate Planning for an Open Society. *Journal of the American Institute of Planners* 36 (1): 12–21.

Davidoff, Paul, and Linda Davidoff. 1978. Advocacy and Urban Planning. In *Social Scientists as Advocates: Views from the Applied Disciplines*, ed. George Weber and George McCall, 99–120. Beverly Hills, CA: Sage.

Davidoff, Paul, and Thomas Reiner. 1962. A Choice Theory of Planning. *Journal of the American Institute of Planners* 28 (2): 103–115.

Downs, Anthony. 1969. Urbanization Policies Recommended by the National Commission on Urban Problems. In *Planning 1969: Selected Papers from the ASPO National Planning Conference*, 20–32. Chicago: American Society of Planning Officials.

Elliott, Donald. 1967. Top Priority Problems and Their Effect on Planning and Urban Policies. In *Planning 1967: Selected Papers from the ASPO National Planning Conference*, 34–39. Chicago: American Society of Planning Officials.

Fainstein, Susan. 2003. New Directions in Planning Theory. In *Readings in Planning Theory*. 2nd ed., ed. Scott Campbell and Susan Fainstein, 173–195. Malden, MA: Blackwell.

Fainstein, Susan. 2010. *The Just City*. Ithaca, NY: Cornell University Press.

Fischer, Frank. 2009. Discursive Planning: Social Justice as Discourse. In *Search-*

380

ing for the Just City: Debates in Urban Theory and Practice, ed. Peter Marcuse, et al., 52–71. New York: Routledge.

Fordham, Jefferson. 1960. Planning for the Realization of Human Values. *Planning 1960: Selected Papers from the ASPO National Planning Conference*, 1–7. Chicago: American Society of Planning Officials.

Frieden, Bernard. 1965. Toward Equality of Opportunity. *Journal of the American Institute of Planners* 31 (4): 320–330.

Frieden, Bernard. 1967. The Changing Prospects for Social Planning. *Journal of the American Institute of Planners* 33 (5): 311–323.

Frieden, Bernard, and Marshall Kaplan. 1977. *The Politics of Neglect: Urban Aid from Model Cities to Revenue Sharing*. Cambridge, MA: MIT Press.

Gans, Herbert. 1959. The Human Implications of Current Redevelopment and Relocation Planning. *Journal of the American Institute of Planners* 25 (1): 15–26.

Gans, Herbert. 1961. The Balanced Community: Homogeneity or Heterogeneity in Residential Areas. *Journal of the American Institute of Planners* 27 (3): 176–184.

Genovese, Rosalie. 1983. Dilemmas in Introducing Activism and Advocacy into Urban Planning. In *Professionals and Urban Form*, ed. Judith Blau, Mark La Gory, and John Pipkin, 320–339. Albany: State University of New York Press.

Gibson, Campbell, and Kay Jung. 2005. Historical Census Statistics on Population Totals by Race, 1790 to 1990, and By Historical Origin, 1970 to 1990, for Large Cities and Other Urban Places in the United States. Populations Division, Working Paper No. 76. Washington, DC: U.S. Census Bureau. http://www.census.gov/population/www/documentation/twps0076.pdf.

Gilbert, Neil, and Joseph Eaton. 1970. Research Report: Who Speaks for the Poor? *Journal of the American Institute of Planners* 36 (6): 411–416.

Glazer, Nathan. 1964. School Integration Policies in Northern Cities. *Journal of the American Institute of Planners* 30 (3): 178–189.

Greenberg, Jack. 1994. *Crusaders in the Courts: How a Dedicated Band of Lawyers Fought for the Civil Rights Revolution*. New York: Basic Books.

Greer, Scott. 1963. Key Issues for the Central City. In *Planning 1963: Selected Papers from the ASPO National Planning Conference*, 123–139. Chicago: American Society of Planning Officials.

Hartman, Chester. 1963. The Limitations of Public Housing: Relocation Choices in a Working-Class Community. *Journal of the American Institute of Planners* 29 (4): 283–296.

Hartman, Chester. 1964. The Housing of Relocated Families. *Journal of the American Institute of Planners* 30 (4): 266–286.

381

Hartman, Chester. 1965. Rejoinder by the Author. *Journal of the American Institute of Planners* 31 (4): 340–345.

Hartman, Chester. 2002. *Between Eminence and Notoriety: Four Decades of Radical Urban Planning*. New Brunswick, NJ: Center for Urban Policy Research Press.

Harvey, David. 2002. Social Justice, Postmodernism, and the City. In *Readings in Planning Theory*. 2nd ed., ed. Susan Fainstein and Scott Campbell, 386–402. Malden, MA: Blackwell.

Healey, Patsy. 2003. The Communicative Turn in Planning Theory and its Implications for Spatial Strategy Formation. In *Readings in Planning Theory*, 2nd ed., ed. Susan Fainstein and Scott Campbell, 237–255. Malden, MA: Blackwell.

Heskin, Allan. 1980. Crisis and Response: A Historical Perspective on Advocacy Planning. *Journal of the American Planning Association* 46 (1): 50–63.

Hirsch, Arnold. 1983. *Making of The Second Ghetto: Race and Housing in Chicago, 1940–1960*. Cambridge: Cambridge University Press.

Hirschman, Charles. 2004. The Origins and Demise of the Concept of Race. *Population and Development Review* 30 (3): 385–415.

Jackson, Samuel. 1970. The Role of Planning in Meeting the Nation's Housing Call. In *Planning 1970: Selected Papers from the ASPO National Planning Conference*, 31–37. Chicago: American Society of Planning Officials.

Johnson, Lyndon B. 2000. Address on Voting Rights. In *Civil Rights Since 1787: A Reader on the Black Struggle*, ed. Jonathan Birnbaum and Clarence Taylor, 546–550. New York: New York University Press.

Kaplan, Marshall. 1969. Advocacy and the Urban Poor. *Journal of the American Institute of Planners* 35 (2):96–101.

Kaplan, Marshall. 1971. The Relevance of Model Cities. In *Planning 1971: Selected Papers from the ASPO National Planning Conference*, 28–35. Chicago: American Society of Planning Officials.

King, Martin Luther, Jr. 1991. Letter from a Birmingham Jail. In *A History of Our Time: Readings on Postwar America*, 3rd ed., ed. William Chafe and Harvard Sitkoff, 184–197. New York: Oxford University Press.

Kravitz, Alan. 1968. Advocacy and Beyond. In *Planning 1968: Selected Papers from the ASPO National Planning Conference*, 38–45. Chicago: American Society of Planning Officials.

Kriesberg, Louis. 1968. Neighborhood Setting and the Isolation of Public Housing Tenants. *Journal of the American Institute of Planners* 34 (1): 43–49.

Krueckeberg, Donald. 1980. The Story of the Planner's Journal, 1915–1980. *Journal of the American Planning Association* 46 (1): 5–21.

Krumholz, Norman. 1982. A Retrospective View of Equity Planning: Cleveland 1969–1979. *Journal of the American Planning Association* 48 (2): 136–152.

382

Krumholz, Norman, and Pierre Clavel. 1994. *Reinventing Cities: Equity Planners Tell Their Stories*. Philadelphia: Temple University Press.

Lichfield, Nathaniel. 1961. Relocation: The Impact on Housing Welfare. *Journal of the American Institute of Planners* 27 (3): 199–203.

Lindsay, John. 1970. The New Planning. In *Planning 1970: Selected Papers from the ASPO National Planning Conference*, 17–20. Chicago: American Society of Planning Officials.

Logue, Edward. 1970. Pomeroy Memorial Lecture: Urban Policies for the 1970s. In *Planning 1970: Selected Papers from the ASPO National Planning Conference*, 21–30. Chicago: American Society of Planning Officials.

Maier, Henry. 1968. The Open Metropolis. In *Planning 1968: Selected Papers from the ASPO National Planning Conference*, 232–235. Chicago: American Society of Planning Officials.

Mann, Lawrence. 1969. The New, Black and White, Urbanism. *Journal of the American Institute of Planners* 35 (2): 121–131.

Marris, Peter. 1962. The Social Implications of Urban Redevelopment. *Journal of the American Institute of Planners* 28 (3): 180–186.

Mauro, John. 1968. Social Change in Pittsburgh. In *Planning 1968: Selected Papers from the ASPO National Planning Conference*, 59–66. Chicago: American Society of Planning Officials.

Meltzer, Jack. 1968. A New Look at the Urban Revolt. *Journal of the American Institute of Planners* 34 (4): 255–259.

Meyerson, Martin. 1955. Urban Renewal. In *Planning 1955: Selected Papers from the ASPO National Planning Conference*, 169–175. Chicago: American Society of Planning Officials.

Meyerson, Martin, and Edward Banfield. 1955. *Politics, Planning, and the Public Interest: The Case of Public Housing in Chicago*. Glencoe, IL: Free Press.

Mogulof, Melvin. 1969. Coalition to Adversary: Citizen Participation in Three Federal Programs. *Journal of the American Institute of Planners* 35 (4): 225–232.

Peattie, Lisa. 1968. Reflections on Advocacy Planning. *Journal of the American Institute of Planners* 34 (2): 80–88.

Perloff, Harvey. 1965. New Directions in Social Planning. *Journal of the American Institute of Planners* 31 (4): 297–304.

Piven, Frances. 1969. Advocacy as a Strategy of Political Management. *Prospecta* 12:37–38.

Ravitz, Mel. 1955. Urban Renewal Faces Critical Roadblocks. *Journal of the American Institute of Planners* 21 (1): 17–21.

Rein, Martin. 1967. Social Science and the Elimination of Poverty. *Journal of the American Institute of Planners* 33 (3): 146–163.

383

Report of the National Advisory Commission on Civil Disorders. 1968. Excerpted in *Civil Rights Since 1787: A Reader on the Black Struggle,* ed. Jonathan Birnbaum and Clarence Taylor, 619–656. New York: New York University Press.

Roediger, David R. 2005. *Working Toward Whiteness.* New York: Basic Books.

Scott, Mel. 1971. *American City Planning Since 1890.* Berkeley: University of California Press.

Seeley, John. 1959. The Slum: Its Nature, Use, and Users. *Journal of the American Institute of Planners* 25 (1): 7–14.

Slayton, William. 1963. Urban Renewal Philosophy. In *Planning 1963: Selected Papers from the ASPO National Planning Conference*, 154–159. Chicago: American Society of Planning Officials.

Soja, Edward. 2010. *Seeking Spatial Justice.* Minneapolis: University of Minnesota Press.

Stafford, Walter, and Joyce Ladner. 1969. Comprehensive Planning and Racism. *Journal of the American Institute of Planners* 35 (2): 68–74.

Starr, Roger. 1963. Learning about the Community. In *Planning 1963: Selected Papers from the ASPO National Planning Conference*, 246–250. Chicago: American Society of Planning Officials.

Starr, Roger. 1968. Advocates and Adversaries. In *Planning 1968: Selected Papers from the ASPO National Planning Conference*, 33–37. Chicago: American Society of Planning Officials.

Strichartz, Richard. 1968. The Failure of Planning. In *Planning 1968: Selected Papers from the ASPO National Planning Conference*, 29–32. Chicago: American Society of Planning Officials.

Stokes, Carl. 1971. On Reordering the Priorities of the Planning Profession. In *Planning 1971: Selected Papers from the ASPO National Planning Conference,* 1–6. Chicago: American Society of Planning Officials.

Symes, Arthur. 1970. The New York City Master Plan. In *Planning 1970: Selected Papers from the ASPO National Planning Conference*, 183–184. Chicago: American Society of Planning Officials.

Thomas, June M. 1997. *Redevelopment and Race: Planning a Finer City in Postwar Detroit.* Baltimore, MD: Johns Hopkins University Press.

U.S. Census Bureau. 2011. State and County Quick Facts. http://quickfacts.census.gov/qfd/meta/long_RHI125200.htm.

Weaver, Robert. 1966. Planning in the Great Society: A Crisis of Involvement. In *Planning 1966: Selected Papers from the ASPO National Planning Conference*, 6–13. Chicago: American Society of Planning Officials.

Webber, Melvin. 1963. Comprehensive Planning and Social Responsibility: Toward an AIP Consensus on the Profession's Roles. *Journal of the American Institute of Planners* 29 (4): 232–241.

384

Wilson, James Q. 1963. Planning and Politics: Citizen Participation in Urban Renewal. *Journal of the American Institute of Planners* 29 (4): 242–249.

Wolf, Eleanor. 1963. The Tipping-Point in Racially Changing Neighborhoods. *Journal of the American Institute of Planners* 29 (3): 217–222.

Wood, Elizabeth. 1958. Public Housing. In *Planning 1958: Selected Papers from the ASPO National Planning Conference*, 198–204. Chicago: American Society of Planning Officials.

Worsham, John P. 1979. *Planning: An Author and Subject Index to the Selected Papers from the American Society of Planning Officials National Planning Conference, 1960–1971*. Monticello, IL: Vance Bibliographies.

Ylvisaker, Paul. 1961. Diversity and the Public Interest: Two Cases in Metropolitan Decision-Making. *Journal of the American Institute of Planners* 27 (2): 107–117.

385

索　引

（词条后数字为原书页码，见本书边码）

and slum settlements 移民和移居；另见城市寮屋和贫民窟居民；congestion in urban areas and 城市区域的拥堵, 161, 169；"irregular" communities of "不规则" 社区, 286；"reception" communities for "接收" 社区, 219—220

Income 收入；in colonias and informal homestead subdivisions 殖民地和非正式宅基地, 301—302, 304—305；good governance and studies of 善治和研究, 268, 300；housing consolidation potential and 住房合并潜力, 297, 299；urban form's effects and 城市形态的影响, 33—34

India 印度；colonialism and urban technology in 殖民主义与城市技术, 212—213；governance and growth indicators of 治理和增长指标, 271；independence of 独立, 217；master plans of 总体规划, 220；megacities of 大城市, 227；new indigenous communities in 新的土著社区, 218；urban action plans in 城市行动计划, 226

Indiana, East-West Toll Road leased by 印第安纳州，出租东西收费公路, 251

Indigenous peoples 土著居民, 139—140 See also Equity issues 另见公平问题

Industrial Revolution 工业革命, 40—41, 91, 131

Industries 产业；in city metabolism 在城市新陈代谢中, 111, 112；in Letchworth design 在莱奇沃思的设计中, 41；territorial competition and 区域竞争, 183；turn from Fordist mass production 转向福特主义的大批量生产, 142, 184, 186

Informal self-building. See Self-help housing；Squatter and slum settlements 非正式的自建；见自助建房、寮屋和贫民区定居点

Information revolution 信息革命, 34, 173, 183—184, 234—235；See also Technological developments 另见技术发展

Infrastructure；See also Energy distribution；Transportation planning；Water issues 基础设施；另见能源分配、交通规划、水问题；accountability dilemma 问责困境, 252；large-scale metropolitan 大型都市, 159—160；PPPs for 公私合作, 236, 238—239, 240—241, 241, 245, 247, 249, 252；sustainability issues 可持续发展问题, 113—114, 116—118；water issues 水问题, 114, 116

Innerburbs 内部, 301, 307n4

Innes, Judith 英尼斯, 朱迪思；on collective decision making 论集体决策, 327n5, 343, 346—347；on interactive processes 论互动过程, 340；on planning practice 论规划实践, 325；work 著作："Planning Theory's Emerging Paradigm" "规划理论的新兴范式" 344, 345

Innovation. See also Technological developments 创新；另见技术发展；governance ideas 治理的理念, 274—275, 276, 277；planning for 规划, 319；PPPs and 公私合作, 234, 238, 245, 249, 254；regional planning 区域规划, 138, 141—143, 156, 169；Schön's view of 舍恩的观点, 317, 318—319；studies of 研究, 169；territorial competition 区域竞争, 186

Institutions 制度；corruption and 腐败, 265—266；development discourse about 发展话语, 264—265；good governance blueprints of 善治的蓝图, 272—274；political engagement of 政治参与, 266—267；regional planning turn to 区域规划转向,

城市与生态文明丛书

1. 《泥土：文明的侵蚀》，〔美〕戴维·R.蒙哥马利著，陆小璇译　　58.00元
2. 《新城市前沿：士绅化与恢复失地运动者之城》，〔英〕尼尔·史密斯著，
   李晔国译　　　　　　　　　　　　　　　　　　　　　　　　78.00元
3. 《我们为何建造》，〔英〕诺曼·穆尔著，张晓丽、郝娟娣译　　（即出）
4. 《关键的规划理念：宜居性、区域性、治理与反思性实践》，
   〔美〕比希瓦普利亚·桑亚尔、劳伦斯·J.韦尔、克里斯
   蒂娜·D.罗珊编，祝明建、彭彬彬、周静姝译　　　　　　　79.00元
5. 《城市开放空间》，〔英〕海伦·伍利著，孙喆译　　　　　　（即出）
6. 《城市生态设计：一种再生场地的设计流程》，〔意〕达尼洛·帕拉佐、
   〔美〕弗雷德里克·斯坦纳著，吴佳雨、傅微译　　　　　　　68.00元
7. 《混合的自然》，〔英〕丹尼尔·施耐德著，陈忱、张楚晗译　（即出）
8. 《可持续发展的连接点》，〔美〕托马斯·E.格拉德尔、
   〔荷〕埃斯特·范德富特著，田地、张积东译　　　　　　　　（即出）
9. 《景观革命：公民实用主义与美国环境思想》，〔美〕本·A.敏特尔著，
   潘洋译　　　　　　　　　　　　　　　　　　　　　　　　　（即出）
10. 《城市意识与城市设计》，〔美〕凯文·林奇著，李烨、季婉婧译（即出）
11. 《一座城市，一部历史》，〔韩〕李永石等著，吴荣华译　　　58.00元
12. 《市民现实主义》，〔美〕彼得·G.罗著，葛天任译　　　　（即出）